普通高等教育"十三五"规划教材

软件体系结构与设计实用教程

刘其成　毕远伟　主编

中国铁道出版社有限公司
CHINA RAILWAY PUBLISHING HOUSE CO., LTD.

内 容 简 介

本书得到全国高等院校计算机基础教育研究会立项支持。本书对软件体系结构和软件设计的基本原理和实例进行了系统的阐述，包括软件体系结构的定义和研究内容、经典软件体系结构风格、分布式软件体系结构风格、MVC 风格与 Struts 框架、软件设计的目标、面向对象软件设计方法、设计原则、设计模式等内容。

本书在介绍软件体系结构和软件设计原理的前提下，特别注重实用性。书中含有大量精心设计的程序实例，方便读者学习。本书集作者多年的教学经验编写而成，语言通俗易懂，内容安排合理，讲解深入浅出。

本书适合为普通高等学校软件工程专业、计算机科学与技术专业以及信息类相关专业本科生和研究生的教材，也可作为软件工程培训教材，以及软件开发人员的参考书。

图书在版编目（CIP）数据

软件体系结构与设计实用教程/刘其成，毕远伟主编. —北京：中国铁道出版社，2018.8（2022.6 重印）

普通高等教育"十三五"规划教材

ISBN 978-7-113-24566-5

Ⅰ.①软… Ⅱ.①刘… ②毕… Ⅲ.①软件—结构设计—高等学校—教材 Ⅳ.①TP311

中国版本图书馆 CIP 数据核字（2018）第 176219 号

书　　名：软件体系结构与设计实用教程	
作　　者：刘其成　毕远伟	
策　　划：周海燕	编辑部电话：（010）63549501
责任编辑：周海燕　彭立辉	
封面设计：穆　丽	
责任校对：张玉华	
责任印制：樊启鹏	

出版发行：中国铁道出版社有限公司（100054，北京市西城区右安门西街 8 号）

网　　址：http://www.tdpress.com/51eds/

印　　刷：三河市航远印刷有限公司

版　　次：2018 年 8 月第 1 版　2022 年 6 月第 4 次印刷

开　　本：787 mm×1 092 mm　1/16　印张：17　字数：419 千

书　　号：ISBN 978-7-113-24566-5

定　　价：45.00 元

前　言

　　"软件设计与体系结构"是软件工程专业的核心课程。根据教育部高等学校计算机科学与技术教学指导委员会制定的《软件工程（本科）专业规范》，本课程主要是在学习"软件工程概论"的基础上，进一步深入学习软件体系结构和软件设计，从而提高软件的质量。本书面向普通高等学校的学生和从事软件开发以及相关领域的工程技术人员，紧密结合软件工程专业规范，覆盖规范中软件设计与体系结构课程要求的知识单元和知识点；同时，充分考虑普通高等院校学生的实际情况，加强实践教学的内容。

　　作者根据多年的教学和软件开发经验，对本书的内容取舍、组织编排和实例都进行了精心设计。在难易程度上遵循由浅入深、循序渐进的原则，特别考虑到普通高等学校本科学生的实际理解和接受能力。与以往许多软件工程相关教材主要以理论为主不同，本书突出实践性，将复杂的理论融于具体的实例和程序之中。书中的实例都是经过精心设计的，程序代码都认真做了调试，可以直接运行，方便读者理解和使用。同时，为了培养学生自学的能力、获取知识的能力，在编写本书的过程中，作者力图在内容编排、叙述方法上留有教师发挥的空间和学生自学的空间。

　　全书共分9章，第1章讲述软件体系结构和软件设计的基本概念；第2章讲述软件体系结构的定义、组件与连接件、软件体系结构等内容；第3章讲述经典软件体系结构风格，包括主程序–子程序风格、面向对象风格、批处理风格、管道/过滤器风格、层次风格、基于事件的隐式调用风格、仓库风格、解释器风格、反馈控制环风格等；第4章讲述分布式软件体系结构风格，包括两层C/S、三层C/S、B/S、P2P以及中间件等；第5章讲述MVC风格的概念及其应用、Struts框架的原理；第6章讲述软件设计的目标，包括正确性、健壮性、可复用性、可维护性和高效性等；第7章讲述面向对象软件设计，包括问题域部分、人机交互部分、数据管理部分和任务管理部分；第8章讲述软件设计原则，包括开–闭原则、里氏代换原则、合成/聚合复用原则、依赖倒转原则、迪米特法则、接口隔离原则和单一职责原则等；第9章从原理、结构和示意源代码三方面介绍主要的创建型设计模式、结构型设计模式和行为型设计模式。

　　本书由刘其成、毕远伟主编，其中：第1~8章由刘其成编写，第9章由毕远伟编写，刘霄、王莹洁、王凯、苏浩、鲍凯丽、庞书杰参与了部分内容的编写。刘其成设计了全书的结构，并做了全书的统稿工作。

　　在本书的编写过程中，参阅了大量书籍和网站等资料，得到了童向荣教授及中国铁道出版社的支持和帮助，在此表示衷心感谢。

　　本书得到全国高等院校计算机基础教育研究会立项支持。

　　尽管书稿几经修改，但由于作者学识有限，书中仍难免有疏漏与不当之处，恳请各位同仁、读者不吝赐教。

编　者

2018年5月

第1章 概述 1

1.1 软件工程方法学 1

1.1.1 结构化方法 1

1.1.2 面向对象方法 3

1.2 软件设计与体系结构 5

习题 6

第2章 软件体系结构 7

2.1 软件体系结构的定义 7

2.2 组件与连接件 8

2.2.1 组件 8

2.2.2 连接与连接件 9

2.2.3 实例 10

2.3 软件体系结构的研究内容 14

2.4 软件体系结构风格 18

习题 20

第3章 经典软件体系结构风格 21

3.1 调用−返回风格 21

3.1.1 主程序−子程序风格 21

3.1.2 面向对象风格 23

3.2 数据流风格 28

3.2.1 批处理风格 28

3.2.2 管道/过滤器风格 30

3.3 基于事件的隐式调用风格 34

3.3.1 原理 34

3.3.2 实例 35

3.4 层次风格 41

3.4.1 原理 41

3.4.2 实例 42

3.5 仓库风格 45

3.5.1 原理 45

3.5.2 实例 46

3.6 解释器风格 47

3.6.1 原理 47

3.6.2 实例 48

　　3.7　反馈控制环风格 50

　　　　3.7.1　原理 50

　　　　3.7.2　实例 51

　　习题 53

第 4 章　分布式软件体系结构风格 54

　　4.1　概述 54

　　4.2　两层 C/S 体系结构风格 55

　　　　4.2.1　原理 55

　　　　4.2.2　实例 57

　　4.3　P2P 体系结构风格 67

　　4.4　三层 C/S 体系结构风格 68

　　4.5　B/S 体系结构风格 70

　　　　4.5.1　原理 70

　　　　4.5.2　实例 72

　　4.6　C/S 与 B/S 混合软件体系结构 74

　　　　4.6.1　原理 74

　　　　4.6.2　实例 75

　　4.7　中间件 76

　　　　4.7.1　中间件简介 76

　　　　4.7.2　分布式系统中的中间件 79

　　习题 82

第 5 章　MVC 风格与 Struts 框架 83

　　5.1　MVC 风格 83

　　　　5.1.1　MVC 风格概述 83

　　　　5.1.2　MVC 在 Java EE 中的应用 85

　　　　5.1.3　实例 87

　　5.2　Struts 框架 94

　　　　5.2.1　Struts 框架概述 94

　　　　5.2.2　Struts 框架的组件 96

　　　　5.2.3　实例 100

　　习题 104

第 6 章　软件设计的目标 105

　　6.1　概述 105

　　　　6.1.1　基本概念 105

　　　　6.1.2　实例与分析 106

　　6.2　健壮性 106

　　　　6.2.1　概念与实例 106

　　　　6.2.2　Java 异常处理机制 108

6.3 可复用性 110
    6.3.1 基本概念 110
    6.3.2 例子 110
6.4 可维护性 112
    6.4.1 基本概念 112
    6.4.2 实例 112
6.5 高效性 119
6.6 软件设计度量、软件再工程和逆向工程 120
    习题 120

第 7 章 软件设计——面向对象方法 122
7.1 问题域部分的设计 122
    7.1.1 复用已有的类 122
    7.1.2 增加一般类 123
    7.1.3 对多重继承的调整 123
    7.1.4 对多态性的调整 129
    7.1.5 提高性能 130
7.2 人机交互部分的设计 134
    7.2.1 概述 134
    7.2.2 可视化编程环境下的人机界面设计策略 134
    7.2.3 界面类与问题域类间通信的设计 138
7.3 数据管理部分的设计 138
    7.3.1 概述 138
    7.3.2 针对关系数据库的数据存储设计 139
    7.3.3 设计数据管理部分的其他方法 146
7.4 控制驱动部分的设计 146
    7.4.1 概述 146
    7.4.2 系统的并行/并发性 147
    7.4.3 设计控制驱动部分的方法 153
    习题 158

第 8 章 设计原则 160
8.1 概述 160
    8.1.1 软件系统的可维护性 160
    8.1.2 系统的可复用性 161
    8.1.3 可维护性复用、设计原则和设计模式 162
8.2 开-闭原则 162
    8.2.1 概念 162
    8.2.2 实现方法 163
    8.2.3 与其他设计原则的关系 163

8.2.4 实例 163

8.3 里氏代换原则 164

8.3.1 概念 164

8.3.2 Java 语言与里氏代换原则 165

8.3.3 实例 166

8.4 依赖倒转原则 170

8.4.1 倒转的含义 170

8.4.2 概念 171

8.4.3 实例 173

8.5 合成/聚合复用原则 177

8.5.1 概念 177

8.5.2 合成/聚合复用与继承复用 178

8.5.3 实例 178

8.6 迪米特法则 180

8.6.1 概念 180

8.6.2 实例 182

8.7 单一职责原则 184

8.7.1 概念 184

8.7.2 实例 185

8.8 接口隔离原则 185

8.8.1 概念 185

8.8.2 实例 186

习题 188

第 9 章 设计模式 189

9.1 概述 189

9.2 创建型模式 190

9.2.1 简单工厂模式 191

9.2.2 工厂方法模式 193

9.2.3 抽象工厂模式 196

9.2.4 单例模式 200

9.2.5 原型模式 201

9.2.6 建造者模式 205

9.3 结构型模式 208

9.3.1 外观模式 209

9.3.2 适配器模式 212

9.3.3 桥接模式 214

9.3.4 组合模式 217

9.3.5 装饰模式 220

　　　9.3.6　代理模式 ……………………………………………………………… 223
　　　9.3.7　享元模式 ……………………………………………………………… 225
　9.4　行为型模式 …………………………………………………………………… 229
　　　9.4.1　模板方法模式 ………………………………………………………… 229
　　　9.4.2　策略模式 ……………………………………………………………… 232
　　　9.4.3　状态模式 ……………………………………………………………… 234
　　　9.4.4　责任链模式 …………………………………………………………… 236
　　　9.4.5　命令模式 ……………………………………………………………… 239
　　　9.4.6　观察者模式 …………………………………………………………… 242
　　　9.4.7　中介者模式 …………………………………………………………… 245
　　　9.4.8　迭代器模式 …………………………………………………………… 248
　　　9.4.9　访问者模式 …………………………………………………………… 251
　　　9.4.10　备忘录模式 ………………………………………………………… 254
　　　9.4.11　解释器模式 ………………………………………………………… 257
　习题 ………………………………………………………………………………… 261
参考文献 ……………………………………………………………………………… 262

第1章 概 述

学习目标

- 掌握结构化和面向对象软件工程方法学。
- 了解软件设计的概念。
- 了解软件体系结构的概念。

通常把软件生命周期全过程中使用的一整套技术方法的集合称为软件工程方法学，它包括方法、工具和过程 3 个要素。常用的软件开发方法包括结构化方法和面向对象方法。软件体系结构和软件设计是软件生命周期中的重要阶段。

1.1 软件工程方法学

软件生存周期指一个计算机软件从功能确定、设计，到开发成功投入使用，并在使用中不断地修改、增补和完善，直到停止该软件使用的全过程。通常把软件生命周期全过程中使用的一整套技术方法的集合称为软件工程方法学，它包括方法、工具和过程 3 个要素。常用的软件开发方法包括结构化方法和面向对象方法。

1.1.1 结构化方法

结构化软件工程一般把软件开发和运行过程划分为下面几个主要阶段：系统分析、软件设计、程序编写、软件测试、运行和维护，如图 1-1 所示。软件工程强调各阶段的完整性和先后顺序，根据不同阶段的特点，运用不同的手段完成各阶段的任务。软件开发人员遵循严格的规范，在每一阶段工作结束时进行阶段评审，得到该阶段的正确的文档，作为阶段结束的标志，并作为下一阶段工作的基础，逐步实现各阶段的目标，从而保证软件的质量。

1. 结构化软件工程

① 系统分析：确定要开发软件系统的总目标，完成该软件任务的可行性研究；解决软件"做什么"的问题，正确理解用户的需求，并进行分析、综合，给出详细的定义。

② 软件设计：解决软件"怎么做"的问题，结构化的软件设计可分为概要设计和详细设计两部分。概要设计是把软件需求转化为软件系统的总体结构和数据结构，结构中每一部分都是意义明确的模块，每个模块都和某些需求相对应。详细设计也称过程设计，对每个模块要完成的工作进行具体描述，给出详细的数据结构和算法，为源程序的编写打下基础。

图 1-1 传统软件工程分析与设计

③ 程序编写：根据软件设计阶段的结果，以某一种特定的程序设计语言在计算机上编写程序，真正实现一个具体的软件系统。写出的程序应该是结构良好、清晰易读的，并且要与软件设计相一致。

④ 软件测试：查找和修改系统分析、软件设计和程序编写过程中的错误，以保证软件的质量，包括单元测试、集成测试和有效性测试。单元测试是查找各模块在功能和结构上存在的问题并加以纠正；集成测试将已测试通过的模块按一定顺序组装起来进行测试；有效性测试按规定的各项需求逐项进行测试，判断已开发的软件是否合格，能否交付用户使用。

⑤ 运行和维护：软件系统运行过程中会受到各种人为的、技术的、设备的影响，这就要进行软件维护，使软件适应变化，不断地得到改善和提高，以保证软件正常而可靠地运行。软件维护包括纠正性维护、适应性维护、完善性维护和预防性维护：纠正性维护是在运行中发现了软件中的错误而进行的修改工作；适应性维护是为了适应变化了的软件工作环境而做出适当的变更；完善性维护是为了增强软件的功能而做出的变更；预防性维护是为未来的修改与调整奠定更好的基础而进行的工作。

软件总是有体系结构的，不存在没有体系结构的软件。可以把软件比作一座楼房，具有基础、主体和装饰：基础设施软件是操作系统，主体应用程序实现计算逻辑，用户界面程序方便用户使用。从细节上来看，每一个程序也是有结构的。早期的结构化技术将软件系统分成许多模块，模块间相互作用，自然地形成了体系结构。但是，采用结构化技术开发的软件，程序规模不大，采用自顶向下、逐步求精，只要注意模块的耦合性就可得到相对良好的结构，所以并未特别研究软件体系结构。

2. 结构化软件工程方法存在的问题和缺点

与以前随心所欲的个人化脑力劳动方式相比，结构化软件工程方法是一个较大的进步，在一定程度上解决了软件危机的问题。但是，结构化技术开发的软件，具有稳定性差、可维护性差和可复用性差的缺点。

软件系统产生的错误有很大比例是系统分析不准确导致的，主要原因是在开发初期，用户缺乏计算机方面的知识，难以清楚地给出所有需求，而开发人员缺乏用户的业务知识，很难给出切合实际的软件系统描述，这样就会造成开发出来的软件功能与用户需求不符。软件系统应该具有可维护性，适应用户需求的变化。传统的结构化软件工程方法在开发过程中很少考虑可维护性，从而很少允许用户需求发生变化，容易导致各种问题的发生。

结构化软件工程方法要等到开发后期（即软件测试阶段）才能得到可运行的软件，如果在这时发现软件功能与用户需求不符，或发现有较大错误，会造成很大的损失和浪费，甚至导致软件项目开发的失败。

1.1.2 面向对象方法

为了解决结构化软件工程方法中存在的问题，应该从考虑问题的方法上着手，尽可能地使分析、设计和实现一个系统的方法接近认识一个系统的方法。面向对象的软件工程仍采用结构化软件工程的某些成熟思想和方法，在软件开发过程中仍采用分析、设计、编程、测试等技术，但在构造系统的思想方法上进行了改进。

软件系统所解决的问题涉及的业务范围称作该软件的问题域。面向对象软件工程强调以问题域中的事物为中心来考虑问题，根据这些事物的本质特征，抽象地表示为对象，作为系统的基本构成单位。因此，面向对象软件工程可以使软件系统直接地映射问题域，使软件系统保持问题域中事物及其相互关系的本来面貌。

1. 面向对象软件工程

面向对象的软件工程包括面向对象分析（OOA）、面向对象设计（OOD）、面向对象编程（OOP）、面向对象测试（OOT）和面向对象维护等主要内容，如图 1-2 所示。

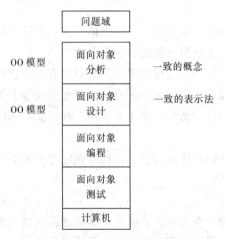

图 1-2　面向对象软件工程分析与设计

（1）面向对象的分析

OOA 直接针对问题域中客观存在的各种事物，建立 OOA 模型中的对象。用对象的属性和服务分别描述事物的静态特征和动态特征。

OOA 模型还描述问题域中事物之间的关系。用一般/特殊结构描述一般类与特殊类之间的关系——继承关系，用整体/部分结构描述事物间的组成关系——聚合/组合关系，用实例连接表示事物之间的静态联系——一个对象的属性与另一对象属性有关，用消息连接表示事物之间的动态联系——一个对象的行为与另一对象行为有关。

无论是对问题域中的单个事物，还是对各个事物之间的关系，OOA 模型都保留着它们的原貌，没有转换、扭曲，也没有重新组合，所以 OOA 模型能够很好地映射问题域。OOA 所采用的概念及术语与问题域中的事物保持了最大限度的一致，不存在鸿沟。

（2）面向对象的设计

OOA 针对问题域，运用面向对象的方法，建立一个反映问题域的 OOA 模型，不考虑与系统实现有关的编程语言、图形用户界面、数据库等因素，使 OOA 模型独立于具体的实现。OOD 则是针对系统的一个具体的实现，运用面向对象的方法进行设计。首先把 OOA 模型做某些必要的修改和调整，作为 OOD 的一个部分；然后补充人机界面、数据存储、任务管理等与实现有关的部分。这些部分与 OOA 采用相同的表示法和模型结构。

OOA 与 OOD 采用一致的表示法是面向对象软件工程优于传统软件工程方法的重要因素之一。从 OOA 到 OOD 不存在转换，只有局部的修改或调整，并增加几个与实现有关的独立部分。因此，OOA 与 OOD 之间不存在传统软件工程中分析与设计之间的鸿沟，OOA 与 OOD 能紧密衔接，降低了从 OOA 到 OOD 的难度和工作量。

（3）面向对象的编程

认识问题域与设计系统的工作已经在 OOA 和 OOD 阶段完成，对系统需要设立的每个对象类及其内部构成（属性和服务）与外部关系（继承、聚合等）有了透彻的认识和清晰的描述，不会有问题遗留给程序员去思考。

OOP 相对比较简单，它用一种面向对象的编程语言把 OOD 模型的每个部分书写出来，程序员用具体的数据结构来定义对象的属性，用具体的语句来实现算法。

（4）面向对象测试

在测试过程中继续运用面向对象技术，对用面向对象技术开发的软件，进行以对象概念为中心的软件测试，可以更准确地发现程序错误并提高测试效率。

由于封装性，对象成为一个独立的程序单位，只通过有限的接口与外部发生关系，可以减少错误的影响范围。OOT 以对象作为基本测试单位，查错范围主要是类定义之内的属性和服务，以及有限的对外接口所涉及的部分。另外，由于继承性，在对父类测试完成之后，子类的测试重点只是那些新定义的属性和服务。

OOT 还可以通过捕捉 OOA/OOD 模型信息，检查程序与模型不匹配的错误。这一点是传统的结构化软件工程方法难以达到的。

（5）面向对象的软件维护

维护人员一般不是当初的开发人员，读懂并正确地理解由别人开发的软件是件困难的事情；同时，用传统的结构化软件工程方法开发的软件，各阶段文档表示不一致，程序不能很好地映射问题域，从而加重了维护工作的困难。面向对象的软件工程方法为软件维护提供了有效的途径。程序与问题域是一致的，各个阶段的表示是一致的，从而大大减小了理解的难度；无论是发现了程序中的错误而逆向追溯到问题域，还是需求发生了变化而从问题域正向追踪到程序，道路都是比较平坦的。

软件工程从传统的结构化软件工程进入到现代的面向对象软件工程后，需要进一步研究整个软件系统的体系结构，寻求质量最好、建构最快、成本最低的构造过程。在引入了软件体系结构的软件开发之后，应用系统的构造过程变为面向对象分析、软件体系结构、面向对象设计、面向对象编程、面向对象测试和面向对象维护，可以认为软件体系结构架起了面向对象分析和面向对象设计之间的一座桥梁。

2．面向对象软件工程的主要优点

① 符合常规的思维方式。面向对象软件工程把问题域的概念映射到对象及其关系，符合人们通常的思维方式，避免了结构化软件工程从问题域到分析阶段的映射问题。

② 连续性好。面向对象软件工程的分析、设计和编码采用一致的模型表示，各阶段文档表示一致，后一阶段可直接利用前一阶段的结果，避免了结构化软件工程各阶段表示方法不连续的问题（数据流图与模块结构图需要转换），降低了理解的难度，减少了工作量并降低了映射误差。另外，程序与问题域一致，发现了程序中的错误，可以方便地逆向追溯到问题域；需求发生了变化，可以方便地从问题域正向地追踪到程序。

③ 可维护性好。面向对象方法具有封装性，可以使对象结构在外部功能发生变化后保持相对稳定，并使改动局限于一个对象的内部。修改一个对象时，很少影响其他对象，避免了波动效应。具体来说，两方面的原因决定了维护对象是容易的。首先，概念独立性（封装）意味着很容易判断出产品的哪一部分必须进行修改，以达到某一确定的维护目标——无论是对完善性维护还是对纠错性维护。其次，信息隐藏确保了对象本身的修改不会在该对象以外产生影响，因此大大降低了回归错误的数量。

④ 可复用性好。面向对象方法的继承性和封装性可以很好地支持软件复用，并易于扩充。

1.2　软件设计与体系结构

1．软件设计

软件设计形成一套文档，根据这些文档，程序员能够完整地设计出应用程序。软件设计的结果可以使程序员不需要其他文档的帮助，就可以编写程序。软件设计形成的文档就像是建筑物和机械零件的图纸；建筑商和技术工人根据图纸，就可以盖好相应的建筑物和加工好相应的零件。

2．软件体系结构

结构化技术是以砖、瓦、预制梁等盖平房，而面向对象技术以整面墙、整间房、一层楼梯的预制件盖高楼大厦。土木工程进入到了现代建筑学，怎样才能容易地构造体系结构？什么是合理的组件搭配？重要组件更改以后，如何保证整栋高楼不倒？不同的应用领域（学校、住宅、写字楼）分别需要什么样的组件？是否具有实用、美观、强度、造价合理的组件，从而使建造出来的建筑（即体系结构）更能满足用户的需求？

同样，软件工程也从传统的结构化软件工程进入了现代的面向对象软件工程，需要进一步研究整个软件系统的体系结构，寻求质量最好、建构最快、成本最低的构造过程。

软件体系结构是设计抽象的进一步发展，满足了更方便地开发更大、更复杂的软件系统的需要。随着软件系统规模越来越大、越来越复杂，对软件总体的系统结构设计和规格说明比起对计算的算法和数据结构的选择变得重要得多。

软件体系结构发展的第一个阶段是"无体系结构"设计阶段，以汇编语言进行小规模应用程序开发为特征。第二个阶段是萌芽阶段，出现了程序结构设计主题，主要特征是使用了控制流图和数据流图。第三个阶段是初期阶段，出现了从不同侧面描述系统的结构模型，以 UML 为典型代

表。第四个阶段是高级阶段，以描述系统的高层抽象结构为中心，不关心具体的建模细节，划分了体系结构模型与传统的软件结构的界限。该阶段以 Kruchten 提出的"4+1"模型为标志，目前概念尚不统一，描述规范也不能达成一致。

解决好软件的质量、复用性和可维护性问题，是研究软件体系结构的根本目的。

习　　题

1. 是否存在没有体系结构的软件？采用结构化技术开发的软件是否具有体系结构？
2. 软件设计的含义是什么？
3. 简述软件体系结构的发展阶段。
4. 研究软件体系结构的根本目的是什么？

第 2 章 \ 软件体系结构

学习目标

- 理解软件体系结构的定义。
- 掌握组件和连接件的概念。
- 了解软件体系结构的研究内容。

软件体系结构是控制软件复杂性、提高软件系统质量、支持软件开发和复用的重要手段之一，是软件工程的一个重要的研究领域。软件体系结构的主要研究内容包括软件体系结构的分析、设计与验证，评价方法，建模研究，描述语言等形式化工具，发现、演化与复用，软件体系结构风格，基于软件体系结构的软件开发方法，特定领域的软件体系结构，软件产品线体系结构等。

2.1 软件体系结构的定义

从字面上理解，软件体系结构表示软件的体系结构。

体系结构（Architecture）一词起源于建筑学。建筑体系结构包含两个因素：① 基本的建筑模块：砖、瓦、灰、沙、石、预制梁、柱、屋面板……② 建筑模块之间的粘接关系：如何把这些"砖、瓦、灰、沙、石、预制梁、柱、屋面板"有机地组合起来形成整体建筑？建筑设计原则是坚固、实用、美观。建筑设计不仅是一门科学，而且是一项艺术。

计算机硬件系统的"体系结构"包含两个因素：① 基本的硬件模块：控制器、运算器、内存储器、外存储器、输入设备、输出设备……② 硬件模块之间的连接关系：总线等。计算机体系结构的风格有以存储程序原理为基础的冯·诺依曼结构、存储系统的层次结构、并行处理机结构、流水线结构、多核 CPU 等。

体系结构的共性包括一组基本的构成要素（组件）、这些要素之间的连接关系（连接件）、这些要素连接之后形成的拓扑结构（物理分布）、作用于这些要素或连接关系上的限制条件（约束）、质量（性能）。

对于软件体系结构（Software Architecture，SA），组件是指各种基本的软件构造模块（函数、对象、模式等），连接件将它们组合起来形成完整的软件系统，物理分布是指软件系统拓扑结构，约束是指限制条件，性能是指软件质量。

软件体系结构已经在软件工程领域中有着广泛的应用，但迄今为止还没有一个公认的定义。许多专家学者从不同角度对软件体系结构进行了定义，较为典型的有以下几种：

① Dewayne Perry 和 Alex Wolf 认为软件体系结构是组件（具有一定形式的结构化元素）的集

合，包括处理组件、数据组件和连接组件。处理组件负责对数据进行加工，数据组件是被加工的信息，连接组件把体系结构的不同部分组合连接起来。

② Mary Shaw 和 David Garlan 认为软件体系结构是软件设计过程中，超越计算过程中的算法设计和数据结构设计的一个层次。软件体系结构处理整体系统结构设计和描述方面的一些问题，如全局组织和全局控制结构，关于通信、同步与数据存取的协议，设计组件功能定义，物理分布与合成，设计方案的选择、评估与实现等。

③ Kruchten 认为软件体系结构有 4 个角度，从不同方面对系统进行描述：概念角度描述系统的主要组件及其关系，模块角度包含功能分解与层次结构，运行角度描述一个系统的动态结构，代码角度描述各种代码和库函数在开发环境中的组织。

④ Hayes Roth 认为软件体系结构是一个抽象的系统规范，主要包括用其行为来描述的功能组件和组件之间的相互连接、接口和关系。

⑤ David Garlan 和 Dewne Perry 认为软件体系结构是一个程序/系统各组件的结构，它们之间的相互关系以及进行设计的原则和随时间进化的指导方针。

⑥ Barry Boehm 认为软件体系结构包括软件和系统组件、互联及约束的集合；系统需求说明的集合；基本原理，用以说明组件、互联和约束能够满足系统需求。

⑦ Bass、Ctements 和 Kazman 认为一个程序或计算机系统的软件体系结构包括一组软件组件、软件组件的外部的可见特性及其相互关系。软件外部的可见特性是指软件组件提供的服务、性能、特性、错误处理、共享资源使用等。

⑧ 张友生在《软件体系结构》一书中的定义：软件体系结构为软件系统提供了一个结构、行为和属性的高级抽象，由构成系统的元素的描述、这些元素的相互作用、指导元素集成的模式以及这些模式的约束组成。软件体系结构不仅指定了系统的组织结构和拓扑结构，并且显示了系统需求和构成系统的元素间的对应关系，提供了设计决策的基本原理。

归纳起来，软件体系结构提供了一个结构、行为和属性的高级抽象；从一个较高的层次来考虑组成系统的组件、组件之间的连接，以及由组件与组件交互形成的拓扑结构；这些要素应该满足一定的限制，遵循一定的设计规则，能够在一定的环境下进行演化；反映系统开发中具有重要影响的设计决策，便于各种人员的交流，反映多种关注，据此开发的系统能完成系统既定的功能和性能需求。

总之，软件体系结构的研究正在发展，软件体系结构的定义也必然随之完善。

软件体系结构是可复用的模型，软件体系结构级的复用意味着体系结构能在具有相似需求的多个系统中发生影响，这比代码级的复用有更大的优点。

2.2　组件与连接件

2.2.1　组件

生活中，组装一台计算机时，人们可以选择多个组件，例如内存、显卡、硬盘等，一个组装计算机的人不必关心内存是怎么研制的，只要根据说明书了解其中的属性和功能即可。不同的计算机可以安装相同的内存，内存的功能完全相同，但它们是在不同的计算机中，一台计算机的内存发生了故障并不影响其他的计算机；也可能两台计算机连接了一个共享的组件：集线器，如果集线器发生了故障，两台计算机都受到同样的影响——无法连接网络。

在可视化的编程环境中编写程序时，可以把一个按钮组件或文本框组件拖放到应用程序窗体中，还可以很方便地重新更改它的名字等属性。

广义上讲，组件是具有某种功能的可复用的软件结构单元，是为组装服务的，是组成软件系统的计算单元或数据存储单元。例如，共享变量、函数、子程序、对象、类、文件、程序、数据库……可以进行代码复用、设计复用、分析复用、测试复用……

严格意义上讲，组件是一种可部署单元，它具有规范的接口规约和显式的语境依赖，而接口功能由组件内部封装的服务来实现。

一般认为，组件是指语义完整、语法正确和有可复用价值的单位软件，是软件复用过程中可以明确辨识的系统；结构上，它是语义描述、通信接口和实现代码的复合体。简单地说，组件是具有一定的功能，能够独立工作或能同其他组件装配起来协调工作的程序体，组件的使用同它的开发、生产无关。

组件的优点是快速开发、提高软件质量。由组件组装出的软件称为组件化软件。

粒度是组件的相对大小、规模、细节程度或关注程度的一个属性，例如国家-省份-地区-城市-街道。原子组件（Atomic Component）是不可再分解的，例如，砖、瓦，集成电路、芯片，数据结构、函数。复合组件（Composite Component）是由其他原子组件与复合组件通过连接而成，例如，预制板、房屋框架，存储器、运算器、控制器，对象、模块、子系统。组件的定义是递归的概念。

恰当的粒度是很重要的。小粒度组件灵活性高，复用度高，但交互复杂，使用效率低下；大粒度组件正好相反，便于管理，但臃肿、庞大。

类级的复用（代码复用）是以类为封装的单位，但这样的复用粒度还太小，不足以解决异构互操作和效率更高的复用。通常讲的组件是对一组类的组合进行封装，并代表完成一个或多个功能的特定服务，也为用户提供了多个接口。整个组件隐藏了具体的实现，只用接口提供服务。

近年来，组件技术发展迅速，已形成 3 个主要流派，分别是 IBM 支持的 CORBA、Oracle 的 Java 平台和 Microsoft 的 COM/DCOM。具体地说，分别是 OMG（Object Management Group，对象管理集团）的 CORBA（Common Object Request Broker Architecture，通用对象请求代理结构）、Oracle 的 JavaBeans 和 EJB（Enterprise Java Bean）、Microsoft 的 DCOM（Distributed Component Object Model，分布式组件对象模型）。

JavaBeans 是一种规范，一种在 Java（包括 JSP）中使用 Java 组件（可重复使用）的技术规范；根据定义，JavaBeans 也是一个可重复使用的软件组件。同时，JavaBeans 是一个 Java 类，通过封装属性和方法具有某种功能或者处理某个业务，这样的 Java 类一般对应于一个独立的.java 文件。另外，当 JavaBeans 这样的一个 Java 类在具体的 Java 程序中被实例之后，有时也会将这样的一个 JavaBeans 的实例称为 JavaBeans。

由于 JavaBeans 是基于 Java 语言的，因此 JavaBeans 不依赖平台，可以在任何安装了 Java 运行环境的平台上使用，而不需要重新编译。同时，JavaBeans 可以实现代码的复用，易编写、易维护、易使用。

2.2.2　连接与连接件

连接（Connection）是组件间建立和维护行为关联与信息传递的途径。连接需要连接的机制和连接的协议两方面的支持，简称"机制"（Mechanism）和"协议"（Protocol）。连接的机制是连接发生和维持的机制，是实现连接的物质基础。连接的协议是连接能够正确、无二义、无冲突进行的保证，是连接正确有效地进行信息交换的规则。

计算机硬件提供了一切连接的物理基础：中断、存储、堆栈、串行 I/O、并行 I/O、网络等。连接实现机制有过程调用、回调、进程通信、内存共享、同步/异步、远程过程调用、管道、消息传递、反射、动态链接、动态绑定、文件等。

协议是连接的规约。连接的规约是建立在物理层之上的有意义信息形式的表达规定，对过程调用来说是参数的个数和类型、参数排列次序，对消息传送来说是消息的格式，对 ODBC 数据库连接来说是 SQL 语言，对 Web Service 连接而言是 SOAP 或 REST 协议。其目的是使双方能够互相理解对方所发来的信息的语义。

角色是连接的双方所处的不同地位的表达，不同的体系结构风格中拥有不同的角色。对于过程调用有调用方和被调用方，对于管道有读取方和写入方，对于消息传递有发送者和接收者。

连接件（Connector）表示组件之间的交互并实现组件之间的连接。

连接件有管道、中间件、ODBC/JDBC、应用服务器、Web 服务器、消息中间件等。

2.2.3　实例

1.　结构化方法中的组件与连接件

主程序–子程序体系结构中的组件是主程序和子程序，连接件是调用返回机制。

对于下面的程序，组件是主程序 main() 函数和子程序 max(a,b) 函数。连接件是 main() 函数中调用 max(a,b) 函数，max() 函数将实参 a、b 分别传递给形参 x、y；通过运算得到较大值 z，并将 z 返回调用处，赋值给 main() 函数的变量 c。

```
#include <stdio.h>
int max(int x,int y){
    int z;
    z=x>y?x:y;
    return(z);
}
void main(){
    int a,b,c;
    scanf("%d,%d",&a,&b);
    c=max(a,b);
    printf("The max is %d", );
}
```

2.　面向对象方法中组件与连接件

面向对象体系结构的组件是类和对象。

连接件是对象之间通过功能与函数调用实现交互。对象是通过函数和过程的调用–返回机制来交互的，而类是通过定义对象，再采用调用–返回机制进行交互。

对于下面的程序，组件是 Spot、Trans、Test 三个类，还有 Spot 类的对象 s，Trans 类的对象 ts，Spot 类的对象 p。

连接件如下：在 Test 类中创建 Spot 类的对象 s、Trans 类的对象 ts，Trans 类的 move()方法的参数中有 Spot 类的对象 p。Test 类使用 Spot 类的对象 s，调用了 Spot 类的 getX()和 getY()方法；Test 类使用 Trans 类的对象 ts，调用了 Trans 类 move()方法，并把实参 Spot 类的对象 s 传递给了形参 Spot 类的对象 p。

```java
class Spot{
    private int x,y;
    Spot(int u, int v){
        setX(u);
        setY(v);
    }
    void setX(int x1){
        x=x1;
    }
    void setY(int y1){
        y=y1;
    }
    int getX(){
        return x;
    }
    int getY(){
        return y;
    }
}
class Trans{
    void move(Spot p, int h, int k){
        p.setX(p.getX()+h);
        p.setY(p.getY )+k);
    }
}
class Test{
    public static void main(String args[]){
        Spot s=new Spot(2,3);
        System.out.println("s点的坐标:"+s.getX()+","+s.getY());
        Trans ts=new Trans();
        ts.move(s,4,5);
        System.out.println("s点的坐标:"+s.getX()+","+s.getY());
    }
}
```

3. 编写和使用 JavaBeans

一个基本的 JSP 页面就是由普通的 HTML 标签和 Java 程序组成，如果 Java 程序和 HTML 大量交互在一起，就显得页面混杂，不易维护。JSP 页面应当将数据的处理过程指派给一个或几个 JavaBeans 来完成，此时只需在 JSP 页面中调用这个 JavaBeans 即可。在 JSP 页面中调用 JavaBeans，可有效地分离静态工作部分和动态工作部分。

（1）编写 JavaBeans

JavaBeans 分为可视组件和非可视组件。在 JSP 中主要使用非可视组件。对于非可视组件，不必去设计它的外观，主要关心它的属性和方法。

编写 JavaBeans 就是编写一个 Java 的类。为了让使用这个 JavaBeans 的应用程序构建工具（比如 JSP 引擎）知道这个 JavaBeans 的属性和方法，在类的方法命名上要遵守以下规则：

如果类的成员变量的名字是 xxx，那么为了更改或获取成员变量的值，即更改或获取属性，在类中就需要有两个方法。getXxx()：用来获取属性 xxx；setXxx()：用来修改属性 xxx。对于 boolean 类型的成员变量，即布尔逻辑类型的属性，允许使用 is 代替上面的 get 和 set。

类中的普通方法不适合上面的命名规则，但这个方法必须是 public 的。类中如果有构造方法，那么这个构造方法也是 public 的并且是无参数的。下面编写一个简单的 JavaBeans。

```java
package graph;
import java.io.*;
public class Square{
    int side;
    public Square(){
      side=1;
    }
    public int getSide(){
        return side;
    }
    public void setSide(int newSide){
        side=newSide;
    }
    public double squareArea(){
        return side*side;
    }
    public double squareLength(){
        return 4.0*side;
    }
}
```

将上述 Java 文件保存为 Square.java，并编译，得到字节码文件 Square.class，存放位置为 tomcat 安装目录的 webapps\ROOT\WEB-INF\classes\graph 子目录。

（2）使用 JavaBeans

为了在 JSP 页面中使用 JavaBeans，可以按照一般类的使用方法直接使用，也可以使用 JSP 的 useBean 动作标签。useBean 格式如下：

```
<jsp:useBean id="给 JavaBeans 起的名字" class="创建 JavaBeans 的类"
    scope="JavaBeans 有效范围">
</jsp:useBean>
```

或者

```
<jsp:useBean id="给 JavaBeans 起的名字" class="创建 JavaBeans 的类"
    scope="JavaBeans 有效范围"/>
```

当服务器上某个含有 useBean 动作标签的 JSP 页面被加载执行时，JSP 引擎将首先根据 id 的名字，在一个同步块中，查找 JSP 引擎内置 pageContent 对象中是否含有名字 id 和作用域 scope 的对象。如果这个对象存在，JSP 引擎就分配一个这样的对象给客户，这样，客户就获得了一个作用域是 scope、名字是 id 的 JavaBeans（就像组装计算机时获得了一个有一定功能和使用范围的计算机配件）。如果在 pageContent 中没有查找到指定作用域、名字是 id 的对象，就根据 class 指定的类创建一个名字是 id 的对象，即创建了一个名字是 id 的 JavaBeans，并添加到 pageContent 内置对象中，并指定该 JavaBeans 的作用域是 scope，同时 JSP 引擎分配给客户一个作用域是 scope、名字是 id 的 JavaBeans。

为使服务器的所有 Web 服务目录下的 JSP 页面文件都能使用 JavaBeans，须将上面编译通过生成的字节码类文件 Square.class 复制到 JSP 引擎的 classes 文件夹下。

另外，在使用 JavaBeans 的 JSP 页面中，必须有如下的 import 指令：

```
<@page import="Square">
```

在下面的例子 useBeans.jsp 中，存放位置为 tomcat 安装目录的 webapps\ROOT 子目录。负责创建 JavaBeans 的类是上述的 Square 类，创建的 JavaBeans 的名字是 table，table 的 scope 取值是 page。

```
<%@ page contentType="text/html;charset=GB2312" %>
<%@ page import="graph.Square"%>
<HTML>
<BODY bgcolor=cyan><Font size=1>
  <jsp:useBean id="table" class="graph.Square" scope="page" >
  </jsp:useBean>
  <%--通过上述 JSP 标签，客户获得一个作用域是 page，名字是 table 的 JavaBeans--%>
  <% //设置正方形的边长:
    table.setSide(100);
  %>
  <P>正方形的边长是:
  <%=table.getSide()%>
  <P>正方形的周长是:
  <%=table.squareLength()%>
  <P>正方形的面积是:
  <%=table.squareArea()%>
</BODY>
</HTML>
```

（3）获取和修改 JavaBeans 的属性

当使用 useBean 动作标签创建一个 JavaBeans 后，在 Java 程序中这个 JavaBeans 就可以调用方法产生行为，如修改属性、使用类中的方法等。获取或修改 JavaBeans 的属性还可以使用动作标签 getProperty、setProperty，下面讲述怎样使用 JSP 的动作标签去获取和修改 JavaBeans 的属性。

getProperty 动作标签可以获得 JavaBeans 的属性值，并将这个值用串的形式显示给客户。使用这个标签之前，必须使用 useBean 标签获取得到一个 JavaBeans。getProperty 动作标签：

```
<jsp:getProperty name="JavaBeans 的名字" property="JavaBeans 的属性" />
```

其中，name 取值是 JavaBeans 的名字，用来指定要获取哪个 JavaBeans 属性的值；property 取值是该 JavaBeans 的一个属性的名字。该指令的作用相当于在程序片中使用 JavaBeans 调用 getXxx()方法。

setProperty 动作标签可以设置 JavaBeans 的属性值。使用之前，必须使用 useBean 标签得到一个可操作的 JavaBeans。setProperty 动作标签可以通过 3 种方式设置 JavaBeans 属性的值。

① 可以将 JavaBeans 属性的值设置为一个表达式的值或字符串。这种方式不如后面两种方式方便，但当涉及属性值是汉字时，使用这种方式更好一些。

JavaBeans 属性的值设置为一个表达式的值：

```
<jsp:setProperty name="JavaBeans 的名字" property="JavaBeans 的属性"
    value="<%=expression%>" />
```

JavaBeans 属性的值设置为一个字符串：

```
<jsp:setProperty name="JavaBeans 的名字" property= "JavaBeans 的属性"
    value=字符串/>
```

如果将表达式的值设置为 JavaBeans 属性的值，表达式值的类型必须和 JavaBeans 属性的类型一致。如果将字符串设置为 JavaBeans 属性的值，这个字符串会自动被转化为 JavaBeans 的属性的类型。Java 语言将字符串转化为其他数值类型的方法如下：转化到 int 使用 Integer.parseInt(Sting s)，转化到 long 使用 Long.parseInt(Sting s)，转化到 float 使用 Float.parseInt(Sting s)，转化到 double 使用 Double.parseInt(Sting s)。

这些方法都可能发生 NumberFormatException 异常，例如，当试图将字符串"ab23"转化为 int 型数据时就发生了 NumberFormatException。

② 使用 setProperty 设置 JavaBeans 属性值的第 2 种方式：通过 HTTP 表单的参数的值来设置 JavaBeans 的相应属性的值，要求表单参数名字必须与 JavaBeans 属性的名字相同，JSP 引擎会自动将字符串转换为 JavaBeans 属性的类型。

③ 使用 setProperty 设置 JavaBeans 属性值的第 3 种方式：通过 request 的参数的值来设置 JavaBeans 的相应属性的值，要求 request 参数名字必须与 JavaBeans 属性的名字相同，JSP 引擎会自动将 request 获取的字符串数据类型转换为 JavaBeans 相应的属性的类型。

2.3 软件体系结构的研究内容

从建筑体系结构来看，其研究内容包括哪些实用、美观、强度、造价合理、可复用的大粒度建筑单元，使建造出来的建筑更能满足用户的需求？建筑模块怎样搭配才合理？有哪些典型的建筑风格？每种典型建筑（医院、工厂、旅馆）的典型结构是什么样子？需要什么样的组件？如何绘制建筑体系结构的图纸？如何根据图纸进行质量评估？如何快速地将图纸变为实物（即施工过程）？建筑完成之后，如何对其进行恰当程度的修改？重要模块进行更改后，如何保证整栋建筑质量不受影响？

类似地，软件体系结构要解决的问题包括软件的基本构造单元是什么，这些构造单元之间如何连接，最终形成何种样式的拓扑结构，每个典型应用领域（例如 CAD、ERP）的典型体系结构是什么样子，如何进行软件体系结构的设计与实现，如何对已经存在的软件体系结构进行修改，使用何种工具来支持软件体系结构的设计，如何对软件的体系结构进行描述，并据此进行分析和验证。

1. 软件体系结构的分析、设计与验证

软件体系结构分析的内容可分为结构分析、功能分析和非功能分析。在进行非功能分析时，可以采用定量分析方法和推断的分析方法。Kazman 等人提出了一种非功能分析的体系结构分析方

法 SAAM，并运用场景技术，提出了基于场景的软件体系结构分析方法，而 Barbacci 等人提出了多质量属性情况下的软件体系结构质量模型、分析与权衡方法 ATAM。

生成一个满足软件需求的软件体系结构的过程即为软件体系结构设计。软件体系结构设计将系统分解成相应的组成成分（组件、连接件），并将这些成分重新组装成一个系统。软件体系结构设计是软件设计中非常重要的一个环节，软件开发过程中只要需求和体系结构确定之后，这个软件基本上也就定型了。

软件体系结构测试着重于仿真系统模型，解决软件体系结构层的主要问题。由于测试的抽象层次不同，软件体系结构测试策略可以分为单元/子系统/集成/验收测试等阶段的测试策略。在软件体系结构集成测试阶段，Debra 等人提出了一组针对体系结构的测试覆盖标准，Paola Inveradi 提出了一种基于 CHAM 的体系结构语义验证技术。

2．软件体系结构风格

软件体系结构设计研究的重点内容之一是软件体系结构风格，软件体系结构风格在本质上反映了一些特定的元素按照特定的方式组成一个特定的结构，该结构应有利于上下文环境中的特定问题的解决。软件体系结构风格分为固定术语和参考模型两个大类。已知的固定术语类的体系结构模型包括管道过滤器、面向对象、基于事件的调用方法、层次、黑板、客户/服务器等；而参考模型则相对较多，常常与特定领域相关。

3．软件体系结构评价方法

软件体系结构是系统集成的蓝本、系统验收的依据，好的软件体系结构可以减少和避免软件错误的产生和维护阶段的高昂代价。软件体系结构本身需要分析与测试，以确定这样的软件体系结构是否满足需求。通过评估来预见软件的质量，通过分析来创建、选择、评估与比较不同的软件体系结构。

目前，常用的软件体系结构分析（评估）方法有体系结构权衡分析方法（Architecture Tradeoff Analysis Method，ATAM）、软件体系结构分析方法（Software Architecture Analysis Method，SAAM）和中间设计积极评审法（Active Reviews for Intermediate Design，ARID）。其中，ATAM 方法不但能够揭示体系结构如何满足特定的质量需求（例如性能和可修改性），而且还提供了分析这些质量需求之间交互作用的方法。

4．软件体系结构的建模研究

研究软件体系结构的一个主要问题是如何表示软件体系结构，即如何对软件体系结构建模。根据建模的侧重点的不同，可以将软件体系结构的模型分为 5 种：结构模型、框架模型、动态模型、过程模型和功能模型。在这 5 个模型中，最常用的是结构模型和动态模型。

① 结构模型：以体系结构的组件、连接件和其他概念来刻画结构，并力图通过结构来反映系统的重要语义内容，包括系统的配置、约束、隐含的假设条件、风格、性质。研究结构模型的核心是体系结构描述语言。

② 框架模型：类似于结构模型，但不太侧重描述结构的细节而更侧重于整体的结构。主要以一些特殊的问题为目标，建立只针对和适应该问题的结构。

③ 动态模型：研究系统的"大粒度"的行为性质。例如，描述系统的重新配置或演化。动态是指系统总体结构的配置、建立或拆除通信通道或计算的过程。

④ 过程模型：研究构造系统的步骤和过程。

⑤ 功能模型：认为体系结构是由一组功能组件按层次组成，下层向上层提供服务，可以看作是一种特殊的框架模型。

这 5 种模型各有所长，将 5 种模型有机地统一在一起，形成一个完整的模型来刻画软件体系结构更合适。

Kruchten 在 1995 年提出了一个"4+1"的视角模型，该模型由逻辑视图、开发视图、过程视图和物理视图组成，并通过场景将这 4 种视图有机地结合起来，比较细致地描述了需求和体系结构之间的关系。而 Booch 从 UML 的角度出发给出了一种由设计视图、过程视图、实现视图和部署视图，再加上一个用例视图构成的体系结构描述模型。IEEE 于 1995 年成立了体系结构工作组，综合了体系结构描述研究的成果，并参考业界的体系结构描述的实践，起草了体系结构描述标准 IEEE P1471。Rational 从资产复用的角度提出了体系结构描述的规格说明框架。

通过多个不同的视角可以描述软件体系结构，每个视角只关心系统的一个侧面。可以通过 5 个视角结合在一起反映软件体系结构的全部内容，这 5 个视角分别为：

① 逻辑视图/设计视图：主要支持系统的功能需求，直接面向最终用户。

② 开发视图/实现视图：主要支持软件模块的组织和管理，直接面向编程人员。

③ 过程视图/进程视图：主要关注一些非功能性的需求，如系统的性能和可用性等，直接面向系统集成人员。

④ 物理视图/实施视图：主要关注如何把软件映射到硬件上，通常要解决系统拓扑结构、系统安装和通信等问题，直接面向系统工程人员。

⑤ 场景视图/用例视图：是重要系统活动的抽象描述，可以使上述 4 个视图有机联系起来，可认为是最重要的需求抽象。

5. 软件体系结构描述语言等形式化工具

从软件体系结构研究的现状来看，当前的研究和对软件体系结构的描述，通常是用非形式化的图和文本，缺乏显式描述的、有独立性的形式化工具。不能描述系统期望的存在于组件之间的接口，不能描述不同的组成系统的组合关系的意义，难以被开发人员理解。

对体系结构设计的推理的形式化表示可以使体系结构的设计更好地被理解、被实现。它的目的是对体系结构设计人员在实践过程中总结出来的一些设计的经验和方法加以总结、概括，从而形成一个形式化的描述，形成一定的理论基础（以代替当前的不精确的研究）。已提出一些形式化机制，如过程代数、偏序集合、化学抽象机等，可以对系统的非功能特性如性能、可维护性等给出形式特征，同时给出软件体系结构的理论。

同时，用于描述和推理的形式化语言称为体系结构描述语言（Architecture Description Language，ADL）。软件体系结构描述语言在底层语义模型的支持下，为软件系统的概念体系结构建模提供了具体的语法和概念框架。这些语言能够对体系结构连接器进行第一级抽象，同时还能描述模型的结构和内部组件之间的交互作用，并且还引入了一些新的系统分析模式。软件体系结构描述语言提供一种规范化的体系结构描述，可以增加软件体系结构设计的可理解性和复用性。使得系统开发者能够很好地描述体系结构，以便于交流，并用提供的工具对许多实例进行分析。

目前，已经有近 20 种软件体系结构描述语言，比较有影响力的有 C2、UniCon、MetaH、Aesop、

SADL、Rapide、Wright 等。比较有代表性的是美国卡耐基梅隆大学（Carnegie Mellon University）的 Robert J.Allen 于 1997 年提出的 Wright 系统。Wright 基于一种形式化的、抽象的系统模型，为描述和分析软件体系结构和结构化方法提供了一种实用的工具。Wright 主要侧重于描述系统的软件组件和连接的结构、配置和方法。它使用显式的、独立的连接模型来作为交互的方式，这使得该系统可以用逻辑谓词符号系统，而不依赖特定的系统实例来描述系统的抽象行为。该系统还可以通过一组静态检查来判断系统结构规格说明的一致性和完整性。从这些特性的分析来说，Wright 系统适用于对大型系统的描述和分析。

6. 软件体系结构发现、演化与复用

对于一个已经存在但是不知道其体系结构的软件系统，可以通过体系结构发现来对其进行维护。体系结构发现就是从已经存在的软件系统中提取软件的体系结构，属于逆向工程范畴。

软件体系结构的变动，称为软件体系结构演化。变动的原因包括系统需求、技术、环境、分布等因素的变化。软件系统在运行时刻的体系结构变化称为体系结构的动态性，而将体系结构的静态修改称为体系结构扩展。

复用是软件工程领域所倡导的有效技术之一。软件体系结构反映了系统的主要组成元素及其交互关系，更适合于复用。体系结构的复用会导致大批组件的复用，可以提高软件开发效率、降低软件开发成本，对于提高软件质量也有很大作用。体系结构风格就是体系结构复用研究的一个成果，体系结构参考模型是特定领域软件体系结构复用成熟的象征。

7. 基于软件体系结构的软件开发方法

引入了软件体系结构后，软件系统的构造过程变为系统分析、软件体系结构、软件设计、软件实现、软件维护，软件体系结构架起了分析和设计之间的一座桥梁。

目前，常见的软件开发模型大致可分为 3 种类型：① 瀑布模型，软件需求完全确定。② 渐进式开发模型（如螺旋模型），软件开发初始阶段只能提供基本需求。③ 变换模型，以形式化开发方法为基础。

这 3 种类型的软件开发模型都要解决需求与实现之间的差距，但都存在缺陷，不能很好地支持基于软件体系结构的开发过程。因此，需要研究基于软件体系结构的软件开发模型。目前，已经出现了基于组件的软件工程。

8. 特定领域的软件体系结构

特定领域的软件体系结构（Domain Specific Software Architecture，DSSA）是一门以软件复用为核心，研究软件应用框架的获取、表示和应用等问题的软件方法学。特定领域的应用具有相似的特征，所以可以借鉴领域中已经成熟的软件体系结构。通过特定领域的软件体系结构，可以实现解决方法在某个领域内的复用。

常见的 DSSA 有：CASE 体系结构、CAD 软件的参考模型、信息系统的参考体系结构、网络体系结构 DSSA、机场信息系统的体系结构和信息处理 DSSA 等。国内学者提出的 DSSA 有：北京邮电大学周莹新博士提出的电信软件的体系结构，北京航空航天大学金茂忠教授等人提出的测试环境的体系结构等。

9. 软件产品线体系结构

软件产品线代表一组具有公共的系统需求集的软件系统，是根据基本的用户需求对标准的软件产品线构架进行定制，将可复用组件与系统独有的部分集成而得到的。

软件产品线是适合专业的软件开发组织的软件开发方法，能有效地提高软件质量、缩短开发时间、降低总开发成本。采用软件生产线式模式进行软件生产，将产生巨型编程企业。

软件体系结构有利于形成完整的软件产品线。软件产品线的开发生产中，基于同一个软件体系结构可以创建具有不同功能的多个系统，在软件产品族之间也可以共享体系结构和一组可复用的组件。

10．对软件体系结构的专门知识的整理

这方面的工作主要是对软件工程师在软件开发实践中得来的各种体系结构的原则、模式的整理和分类。例如，对软件体系结构风格的分类和比较，对体系结构描述语言的综合分析等。目前，国内对软件体系结构的研究主要集中在对软件体系结构的专门知识的整理上。

2.4　软件体系结构风格

建筑风格指建筑设计中在内容和外貌方面所反映的特征，主要在于建筑的平面布局、形态构成、艺术处理和手法运用等方面所显示的独创和完美的意境。建筑风格是建筑体系结构的一种可分类的模式，通过诸如外形、技术和材料等形态上的特征加以区分。之所以称为"风格"，是因为经过长时间的实践，它们已经被证明具有良好的工艺可行性、性能与实用性，并可直接用来遵循与模仿（复用）。

建筑风格因受不同时代政治、社会、经济、建筑材料和建筑技术等的制约以及建筑设计思想、观点和艺术素养等的影响而有所不同，如图2-1所示。例如，外国建筑史中有古希腊、古罗马等代表性建筑风格；中古时代有哥特建筑的建筑风格；文艺复兴后期有运用矫揉奇异手法的巴洛克和纤巧烦琐的洛可可等建筑风格。我国古代宫殿建筑，其平面严谨对称，主次分明，砖墙木梁架结构、飞檐、斗栱、藻井和雕梁画栋等形成中国特有的建筑风格。

图2-1　建筑体系结构风格

古罗马建筑一般以厚实的砖石墙、半圆形拱券、逐层挑出的门框装饰和交叉拱顶结构为主要特点。古希腊建筑的特点有平面构成为 1:1.618 或 1:2 的矩形，中央是厅堂、大殿，周围是柱子，可统称为环柱式建筑；柱式的定型；建筑的双面披坡屋顶形成了建筑前后的山花墙装饰的特定手法；崇尚人体美与数的和谐；建筑与装饰均雕刻化。巴洛克建筑的特点是外形自由，追求动态，喜好富丽的装饰和雕刻、强烈的色彩，常用穿插的曲面和椭圆形空间。哥特式教堂的结构体系由石头的骨架券和飞扶壁组成，内部空间高旷、单纯、统一。洛可可风格主要表现在室内装饰上，室内应用明快的色彩和纤巧的装饰，家具也非常精致而偏于烦琐。中国建筑体系是以木结构为特色的独立的建筑艺术，在城市规划、建筑组群、单体建筑以及材料、结构等方面的艺术处理均取得辉煌的成就；传统建筑中的各种屋顶造型、飞檐翼角、斗拱彩画、朱柱金顶、内外装修门及园林景物等，充分体现出中国建筑艺术的纯熟和感染力。

在软件开发过程中，通常会考虑能否使用重复的体系结构模式，即能否达到体系结构的软件复用。也就是说，能否在不同的软件系统中，使用同一体系结构，这就是软件体系结构的风格需要研究的问题。

软件系统同建筑一样，也具有若干特定的"风格"；这些风格在实践中被多次设计、应用，已被证明具有良好的性能、可行性和广泛的应用场景，可以被重复使用；实现软件体系结构级的复用。

软件体系结构风格是描述某一特定应用领域中系统组织方式的惯用模式。软件体系机构风格定义了用于描述系统的术语表和一组指导构件系统的规则。术语表中包含一些构件和连接件类型，规则指出系统是如何将这些构件和连接件组合起来的。它反映了领域中众多系统所共有的结构和语义特性，并指导如何将各个模块和子系统有效地组织成一个完整的系统。

软件体系结构风格的组成包括一组组件类型，例如数据容器、过程、对象；一组连接件类型/交互机制，例如过程调用、事件、管道；这些组件的拓扑分布；一组对拓扑和行为的约束，例如数据容器不能自己存储数据、管道不能是循环的；一些对风格的成本和收益的非正式描述，例如如果需要重用性并且性能不是很重要，那么可以使用管道风格。

软件体系结构风格的复用，可以使不同的系统共享同一个实现代码，一些经过实践证实的解决方案可以可靠地用于解决新的问题。只要系统使用规范的方法来组织，就可以使别的设计者很容易地理解系统的体系结构。例如，如果把系统描述为 B/S 风格，那么不给出设计细节也会明白系统是如何组织和工作的。

Garlan 和 Shaw 给出的对通用体系结构风格的分类包括以下几种：数据流风格，包括批处理序列、管道/过滤器；调用/返回风格，包括主程序/子程序、面向对象风格、层次结构；独立组件风格，包括进程通信、事件系统；虚拟机风格，包括解释器、基于规则的系统；仓库风格，包括数据库系统、超文本系统、黑板系统。

基于网络的软件体系结构风格中，分布式风格主要包括 C/S 结构和 B/S 结构，新型体系结构风格主要包括 MVC、Cluster、SOA、Cloud 等。

纯粹的体系风格在实际中很难遇到，实际的系统通常融合了很多体系风格的特色。作为一个架构师，必须理解"纯"的风格。理解它的优点与缺陷，也要理解背离此种风格之后会带来什么结果。

习　　题

1. 理解软件体系结构的定义。
2. 理解组件和连接件的定义。
3. 设计简单的组件和连接件（写出相关程序，说明程序中的组件和连接件）。
（1）设计一个子程序，由主程序调用。
（2）设计多个类和对象，相互调用。
（3）JavaBeans 的设计与使用：设计一个求圆的面积的 JavaBean 组件，并说明如何在 JSP 中使用它。
4. 简述软件体系结构研究的主要内容。
5. 理解软件体系结构风格的定义。

第 3 章　经典软件体系结构风格

学习目标

- 理解经典软件体系结构风格的原理。
- 掌握经典软件体系结构风格的实例。

Garlan 和 Shaw 将通用软件体系结构风格总结为以下几类：数据流风格，包括批处理、管道/过滤器；调用/返回风格，包括主程序/子程序、面向对象风格、层次结构；独立构件风格，包括进程通信、事件系统；虚拟机风格，包括解释器、基于规则的系统；仓库风格，包括数据库系统、超文本系统、黑板系统。本章讲述其中几种经典的软件体系结构风格。

3.1　调用-返回风格

调用/返回风格主要包括主程序-子程序风格、面向对象风格和层次风格，本节阐述主程序-子程序风格、面向对象风格。

3.1.1　主程序-子程序风格

非结构化的程序中，所有的程序代码均包含在一个主程序文件中，经常使用语句标号和 goto 语句。非结构化程序的缺陷包括逻辑不清、无法复用、难以与其他代码合并、难于修改、难以测试特定部分的代码等。下面就是一个非结构化的程序。

```c
#include <stdio.h>
main(){
   int number,sum=0;
   read_loop: scanf("%d",&number);
   if(!number)
   goto print_sum;
   sum+=number;
   goto read_loop;
   print_sum: printf("The total sum is %d\n",sum);
}
```

结构化方法设计思路是自顶向下、逐步求精。采用模块分解与功能抽象，自顶向下、分而治之。结构化程序结构按功能划分为若干个基本模块，形成一个树状结构；各模块间的关系尽可能简单，功能上相对独立；每一模块内部均是由顺序、选择和循环 3 种基本结构组成；模块化实现的具体方法是使用函数（子程序）。

一般地，结构化程序设计语言（C 程序等）的执行，总是从 main()函数（主程序）开始，调用其他函数（子程序）后回到 main()函数，在 main()函数中结束整个程序的运行。例如：

```c
#include <stdio.h>
void printstar(){
    printf("*************\n");
}
void printmessage(){
    printf("Hello,world.\n");
    printstar();
}
void main(){
    printstar();
    printmessage();
}
```

主程序–子程序风格的组件是主程序和子程序，连接件是调用–返回机制。上述程序的组件是主程序 main()、子程序 printstar()和 printmessage()。连接件是主程序 main()调用子程序 printstar()和 printmessage()，因为没有参数的传递，所以比较简单。

含有参数的子程序的一般调用过程如下：按从右到左的顺序，计算实参各表达式的值；按照位置，将实参的值一一传给形参；执行被调用函数（子程序）；当遇到 return(表达式)语句时，计算表达式的值，并返回主调函数（主程序）。例如：

```c
#include <stdio.h>
int max(int x,int y) {
    int z;
    z=x>y?x:y;
    return(z);
}
void main(){
    int a,b,c ;
    scanf("%d,%d",&a,&b);
    c=max(a,b);
    printf("The max is %d", );
}
```

上面的程序中，组件是主程序 main()函数和子程序 max(a,b)函数；连接件是 main()函数中调用 max(a,b)函数，max()函数将实参 a、b 分别传递给形参 x、y，通过运算得到较大值 z，并将 z 返回调用处，赋值给 main()函数的变量 c。

主程序–子过程风格的优点是有效地将一个较复杂的程序系统设计任务，分解成许多易于控制和处理的子任务，便于开发和维护；已被证明是成功的设计方法，可以被用于较大程序。缺点是在程序规模方面，程序超过 10 万行表现不好，程序太大时开发太慢、测试越来越困难；可重用性差、数据安全性差，难以开发大型软件和图形界面的应用软件；把数据和处理数据的过程分离为相互独立的实体，当数据结构改变时，所有相关的处理过程都要进行相应的修改；图形用户界面的应用程序，很难用过程来描述和实现，开发和维护也都很困难。

3.1.2　面向对象风格

面向对象（Object-Oriented）风格中，数据的表示方法和它们的相应操作封装在一个抽象数据类型或对象中。这种风格的组件是类和对象（抽象数据类型的实例）。连接件通过过程调用（方法）来实现——对象之间通过函数和过程调用进行交互，如图 3-1 所示。例如：

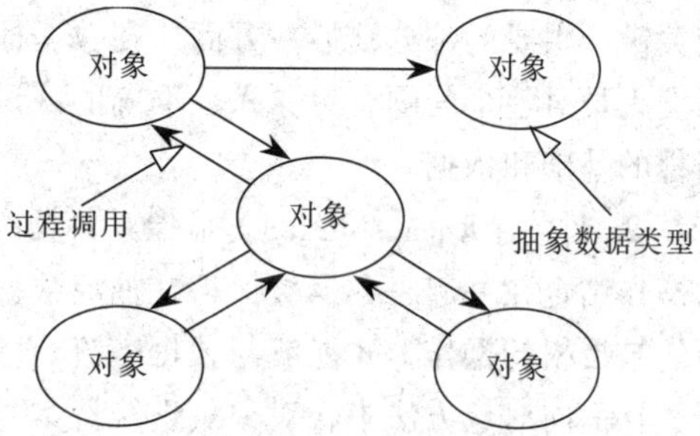

```
class Spot{
    private int x,y;
    Spot(int u, int v){
        setX(u);
        setY(v);
    }
    void setX(int x1){
        x=x1;
    }
    void setY(int y1){
        y=y1;
    }
    int getX(){
        return x;
    }
    int getY(){
        return y;
    }
}
class Trans{
    void move(Spot p, int h, int k){
        p.setX(p.getX()+h);
        p.setY(p.getY()+k);
    }
}
class Test{
    public static void main(String args[]){
        Spot s=new Spot(2,3);
        System.out.println("s点的坐标:" + s.getX()+","+s.getY());
        Trans ts=new Trans();
        ts.move(s,4,5);
        System.out.println("s点的坐标:"+s.getX()+","+s.getY());
    }
}
```

图 3-1　面向对象风格

在上面的程序中，组件包括 Spot、Trans、Test 三个类，Spot 的对象 s，Trans 的对象 ts。

连接件如下：在 Test 类中创建 Spot 类的对象 s、Trans 类的对象 ts，Trans 类的 move()方法的参数中有 Spot 类的对象 p。Test 类使用 Spot 类的对象 s，调用了 Spot 类的 getX()和 getY()方法；Test 类使用 Trans 类的对象 ts，调用了 Trans 类 move()方法，并把实参 Spot 类的对象 s 传递给了虚参 Spot 类的对象 p。

面向对象风格具有抽象、封装、继承、多态等特点：

① 数据抽象把系统中需要处理的数据和这些数据上的操作结合在一起，根据功能、性质、作用等因素抽象成不同的抽象数据类型，每个抽象数据类型既包含了数据，也包含了针对这些数据的授权操作。

使用数据抽象方法，一方面可以去掉与问题核心无关的细枝末节，使开发工作可以集中在比较关键、主要的部分；另一方面，在数据抽象过程中对数据和操作的分析、辨别和定义可以帮助开发人员对整个问题有更深入、准确的认识，最后抽象形成的抽象数据类型，则是进一步设计、编程的基础和依据。

② 封装（Encapsulation）是指对象具有信息隐藏特性。利用抽象数据类型将数据和基于数据的操作结合在一起，数据被保护在抽象数据类型的内部，系统的其他部分只有通过包裹在数据外面的被授权的操作，才能够与数据交流。

在面向对象方法中，对象负责维持本身的内部变量及其内部结构对其他对象不可见，对它的所有访问都是通过方法调用完成的，这有利于对它进行修改。

由于封装特性把类内的数据保护得很严密，类与类间仅通过严格控制的界面进行交互，使它们之间耦合和交叉大幅减少，从而降低了开发过程的复杂性，提高了效率和质量，减少了可能的错误，同时也保证了程序中数据的完整性和安全性。

封装特性还有另一个重要意义，就是使抽象数据类型，即类的可复用性大为提高。封装使得抽象数据类型对内成为一个结构完整、高度集中的整体；对外则是一个功能明确、接口单一、在各种合适的环境下都能独立工作的有机的单元。这样的有机单元特别有利于构建、开发大型标准化的应用软件系统，可以大幅提高生产效率，缩短开发周期和降低各种费用。一个类如果设计得合理，可以应用于多个应用程序。

③ 继承（Inheritance）实际上是存在于两个类之间的一种关系。当一个类拥有另一个类的数据和操作时，就称这两个类之间具有继承关系。被继承的类称为父类或超类，继承了父类或超类数据和操作的类称为子类。类的继承也称类的派生，子类是由父类派生出来的。一个父类可以同时拥有多个子类，这时这个父类实际上是所有子类的公共特征。而每一个子类则是父类的特殊化，它具有前者的状态和行为，还可以有自己新的状态和行为，它是在公共特征的基础上的功能、内涵的扩展和延伸。子类还可派生出新的子类，这样就形成了类的层次关系。继承性的引入，为描述现实世界中的层次关系提供了强有力的工具。

在面向对象方法中，使用继承的主要优点是使得程序结构清晰，降低编程和维护的工作量。可以通过派生类来清晰地表达各种类型之间的内在联系，并实现代码的复用，避免不必要的重复设计。对于多个类来说，它们有共同特征，又有自己的特殊特征。如果不使用继承，则共同特征需要描述多遍。如果使用继承，则共同特征由它们的共同父类描述一遍即可。

综上所述，采用继承的机制来组织、设计系统中的类，可以提高抽象程度，使之更接近于人类的思维方式，同时也可以提高开发效率，降低维护的工作量。

④ 多态（Polymorphism）是指不同类型的对象可以对相同的激励适当做出不同响应。

在面向对象方法中，多态可以指一个程序中同名的不同方法共存的情况。可以通过子类对父类方法的覆盖实现多态，也可以利用重载在同一个类中定义多个同名的不同方法。多态可以大幅提高程序的抽象程度和简洁性。更重要的是，它最大限度地降低了类和程序模块之间的耦合性，使得它们不需要了解对方的具体细节，就可以很好地共同工作。

面向对象风格软件体系结构的系统有许多优点：

① 复用和维护：利用封装和聚合提高生产力。对象对其他对象隐藏实现细节，可以修改一个对象，而不影响其他的对象；某一组件的算法与数据结构的修改不会影响其他组件；组件之间依赖性降低，提高了复用度。

② 容易分解一个系统：对子程序和数据的包装，使得设计者可将一些数据存取操作的问题分解，把系统转化成为一些交互的代理程序的集合。

③ 反映现实世界。

但是，面向对象风格软件体系结构的系统也有缺点：

① 过程调用依赖于对象标识的确定。与管道过滤器风格的系统不同，为了使一个对象和另一个对象通过过程调用等进行交互，必须知道对象的标识。只要一个对象的标识改变了，就必须修改所有其他明确调用它的对象。这样就无形之中增强了对象之间的依赖关系。

② 不同对象的操作关联性弱。在两个对象同时访问一个对象时，可能会引起副作用。例如，如果 A 使用了对象 C，B 也使用了对象 C，那么，B 对 C 的使用所造成的对 A 的影响是难以预料的。

③ 管理大量的对象，需要考虑怎样确立大量对象的结构。

④ 继承引起复杂度，关键系统中慎用。

⑤ 有时不是特别适合功能的扩展。为了增加新功能，要么修改已有的模块，要么加入新的模块，从而影响性能。

下面举一个例子，对比一下结构化方法与面向对象方法。

有一个已知的二维坐标系，在坐标系中定义了若干种规则的图形：圆、正方形、矩形和椭圆，设计程序求出各种图形的面积。

假设使用结构化方法，例如使用传统的 C 语言进行程序设计，就完全没有数据封装的概念。一般情况下，可用 4 个结构体存储各种图形的数据。只要有圆心坐标和半径就可以完全确定一个圆；正方形也只需要中心坐标和边长；矩形则需要 4 个参数：中心的 x、y 坐标、长和宽；椭圆也需要 4 个参数：中心的 x、y 坐标、长轴和短轴。设计程序时要首先定义这几个结构体，然后再定义相应的函数求各种图形的面积。由于没有采用数据封装的概念，主程序 main() 可以任意访问各结构体变量的成员，因此大幅增加了出错的可能性。

下面考虑使用 Java 语言进行面向对象程序设计的思路。

① 首先考虑数据封装性。可定义 4 个类 MySquare、MyCircle、MyRectangle、MyEllipse，分别将正方形、圆、矩形、椭圆的数据（中心点坐标、长、宽、半径、长轴、短轴等）和对数据的操作（用 ChangX() 方法表示中心点横坐标的改变，用 ChangY() 方法表示中心点纵坐标的改变、用 area() 方法计算面积等）封装起来。这样，外界只能通过类提供的接口向类发送消息，对数据成员进行处理，而类内部是不可见的，从而大幅降低了程序的出错概率。在此基础上，再定义一个类 Area，在此类中，通过上述 4 个类实例化对象并求得最后结果。

② 通过上述思想写出的代码可能会很长，其中会含有许多重复的代码，例如，4 个类的 ChangX() 方法和 ChangY() 方法是完全一样的。考虑到 Java 中的继承性，类 MySquare、MyCircle、MyRectangle、MyEllipse 都是平面图形，都有中心坐标和面积，因此可以定义一个 Graph 类，以上 4 个类都从 Graph 类派生。公共父类 Graph 中定义各种规则图形所具有的共同属性和基本操作，

而后使用继承机制使各种规则图形都具有这些性质,并在此基础上使用各自的 area()方法完成面积的计算。因此,程序代码将变得更加简洁清晰。

③ 这个程序还存在着一个问题。显然,面积应该是各种图形的共有属性,也就是说,在父类 Graph 中,应该具有这个操作。但是,由于各种图形面积的计算方式不同,在父类中无法实现该方法。因此,可将父类 Graph 定义成一个抽象类,并将 area()方法定义成一个抽象方法。以上给出了这个程序设计的整体思路,具体程序代码如下:

```java
abstract class Graph{
    private double x,y;                              // x,y是规则图形的中心点坐标
    public Graph(double x,double y){                 // 构造函数初始化中心点坐标
        this.x=x;
        this.y=y;
    }
    protected void changeX(double x){                // 修改横坐标
        this.x=x;
    }
    protected void changeY(double y){                // 修改纵坐标
        this.y=y;
    }
    public abstract double area();                   // 计算面积的抽象方法
}
class MySquare extends Graph{
    private double length;
    public MySquare(double x,double y,double length){
        super(x,y);
        this.length=length;
    }
    protected void changLength(double length){   // 修改边长 length
        this.length=length;
    }
    public double area(){
        return length*length;
    }
}
class MyCircle extends Graph{
    private double radius;
    public MyCircle(double x,double y,double radius){
        super(x,y);
        this.radius=radius;
    }
    protected void changRadius(double radius){   // 修改半径 radius
        this.radius=radius;
    }
    public double area(){
        return 3.1416*radius*radius;
```

```
    }
}
class MyRectangle extends Graph{
    private double a,b;
    public MyRectangle(double x,double y,double a,double b){
        super(x,y);
        this.a=a;
        this.b=b;
    }
    protected void changLength(double length){        // 修改长 length
        a=length;
    }
    protected void changWidth(double width){          // 修改宽 width
        b=width;
    }
    public double area(){
        return a*b;
    }
}
class MyEllipse extends Graph{
    private double a,b;
    public MyEllipse (double x,double y,double a,double b){
        super(x,y);
        this.a=a;
        this.b=b;
    }
    protected void changA(double a){                  // 修改长轴 a
        this.a=a;
    }
    protected void changB(double b){                  // 修改短轴 b
        this.b=b;
    }
    public double area(){
        return 3.1416*a*b;
    }
}

public class Area{
    public static void main (String arg[]){
        MyCircle c=new MyCircle(1,1,3);
        MySquare s=new MySquare(2,2,4);
        MyRectangle r=new MyRectangle(12,9,1,2);
        MyEllipse e=new MyEllipse(2,-1,3,2);
        System.out.println("圆 c 的面积是"+c.area());
        System.out.println("正方形 s 的面积是"+s.area());
```

```
        System.out.println("矩形 r 的面积是"+r.area());
        System.out.println("椭圆 e 的面积是"+e.area());
    }
}
```

程序运行结果：

圆 c 的面积是 28.2744

正方形 s 的面积是 16.0

矩形 r 的面积是 2.0

椭圆 e 的面积是 18.8496

3.2　数据流风格

数据流风格是由数据控制计算，系统结构由数据在处理之间的有序移动决定。在纯数据流系统中，处理之间除了数据交换，没有任何其他的交互。

一个直观实例是在 Excel 中，如果改变某个单元格的值，则依赖于该单元格的其他单元格的值也会随之改变。

数据流风格的系统中，进行数据处理的部分就是组件，而连接件就是数据流（Data Flow, Data Stream）。

控制流系统的主要问题是控制点怎样在程序或系统之间移动；数据可能跟着控制走，但是并不起推动系统运转的作用；关注的核心是计算顺序。

而数据流系统的主要问题是数据怎样在运算单元之间流动；数据到了，控制（计算）单元便开始工作；关心的是数据是否可用、转换、潜伏等。

3 种典型的数据流风格是批处理（Batch Sequential）、管道-过滤器（Pipe-and-Filter）和过程控制（Process Control）。本节主要阐述批处理风格和管道-过滤器风格。

3.2.1　批处理风格

批处理风格中，每个处理步骤是一个独立的程序；每一步必须在前一步结束后才能开始；数据必须是完整的，以整体的方式传递。典型应用包括传统的数据处理、程序编译/CASE（Computer Aided Software Engineering）工具。

批处理风格基本组件是独立的应用程序，连接件是某种类型的媒质。

下面是用 C 语言编写的批处理风格的程序，包括两个程序。

① 第一个程序，将一批数据以二进制形式存放在磁盘文件中。

```
#include <fstream>
using namespace std;
struct student{
    char name[20];
    int num;
    int age;
    char sex;
};
```

```
int main( ){
    student stud[3]={"Li",1001,18,'f',"Fun",1002,19,'m',"Wang",1004,17,'f'};
    ofstream outfile("stud.dat",ios::binary);
    if(!outfile){
        cerr<<"open error!"<<endl;
        abort( );              //退出程序
    }
    for(int i=0;i<3;i++)
        outfile.write((char*)&stud[i],sizeof(stud[i]));
    outfile.close( );
    return 0;
}
```

② 第二个程序，将刚才以二进制形式存放在磁盘文件中的数据读入内存并在显示器上显示。

```
#include <fstream>
using namespace std;
struct student{
    string name;
    int num;
    int age;
    char sex;
};
int main( ){
    student stud[3];
    int i;
    ifstream infile("stud.dat",ios::binary);
    if(!infile){
        cerr<<"open error!"<<endl;
        abort( );
    }
    for(i=0;i<3;i++)
        infile.read((char*)&stud[i],sizeof(stud[i]));
    infile.close( );
    for(i=0;i<3;i++){
        cout<<"NO."<<i+1<<endl;
        cout<<"name:"<<stud[i].name<<endl;
        cout<<"num:"<<stud[i].num<<endl;;
        cout<<"age:"<<stud[i].age<<endl;
        cout<<"sex:"<<stud[i].sex<<endl<<endl;
    }
    return 0;
}
```

上述程序的组件是程序 1 和程序 2，连接件是文件 stud.dat。

再看一个用 Java 语言编写的批处理风格的程序，同样包括两个程序。

① 第一个程序，将一批数据存放在磁盘文件 Data.dat 中。

```
import java.io.*;
public class Sender{
  public static void main(String arg[]){
    char ch;
    File MyPath=new File("\\test");  //创建当前驱动器根目录下的目录test的对象
    if(!MyPath.exists())             //判断test目录是否存在
        MyPath.mkdir();              //如果不存在，则建立
    File MyFile=new File(MyPath, "Data.dat");    //创建文件Data.dat
    try{
        FileOutputStream fout=new FileOutputStream(MyFile); //文件输出流
        System.out.println("Input a string finished with # please: ");
        while((ch=(char)System.in.read())!='#')
            fout.write(ch);          //写入流
        fout.close();                //关闭流
    }catch(FileNotFoundException e){ //异常捕获及处理
        System.err.println(e);
    }catch(IOException e){
        System.err.println(e);
    }
  }
}
```

② 第二个程序，将磁盘文件Data.dat中的数据读入内存并在显示器上显示。

```
import java.io.*;
public class Receiver{
  public static void main(String arg[]){
    int chi;
    File MyPath=new File("\\test");
    File MyFile=new File(MyPath, "Data.dat");
    try{
        FileInputStream fin=new FileInputStream(MyFile);       //文件输入流
        while((chi=fin.read())!=-1)                            //读取流
            System.out.print((char)chi);
        fin.close();                    //关闭流
    }catch(FileNotFoundException e){ //异常捕获及处理
        System.err.println(e);
    }catch(IOException e){
        System.err.println(e);
    }
  }
}
```

这个Java例子的组件是Sender程序和Receiver程序，连接件是文件Data.dat。

3.2.2 管道/过滤器风格

在生产流水线上，原材料在流水线上经过一道一道的工序，最后形成某种有用的产品。管道/

过滤器（Pipe/Filter）和生产流水线类似，在管道/过滤器中，数据经过一个一个的过滤器，最后得到需要的数据。

在管道/过滤器风格的软件体系结构中，组件被称为过滤器，连接件就像是数据流传输的管道，将一个过滤器的输出传到另一个过滤器的输入，如图 3-2 所示。

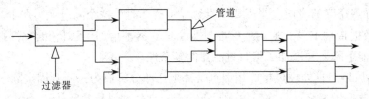

图 3-2　管道/过滤器风格示意图

管道负责数据的传递，它把原始数据传递给第一个过滤器，把一个过滤器的输出传递给下一个过滤器，作为下一个过滤器的输入，重复这个过程直到处理结束。要注意的是，管道只是对数据传输的抽象，它可能是管道，也可能是其他通信方式，甚至什么都没有（所有过滤器都在原始数据基础上进行处理）。

过滤器负责数据的处理，可以有多个，每个过滤器对数据做特定的处理，它们之间没有依赖关系，一个过滤器不必知道其他过滤器的存在。这种松耦合的设计，使得过滤器只需要实现单一的功能，从而降低了系统的复杂度，也使得过滤器之间依赖最小，从而以更加灵活的组合实现新的功能。过滤器的结构如图 3-3 所示。过滤器分为主动过滤器和被动过滤器。

图 3-3　过滤器的结构

每个组件（过滤器）都有一组输入端和输出端，从其输入端读取数据流，经过内部处理，在其输出端产生数据流。通常对输入流应用一种转换并增量地处理它们，以使输出数据在输入数据被完全处理完之前就能够开始。

管道/过滤器风格的重要特点是：一个过滤器必须完全独立于其他的过滤器（零耦合）——独立的实体。它不能与其他过滤器共享数据——在其上行和下行数据流接口分享状态、控制线程或标识，而且一个过滤器不知道其上游和下游的标识。

基于管道/过滤器风格的软件体系结构的系统具有许多优点：

① 组件具有良好的隐蔽性和高内聚、低耦合的特点。

② 简单性：可以将整个系统的行为看成是多个过滤器的行为的简单合成。

③ 可复用性：管道/过滤器风格支持复用，任何两个过滤器都能够被连接在一起，只要它们允许数据在它们之间传输。

④ 可扩展性/可进化性：系统维护简单，系统性能易于增强，新的过滤器能够被添加到现有的系统中；而旧的过滤器能够被改进后的过滤器所替代。

⑤ 可验证性：允许对一些如吞吐量、死锁等特定类型的属性进行专门性分析。

⑥ 支持并行执行：每个过滤器作为一个单独的任务完成，可与其他任务并行执行。

但是，这样的系统也存在着若干不利因素：

① 通常导致进程成为批处理的结构。这是因为虽然过滤器可增量式地处理数据，但它们是独立的，所以设计者可以将每个过滤器看成一个完整的从输入到输出的转换。

② 不适合处理交互的应用。当需要增量地显示改变时，这个问题尤为严重。

③ 因为在数据传输上没有通用的标准，每个过滤器都增加了解析和合成数据的工作，这样就导致了系统性能下降，并增加了编写过滤器的复杂性。

管道/过滤器风格与批处理风格的相似点是都把任务分解成为一系列固定顺序的计算单元，而且彼此间只通过数据传递交互。它们的不同点在于，批处理风格是整体传递和处理数据、组件粒度较大、延迟高，实时性差、无并发，管道/过滤器风格是增量处理、组件粒度较小、实时性好、可并发。

管道/过滤器体系结构的典型例子是用 UNIX shell 编写的程序。UNIX 既提供一种符号，以连接各组成部分（UNIX 的进程），又提供某种进程运行时机制以实现管道。各个 UNIX 进程作为组件，管道在文件系统中创建。例如对于命令：

```
cat file | grep xyz | sort !uniq>out
```

系统将先在文件中查找含有 xyz 的行，排序后，去掉相同的行，最后结果放到 out 中。

另外，DOS 中也有管道命令。DOS 允许在命令中出现用竖线字符"|"分开的多个命令，将符号"|"前面命令的输出，作为"|"之后命令的输入，这就是"管道功能"，竖线字符"|"就是管道操作符。例如，命令 dir | more 使得当前目录列表在屏幕上逐屏显示。dir 输出的是整个目录列表，它不出现在屏幕上而是由于符号"|"的规定，成为下一个命令 more 的输入，more 命令则将其输入一屏一屏地显示，成为命令行的输出。

此外，传统的编译器一直被认为是一种管道系统，在该系统中，一个阶段（包括词法分析、语法分析、语义分析和代码生成）的输出是另一个阶段的输入。

其他的例子包括信号处理系统、并行计算等。

在管道–过滤器体系结构中，需要管道组件和过滤器组件。管道组件需要有两个端，用于写入和写出。Java I/O 流中有管道流类 PipedInputStream、PipedOutputStream 和 PipedReader、PipedWriter，它们的对象总是成对出现。写入类 PipedOutputStream 的对象的数据，可以由与之相连接的类 PipedInputStream 的对象读出；写入类 PipedWriter 的对象的数据，可以由与之相连接的类 PipedReader 的对象读出。可见，这两组管道流类与管道组件的要求相吻合，可以借助它们实现管道。所以，使用它们，可以方便地实现管道–过滤器体系结构。这两个类的实例对象通过 connect() 方法连接。

下面程序的功能是 sender 类发送"Hello, receiver! I'm sender"给 receiver 类，然后 receiver 类接收后显示出来并且在前面加上"the following is from sender"的信息。

管道流内部在实现时还有大量的对同步数据的处理，管道输出流和管道输入流执行时不能互相阻塞，所以一般要开启独立线程分别执行，需要多线程操作。

```
import java.io.*;
import java.util.*;
public class TestPiped{
    public static void main(String [] args){
```

```
        sender s=new sender();
        receiver r=new receiver();
        PipedOutputStream out=s.getOut();
        PipedInputStream in=r.getIn();
        try{
            in.connect(out);
            s.start();
            r.start();
        }catch(Exception e){
                e.printStackTrace();
        }
    }
}
class sender extends Thread{
    PipedOutputStream out=new PipedOutputStream();
    public PipedOutputStream getOut(){
        return out;
    }
    public void run(){
        String str="Hello, receiver ! I'm sender\n";
        try{
            out.write(str.getBytes());
            out.close();
        } catch(Exception e){
            e.printStackTrace();
        }
    }
}
class receiver extends Thread{
    PipedInputStream in=new PipedInputStream();
    public PipedInputStream getIn(){
        return in;
    }
    public void run(){
        byte [] buf=new byte[1024];
        try {
            int len=in.read(buf);
            System.out.println("the following is from sender:\n"
                                        +new String(bufo,0,len));
                in.close();
        }catch(Exception e){
            e.printStackTrace();
        }
    }
}
```

程序运行结果：

the following is from sender:

Hello, receiver ! I'm sender

上述程序的组件是对数据进行处理的过滤器 sender 和 receiver。

体现连接件关键语句是：① PipedOutputStream out = s.getOut();，这条语句的作用是发送端送出数据。② PipedInputStream in = r.getIn();，这条语句的作用是接收端接收数据。③ in.connect(out);，这条语句的作用是衔接管道两端。

3.3 基于事件的隐式调用风格

前面阐述的风格是显式调用，各个组件之间的互动是由显性调用函数或程序完成的，调用过程与次序是固定的、预先设定的。在很多情况下，组件持续地与其所处的环境打交道，但并不知道确切的交互次序，这时需要采用隐式调用。

3.3.1 原理

基于事件的风格又被称为隐式调用的风格。在此类风格的系统结构中，组件并不直接调用一个过程，而是触发、声明或广播一个或多个事件。系统中其他组件中的过程在一个或多个事件中注册，当一个事件被触发（发生）时，系统自动调用在这个事件中注册的所有过程。这样，一个事件的触发就隐含地导致了另一模块中的过程的调用，事件声明或广播实际上就起到了"隐式调用"的作用。

基于事件的隐式调用风格的主要特点是事件的触发者并不知道哪些组件会被这些事件影响。这样不能假定组件的处理顺序，甚至不知道哪些过程会被调用，因此，许多隐式调用的系统也包含显式调用作为组件交互的补充形式。

基于事件的隐式调用风格的基本组件是对象或过程，并分类为以下更小的组件：过程或函数，充当事件源或事件处理器的角色；事件。

连接件是事件–过程绑定。组件可以声明或广播一个或多个事件，或者向系统注册，来表明它希望响应一个或多个事件。当某些事件被发布（触发）时，向其注册的过程被隐式调用，调用的次序是不确定的。

基于事件的隐式调用风格适用于低耦合组件集合的应用程序，其中的每个组件完成一定的操作，并可能触发其他组件的操作。它对于必须动态重配置的应用程序尤其有用，因为在这种风格的体系结构中服务提供者易于修改，也易于使能或禁止某些功能。

基于事件的隐式调用风格软件体系结构的系统的主要优点如下：

① 隐式调用有助于软件复用，因为它允许任何组件注册其相关事件。当需要将一个组件加入现存系统中时，只需将它注册到系统的事件中，为软件复用提供了强大的支持。

② 系统的演化、升级变得简单，为改进系统带来了方便。可以在不影响其余组件的情况下替换某个组件。当用一个组件代替另一个组件时，不会影响到其他组件的接口。

③ 事件广播者不必知道哪些组件会被事件影响，组件之间关系弱。

④ 健壮性：一个组件出错将不会影响其他组件。

⑤ 支持实现交互式系统（用户输入/网络通信）。

⑥ 异步执行，不必同步等待执行结果。

⑦ 对事件的并发处理将提高系统性能。

基于事件隐式调用风格软件体系结构的系统的主要缺点如下：

① 组件放弃了对系统进行的计算的控制。一个组件触发一个事件时，不能确定其他组件是否会响应它，也不能得知事件被处理的先后顺序。即使它知道事件注册了哪些组件的构成，也不能保证这些过程被调用的顺序。

② 数据交换的问题。有时数据可被一个事件传递，但另一些情况下，基于事件的系统必须依靠一个共享的仓库进行交互。在这些情况下，全局性能和资源管理便成了问题。在有共享数据存储库的系统中，资源管理器的性能和准确度成为十分关键的因素。

③ 声明或广播某个事件的过程的含义（语义），依赖于它被调用时（被触发事件）的上下文约束，所以很难对系统的正确性进行推理。

支持基于事件的隐式调用的应用系统很多。此风格的体系结构最早出现在守护进程、约束满足性检查和包交换网络等方面的应用程序中。它经常被用于如下领域：在程序设计（编程）环境中用于集成各种工具；在数据库管理系统中用于检查数据库的一致性约束条件，确保数据的一致性约束；在用户界面系统中管理数据，分离数据和表示。

在编辑器中支持语法检查，如在某系统中，编辑器和变量监视器可登记相应 Debugger 的断点事件；当 Debugger 在断点处停下时，它声明该事件，由系统自动调用处理程序，如编辑程序可以卷屏到断点，变量监视器刷新变量数值；而 Debugger 本身只声明事件，并不关心哪些过程会启动，也不关心这些过程做什么处理。

3.3.2　实例

1. 基于 AWT 的 Java 图形用户界面事件处理

用户在图形用户界面中输入命令，要么是通过鼠标对特定图形界面元素单击、双击、拖动等来实现，要么通过键盘操作来完成。为了能够接收用户的命令，图形用户界面的系统首先应该能够识别这些鼠标和键盘的操作并做出相应的处理。

通常，每一个键盘或鼠标操作会引发一个系统预先定义好的事件。所谓事件就是发生在图形用户界面上的由用户交互行为所产生的一种效果。在 Java 中，事件也被看作类，从而构成 AWT 事件类库（AWTEvent 包）。所以，说到某个事件时，实际上是说 AWTEvent 中某个事件类的实例或对象。

为了处理事件，需要编制代码指出每个特定事件发生时程序应做出何种响应。这些代码会在它们对应的事件发生时由系统自动调用，完成已确定的功能。这些就是图形用户界面中事件和事件响应的基本原理。

Java 中除了键盘和鼠标操作以外，系统的状态改变、对标准图形界面元素的操作等都可以引发事件，对这些事件分别定义处理代码，就可以保证应用程序系统在不同的状况下都能合理有效、有条不紊地正常工作。

（1）事件处理机制

Java 的事件处理机制中引入了委托事件模型（Delegation Event Model），如图 3-4 所示。

图形用户界面的每个可能产生事件的组件被称为事件源，不同事件源上发生的事件的种类不同。例如，按钮对象作为事件源，将引发所谓动作事件（由 ActionEvent 类代表）。窗口对象作为事件源，将引发窗口事件（由 WindowEvent 类代表），等等。

不同的事件由不同的监听器处理。所谓监听器是指能够处理该事件源上所发生的事件的对象，该对象总是继承某个监听器接口。

希望事件源上发生的事件被程序处理，必须事先把某个监听器注册给该事件源。这样，一旦事件源上发生监听器可以处理的事件时，事件源立即把这个事件作为实际参数传递给监听器中负责处理这类事件的方法（委托），这个方法被系统自动调用执行后，事件就得到了处理。在图 3-4 中，以按钮对象及其动作事件为例加以说明。

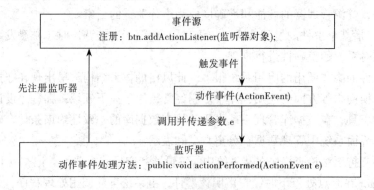

图 3-4　委托事件模型

对照下面实际的程序结构，可以更容易理解委托事件模型。

```
class MyFrame extends Frame implements ActionListener{
    //声明窗口类 MyFrame 并实现动作事件的监听器接口
    ...
    Button btn;                      //定义按钮对象为 btn
    ...
    void CreateWindow (){            //自定义方法
        ...
        btn.addActionListener(this);  //将监听器（窗体对象本身）注册给按钮对象 btn
        ...
    }
    ...
    public void actionPerformed(ActionEvent e){
                                //接口 ActionListener 的事件处理方法
        ...                     // 事件处理代码
    }
}
```

首先由于知道单击按钮时将会引发动作事件（ActionEvent），所以在程序开始处声明窗口类（MyFrame）的同时也实现了动作事件的监听器接口 ActionListener（动作事件是由它的监听器接口 ActionListener 负责处理）。

其次，必须先对监听器接口进行注册才能响应事件，所以将监听器 this（即窗体对象本身）

注册给了按钮对象 btn。

最后还应该实现监听器接口（ActionListener）的事件处理方法 actionPerformed()，以便当在按钮上发生动作事件时，能够自动调用该方法进行处理。

（2）事件对象和监听器接口

在 Java 中事件表现为类，Java 的所有事件类和处理事件的监听器接口都定义在 java.awt.event 包中，其中事件类的层次结构如图 3-5 所示。

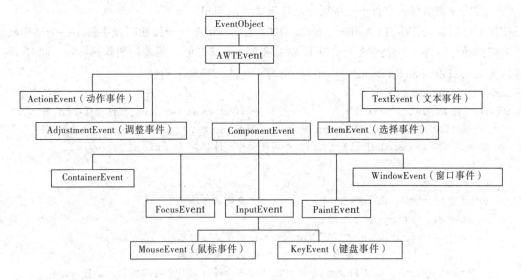

图 3-5　AWTEvent 类体系结构图

这个体系结构图中包括的事件类很多，它们都是 AWTEvent 类的子类，而 AWTEvent 类则是 EventObject 类的子类，EventObject 直接继承了 Object。

需要注意的是，并非每个事件类都只对应一个事件，例如窗口事件类（WindowEvent 类）就包含了 7 个具体的事件（使用中系统会根据情况分别调用相应的方法加以处理）。

java.awt.event 包中还定义了 11 个监听器接口，每个接口内包含了若干处理相关事件的抽象方法。一般来说，每个事件类都有一个监听器接口与之对应，而事件类中的每个具体事件都有一个抽象方法与之相对应，当具体事件发生时，这个事件将被封装成一个事件类的对象作为实际参数传递给与之对应的具体方法，由这个具体方法负责响应并处理发生的事件。

例如，与 ActionEvent 类（动作事件类）对应的监听器接口是 ActionListener，这个接口只定义了一个抽象方法即 public void actionPerformed(ActionEvent e)。凡是要处理 ActionEvent 事件的类都必须实现 ActionListener 接口，这样就必须实现该接口的 actionPerformed()方法，并在其方法体中设计相应的处理该事件的代码。再如，与 WindowEvent 类（窗口事件类）相对应的监听器接口是 WindowListener，该接口定义了 7 个抽象方法，分别对应窗口激活、窗口打开、窗口关闭等具体的窗口事件。

监听器对象可以是包容事件源的容器，也可以是另外的对象。使用监听器应该注意两个问题：

① 必须事先将监听器对象注册给事件源，才能使该监听器响应事件。具体的注册方法是通过调用事件源本身的相关方法并以监听器对象作为实际参数来实现的。下面的语句就是将一个监听器对象（this）注册给一个按钮（Button）对象 btn，这里 btn 相当于事件源。

```
btn.addActionListener(this);
```

② 由于接口中的方法都是抽象方法，所以监听器对象需要重载它的所有抽象方法并写出具体的方法体，对应事件源上所发生事件的处理代码就写在这些方法体中。例如，对按钮 Button 上发生的事件的处理代码应该写在其监听器的 actionPerformed()方法中，这个方法是对 ActionListener 接口中同名抽象方法的具体实现。

关于事件对象及其监听器的使用方法，以按钮与动作事件为例加以介绍。

（3）常用控制组件的事件——按钮与动作事件（ActionEvent）

按钮可以引发动作事件（ActionEvent）。例如，当用户单击一个按钮时就引发了一个动作事件。为了响应该动作事件，程序必须把实现了 ActionListener 接口的监听器注册给该按钮。同时，为这个接口的 actionPerformed(ActionEvent e)方法书写方法体。参见下例：

```java
import java.awt.*;
import java.awt.event.*;                //引入 java.awt.event 包处理事件
class BtnLabelAction extends Frame implements ActionListener{
    //声明窗口类（BtnLabelAction）并实现动作事件接口（ActionListener）
    Label prompt;
    Button btn;
    void CreateWindow(){                 //自定义方法
        setTitle("MyButton");
        prompt=new Label("你好");        //创建标签对象
        btn=new Button("操作");          //创建按钮对象
        setLayout(new FlowLayout());     //布局设计，用于安排按钮、标签的位置
        add(prompt);                     //将标签放入容器
        add(btn);                        //将按钮放入容器
        btn.addActionListener(this);     //将监听器（窗体对象本身）注册给按钮对象
        setSize(300,100);
        setVisible(true);
    }
    public void actionPerformed(ActionEvent e){ //接口 ActionListener 的事件处
                                                //理方法
        if(e.getSource()==btn)           // 判断动作事件是否是由按钮 btn 引发的
            if(prompt.getText()=="你好")
                prompt.setText("再见");
            else
                prompt.setText("你好");
    }
}
public class BtnTest{
    public static void main (String args[]){
        BtnLabelAction bla=new BtnLabelAction();
        bla.CreateWindow();
    }
}
```

程序运行结果如图 3-6 所示。

图 3-6 按钮与动作事件运行结果

　　程序中，组件有注册方法 addActionListener()、处理事件的方法 actionPerformed()、发生的事件 ActionEvent e，还有事件源 btn、监听器 this（窗体对象本身，实现了 Actionlistener 接口的类的对象）。

　　连接件如下。① btn.addActionListener(this)：将事件源按钮对象注册到监听器（this，窗体对象本身 implements Actionlistener）。② 系统定义对事件的处理方法，发生的事件为参数 public void actionPerformed(ActionEvent e)。③ 单击 btn，触发 ActionEvent 事件，事件管理器（实现了 Actionlistener 接口的类，本程序为窗体对象本身 this）会根据发生的 ActionEvent 事件，自动调用 actionPerformed()方法，执行方法体中的语句。

　　本例是委托事件模型的完整体现。在声明窗口类的同时实现了动作事件监听器接口 ActionListener，以便响应可能由按钮引发的动作事件。在创建了按钮对象 btn 后将监听器（窗体对象本身）注册给了该按钮对象。最后实现了动作事件监听器接口的 actionPerformed()方法，用于处理由按钮引发的动作事件。

　　该方法为动作事件监听器接口的唯一方法，其格式如下：

```
public void actionPerformed(ActionEvent e)
```

当发生动作事件（ActionEvent）时被调用，参数 e 为动作事件对象。

　　可以看出，上例 actionPerformed()方法体的程序功能是使得按钮相当于一个切换开关，每次当单击按钮时，如果标签显示"你好"，就换成"再见"，否则显示"你好"。可以运行该程序，看是否能够完成这一功能。

　　在该方法体中，先调用了一个 getSource()方法来获取事件源对象，并据此判断该动作事件是否是由按钮引发的。事实上，getSource()方法是属于 EventObject 类的一个方法，这意味着所有的事件类都可以调用该方法。其格式如下：

```
public Object getSource()
```

　　需要强调的是，能够引起动作事件的事件源有多种，分别是：① 单击按钮；② 双击一个列表中的选项；③ 选择菜单项；④ 在文本框中输入回车。上例只是其中的一种，当使用多个组件时，为了判断究竟是由哪个事件源引发的动作事件，使用 getSource()方法就十分必要。

2. 基于 JFC/Swing 的 Java 图形用户界面事件处理

（1）Swing 的事件处理

　　Swing 仍然采用委托（授权）事件处理模型。在这个模型中，事件由事件源产生，要处理事件必须先在事件源上注册相应的事件监听器（Listener）。一旦事件发生，事件源将通知被注册的事件监听器，委托事件监听器处理该事件。一个事件监听器是一个实现某种 Listener 接口的对象。每个事件都有相应的 Listener 接口，在实现 Listener 接口的类中定义了可以接收处理事件对象的各个方法。这种委托事件处理模型具有相当的灵活性和很强的事件处理能力，使得任何数量的事件监听器都能监听来自任意多个事件源对象的各个种类的事件。例如，一个程序可以为每个事件源设置一个监听器，也可以用一个监听器处理所有事件源产生的所有事件，甚至可以为一个事件源产生的一种事件设置多个监听器，等等。

　　Swing 组件不仅能产生 AWT 事件包（java.awt.event）中的事件，而且还有自己的事件包（javax.swing.event），包括事件和监听器接口，用于处理 Swing 特有的事件。

　　由于每个事件都有对应的监听器接口，Swing 组件产生的事件也有其对应的监听器。需要注意的是，在 Swing 事件包中除 InternalFrameListener 和 MouseInputListener 有相应的适配器类外，

其 他 接 口 都 没 有 相 应 的 适 配 器 类 （ MouseInputListener 是 AWT 中 MouseListener 和 MouseMotionListener 的组合）。

（2）Swing 应用举例——创建图标按钮

相对于 Button 类，JButton 类新增了很多非常实用的功能。例如，在 Swing 按钮上显示图标，在不同状态使用不同的 Swing 按钮图标，为 Swing 按钮加入提示信息等。JButton 对象除了可以像 Button 对象一样拥有文本标签之外，还可以拥有一个图标。这个图标可以是用户自己绘制的图形，也可以是已经存在的 gif 图像。参见下例：

```java
import java.awt.*;
import java.awt.event.*;
import javax.swing.*;
class TestIconButton extends Frame implements ActionListener{
    JButton jbtn;
    Label prompt;
    void CreateWindow(){   //自定义方法
        setTitle("MyIconButton");
        Icon icon=new ImageIcon("swing.small.gif");   //创建一个图标 Icon
        jbtn=new JButton("Button",icon);           //将图标加入到 JButton 对象 jbtn 中
        add(jbtn,BorderLayout.NORTH);             //将 JButton 对象 jbtn 加入到窗口中
        jbtn.addActionListener(this);
        prompt=new Label("          ");
        setLayout(new FlowLayout());
        add(prompt);
        addWindowListener(new closeWin());
        setSize(200,130);
        show();
    }
    public void actionPerformed(ActionEvent e){
        prompt.setText("Clicked");
    }
}
public class JBtnTest{
    public static void main(String args[]){
        TestIconButton tib=new TestIconButton();
        tib.CreateWindow();
    }
}
//以下声明一个类 closeWin, 用来关闭窗口
class closeWin extends WindowAdapter{    //由 WindowListener 接口的适配器类派生
    public void windowClosing(WindowEvent e){     //覆盖该适配器类的关闭窗口方法
        Frame frm=(Frame)(e.getSource());          //获取被关闭窗口的对象
        frm.dispose();                             //关闭窗口
        System.exit(0);                            //退出系统
    }
}
```

程序运行结果如图 3-7 所示。

这里没有使用窗口事件的监听器接口 WindowListener，而是直接声明了一个类 closeWin，

closeWin 由 WindowListener 接口的适配器类（WindowAdapter）派
生，从而只需覆盖一个关闭窗口的方法 windowClosing()即可，十
分方便。

例中的这个 Swing 按钮同时拥有一个字符标签 Button 和图标
swing.small.gif。所以，首先应查找到一个文件名为 swing.small.gif
的图形文件，并将其复制到与该程序相同的路径中，然后执行该
程序。从程序中可以看出，JButton 事件响应与 Button 完全相同。

图 3-7　程序运行结果

3.4　层　次　风　格

3.4.1　原理

一个层次风格的系统按照层次结构组织，每一层为上层服务，并作为下层的客户。图 3-8 所
示为层次系统风格的示意图。

一般来说，在层次风格的系统中，内部的层只对相邻的层可见；交互只在相邻的层次间发生，
同时这些交互按照一定协议进行。某些特殊化的层次风格体系结构允许非相邻层次间的直接通信，
这往往是出于效率方面的原因而做出的改变。

层次结构的基本组件是各层次及其内部包含的组件，连接件是层次间的交互协议。

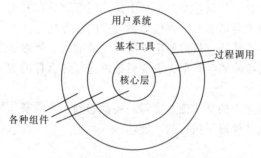

图 3-8　层次系统风格

拓扑结构就是分层，拓扑约束包括把交互限制在邻接层次之间。

基于层次风格软件体系结构的系统的优点：

①　支持基于抽象程度递增的系统设计，一个复杂问题的求解可以被分解为一系列递增的步骤。

②　良好的可扩展性。因为每一层一般只能和相邻的上下层交互，功能的改变最多影响相邻
的上下层，所以系统易于改进和扩大。

③　每一层的软件都支持复用。每一层可以定义一组对外的标准接口，而同一层内允许各种
不同的实现方法。只要提供的服务接口定义不变，同一层的不同实现可以交换使用。

④　可替换性，只要提供的服务接口定义不变，同一层的不同实现可以交换使用。这样，就
可以定义一组标准的接口，而允许各种不同的实现方法。

⑤　对标准化的支持。清晰定义并且广泛接受的抽象层次能够促进实现标准化的任务和接口
开发，同样接口的不同实现能够互换使用。

⑥　可测试性。具有定义明确的层接口，以及交换层接口的各个实现的能力，提高了可测试性。

但是，基于层次风格软件体系结构的系统也有其不足之处：

① 并不是每个系统都可以很容易地划分为分层的模式，甚至即使一个系统的逻辑结构是层次化的，出于对系统性能的考虑，系统设计师不得不把一些低级或高级的功能综合起来。

② 效率的降低。由分层风格构成的系统，运行效率往往低于整体结构。在上层中的服务如果有很多依赖于最底层，则相关的数据必须通过一些中间层的若干次转化，才能传到。

③ 很难找到合适的、正确的层次抽象方法。层数太少，分层不能完全发挥这种风格的可复用性、可更改性和可移植性上的潜力。层数过多，则引入不必要的复杂性和层间隔离冗余以及层间传输开销。目前，没有可行的广为人们所认可的层粒度的确定和层任务的分配方法。

层次风格常用于通信协议。最著名的层次风格的软件体系结构的例子，是国际化标准组织（ISO）的 OSI（Open Systen Interconnection，开放系统互连参考模型）分层通信模型；其他的典型例子还包括操作系统、数据库系统等。

3.4.2　实例

1. 分层通信协议

层次风格最广泛的应用是分层通信协议。在这一应用领域中，每一层提供一个抽象的功能，作为上层通信的基础。较低的层次定义低层的交互，最低层通常只定义硬件物理连接。

计算机网络中的数据传送过程需要经过许多环节，而每一个环节都是用一个或几个专门的功能层次来完成。于是，计算机网络中的各个部分按其功能划分为若干个层次（Layer），每一个层次都可以看成是一个相对独立的封闭系统。网络中每一层都建立在其上一层的基础之上，它只能从其上一层接收数据，也只需要负责为下一层提供必要的服务功能。

用户只关心每一层的外部特性，只需要定义每一层的输入、数据处理和输出等外部特性。即只定义每一层需要从上一层接收哪些数据，需要对数据进行什么样的加工，以及需要将哪些数据输出给下一层等。

用户不用去关心每一层之中的具体细节。每一层都起到一种隔离作用，当某一层中的具体细节发生变化时，不会影响到其他层所执行的功能。

（1）ISO/OSI 参考模型

ISO/OSI 采用了 7 层体系结构，从高到低分别是：应用层、表示层、会话层、传输层、网络层、数据链路层和物理层，如图 3-9 所示。

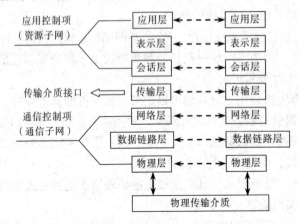

图 3-9　ISO/OSI 网络 7 层体系结构

层与层之间的联系是通过各层之间的接口来实现的，上层通过接口向下层提出服务请求，而下层通过接口向上层提供服务。两台计算机通过网络进行通信时，只有两物理层之间能够通过媒体进行真正的数据通信，其余各对等层之间均不存在直接的通信关系，各对等层之间只能通过各对等层的协议来进行虚拟通信。

（2）ISO/OSI 各层功能

以汽车货运为例，第 1～3 层的 3 个层次相当于由汽车货运公司负责的货物运输过程中的具体细节、具体操作方式；第 4 层相当于汽车货运公司与用户之间的接口；第 5～7 层的 3 个层次相当于用户将货物交给汽车货运公司需要做的准备工作。

第 1 层是物理层（Physical Layer），负责在物理信道传输原始的数据比特流，用于连接物理传输介质实现真正的数据通信。类似于汽车负责将货物运到某地。在这一层，数据还没有被组织，仅作为原始的比特流或电气电压处理。但具体的物理媒体，如双绞线、同轴电缆等，并不在 OSI 的 7 层之内，有人把物理媒体当作第 0 层。

第 2 层是数据链路层（Data Link Layer），主要功能是纠错和流量控制。在这一层，比特流被组织成数据链路协议数据单元（通常称为帧）。帧中包含一定数量的数据和地址、控制及校验码等信息。数据链路层在物理层的基础上，建立相邻结点之间的数据链路，在可能出现差错的物理线路中实现无差错的数据传送，并进行数据流量控制。类似于汽车货运公司的货运管理和质量监督部门，在可能出问题的运输路线中保质保量地完成运输任务。

第 3 层是网络层（Network Layer），主要功能是路由控制（找路）、拥塞控制和数据打包。网络层将数据链路层提供的帧封装成网络协议数据单元（分组），并以分组为数据单位进行传输。网络层为上一层传输层的数据传输建立、维护和终止网络连接，把上层传来的数据分割成多个数据包（Packet，也叫报文分组）在结点之间进行交换传送，并负责路由控制和拥塞控制。类似于汽车货运公司将用户发送的货物分开打包，并在公路网络中找出一条从发货地到收货地的线路（即找路），在找路时考虑能否到达、拥塞状况、安全可靠性、交通费用等多方面的因素。

第 4 层是传输层（Transport Layer），这是上层和下层之间的一个接口，信息的传送单位是报文。为上层提供端到端（最终用户到最终用户）的、透明的、可靠的数据传输服务。所谓透明的传输是指在通信过程中，上层可以将下面各层看作是一个封闭的黑箱系统，传输层对上层屏蔽了传输系统的具体细节。类似于汽车货运公司与用户之间的接口——汽车货运公司在各个地方设置的业务接洽处，它负责在用户和汽车货运公司之间建立一个货物交接的桥梁，用户不用管汽车货运公司用什么样的方式将货物运送到目的地——业务接洽处对用户屏蔽了货物运输中的具体细节。

第 5 层是会话层（Session Layer），负责收发数据的交接工作，并组织和管理数据，信息的传送单位是报文。它为表示层提供建立、维护和结束会话连接的功能并提供会话管理服务。类似于用户所在公司的货物收发室，负责与汽车货运公司打交道，完成用户货物收发的交接工作，并组织管理用户所在公司内部要收发的货物。

第 6 层是表示层（Presentation Layer），为数据提供收发、存放的具体格式和规范，为应用层提供表示信息方式的服务（数据格式的变换、文本压缩、加密等）。类似于用户所在公司的货物收发员，负责与用户（要收发货物的人）打交道。在收集要发送的货物时，告诉用户怎样填写发货资料，在向用户发放货物时告诉用户办理哪些具体手续等。

第 7 层是应用层（Application Layer），为数据提供各种可行的收发方式，为网络用户或应用程序提供各种应用服务（文件传输、电子邮件、分布式数据库、网络管理等）。类似于用户发货物时，必须遵循用户所在公司内部的有关规定，只能使用用户所在公司允许的方式收发货物。从另一方面来说，用户所在公司也提供各种收发方式，并让用户知道这些方式。

从数据处理分工的角度看，第1、2层解决有关网络信道问题，第3、4层解决传输服务问题；第5、6、7层则处理对应用进程的访问。

从数据传输控制的角度看，1、2、3层是传输控制组，负责通信子网的工作，解决网络中的通信问题；5、6、7层为应用控制组，负责有关资源子网的工作，解决应用进程之间的信息转换问题；4层为通信子网和资源子网的接口，起到连接传输和应用的作用。这与上面货物运输例子相吻合。其中，传输控制组相当于由运输公司负责的货物运输过程中的具体细节和操作方式，应用控制组相当于由用户公司负责的货物交去运输所需要做的准备工作，接口相当于运输公司与用户之间的接口——运输公司在各个地方设置的业务接洽处。

2. 软件自动测试系统

下面的例子采用层次体系结构实现软件自动测试系统，类图如图 3-10 所示。该测试软件被设计成三层，第一层为图形用户界面层（GUI Layer），用于用户选择测试案例、用户输入以及显示测试结果；第二层为测试案例层（Test Case Layer），软件测试工程师所编写的测试案例都部署在该层；第三层为被测试软件层（Program Under Test Layer），包含所有被测试软件。

在本设计中，用户图形界面层调用测试案例层，选择执行某个测试案例；测试案例层调用被测试软件，调用某个或者几个被测试程序。

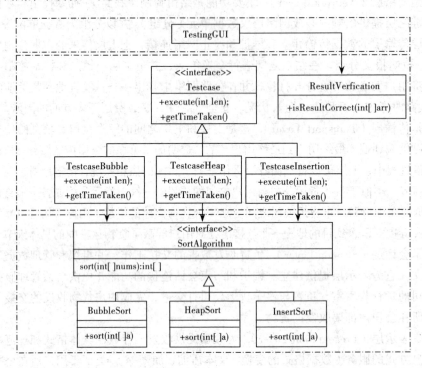

图 3-10　采用层次体系结构的软件自动测试系统类图

具体的组件包括：第一层里的 TestingGUI 类；第二层里的 Testcase 接口、TestcaseBubble 类、TestcaseHeap 类、TestcaseInscrtion 类、ResultVerification 类；第三层里的 BubbleSort 类、HeapSort

类、InscrtSort 类、SortAlgorithm 接口。

连接件如下：① 在第一层 TestingGUI 类中声明了第二层 TestcaseBubble 类的对象、TestcaseHeap 类的对象和 TestcaseInsertion 类的对象，并调用它们的 execute()方法，第二层的各类的 execute()方法将一个数组结果返回给第一层。② 在第二层的 TestcaseBubble 类中声明了第三层的 BubbleSort 类的对象，并调用该类中的 sort()方法；第三层的 BubbleSort 类的 sort()方法将对数组的排序结果返回给第二层。 TestcaseHeap 类和 TestcaseInsertion 类类似。

3.5 仓 库 风 格

3.5.1 原理

在仓库风格中，有两种不同的组件：一个是中央数据结构，它说明当前状态；另一个是独立组件的集合，它对中央数据结构进行操作。

根据系统中数据和状态控制方法的不同，可以分为两种类型：一种类型是传统的数据库体系结构，它是由输入事务选择进行何种处理，并把执行结果作为当前状态存储到中央数据结构中。另一种类型是黑板体系结构，它是由中央数据结构的当前状态决定进行何种处理，如图 3-11 所示。

黑板体系结构是仓库体系结构的特殊化。它反映的是一种信息共享的系统，如同教室里的黑板一样，有多个人读也有多个人写。

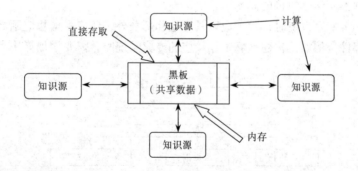

图 3-11　黑板系统

黑板系统通常由三部分组成：

① 知识源：软件专家模块，每个知识源提供应用程序所需要的具体的专家知识。知识源之间不直接进行通信，只通过黑板来完成它们之间的交互。

② 黑板数据结构：一个共享知识库，包含了问题、部分解决方案、建议和已经贡献的信息。按照与应用程序相关的层次来组织的解决问题的数据。黑板可以被认为是一个动态的"库"，知识源通过不断地改变黑板数据来解决问题。

③ 控制机制：知识源需要控制机制来保证以一种最有效和连贯的方式来工作，控制完全由黑板的状态驱动，黑板状态的改变决定使用的特定知识。

黑板系统的传统应用是信号处理领域，如语音和模式识别；另一应用是松散耦合的组件访问共享数据的应用程序。

3.5.2 实例

专家系统（Expert System，ES）就是一个仓库风格的应用。专家系统是人工智能应用最为成熟的一个领域，知识库是专家系统的基础。专家系统的研究开创了一门新学科——知识工程，其关键问题是知识获取、知识表示和知识推理三方面。

专家系统实质就是一组程序，从功能上可定义为"一个在某领域具有专家水平解题能力的程序系统"，能像领域专家一样工作，运用专家积累的工作经验与专门知识，在较短时间内对问题得出高水平的解答。从结构上讲，可定义为"由一个专门领域的知识库，以及一个能获取和运用知识的机构构成的解题程序系统"。

专家系统把某一领域内专家的知识和人们长期总结出来的经验方法输入其中，模仿人类专家的思维规律和处理模式，按照一定的推理机制和控制策略，利用计算机进行演绎和推理，使专家的经验变为共享资源，从而可以克服专家严重短缺的现象。

专家系统的核心内容是知识库和推理机制，主要组成部分是：人机接口用户界面、知识获取程序、知识库、推理机、数据库及其管理系统和解释程序。其结构如图 3-12 所示。

知识库是专家系统的基础，专家系统的通信主要是在推理机控制下对知识库的操作。在依靠知识进行推理的过程中，有可能需要专家进行实时控制，对知识库进行修正和补充。在这个过程中，知识库中的知识应用贯穿于问题的判定、求解、解释的全过程，推理机则利用知识进行实际的操作。通信时对知识库的控制主要是通过推理机实现，同时知识库也可以动态地调整推理机的内容和机制，达到不断学习的目的。

在具体构造一个专家系统时，除了应该具有这几部分外，还应根据相应领域问题的特点及要求适当增加某些部件。例如，构建计算工作较多的专家系统时，需要增加算法库等。

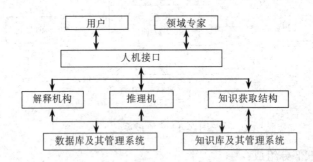

图 3-12　专家系统的基本结构图

1. 人机接口

人机接口是专家系统与领域专家、知识工程师及一般用户间的界面，由一组程序及相应的硬件组成，用于完成输入、输出工作。

在输入或输出过程中，人机接口需要进行内部表示形式与外部表示形式的转换。例如，在输入时，它将把领域专家、知识工程师或一般用户输入的信息转换成系统的内部表示形式，然后分别交给相应的机构去处理；输出时，它将把系统要输出的信息，由内部形式转换成人们易理解的外部形式，显示给相应的用户。

2．知识获取机构（学习系统）

知识获取机构是指专家系统中获取知识的机构。把"知识"从人类专家的脑子中提取和总结出来，输入知识库中，并且保证所获取的知识的正确性和一致性。另外，还包括对知识库的修改和扩充。

早期依靠专家和计算机工作者把领域内的知识总结归纳出来，然后程序化建立知识库，对知识库的修改和扩充通过手工来进行。后来，一些专家系统具有了一定的自动知识获取功能。

3．知识库及其管理系统

知识库是用来存放原理性知识、专家的经验性知识以及有关事实的存储器。知识库中的知识来源于知识获取机构，同时它又为推理机提供求解问题所需的知识。用产生式规则表达知识方法是目前专家系统中应用最普遍一种方法，它不仅可以表达事实，而且可以附上置信度因子来表示对这种事实的可信程度，这就导致了专家系统非精确推理的可能性。

知识库管理系统负责对知识库中的知识进行组织、检索和维护等。专家系统中其他任何部分要与知识库发生联系，必须通过该管理系统来完成，这样就可以实现对知识库的统一管理和使用。

4．推理机

推理机是专家系统的"思维"机构，模拟领域专家的思维过程，控制并执行对问题的求解。它能根据当前已知的事实，利用知识库中的知识，按照一定的推理方法和控制策略进行逐步推理，求得问题的答案或证明某个假设的正确性。推理方法分为精确推理和不精确推理两类。控制策略有正向推理、反向推理及正反向混合推理等。

推理机与知识库是相对独立的。推理机的性能与构造与知识的表示方式及组织方式有关，而与知识的内容无关。当知识库中的知识变化时，不需要修改推理机。

5．数据库及其管理系统

数据库又称为"黑板"或"综合数据库"等，用于存放反映系统当前状态的事实数据的场所。事实数据包括用户输入的事实、已知的事实以及推理过程中得到的中间结果等。推理机根据数据库的内容，从知识库选择合适的知识进行推理，然后又把推出的结果存入数据库中。数据库可以记录推理过程中的各种有关信息，所以它为解释机构提供了回答用户咨询的依据。数据库是由数据库管理系统管理的，但应该使数据库的表示和组织通常与知识库中知识的表示和组织相容或一致。有些专家系统将数据库和知识库合二为一。

6．解释机构

解释机构由一组程序组成，它能跟踪并记录推理过程。通过解释机构，专家系统能告诉用户是如何得出结论的，根据是什么，为用户了解推理过程以及维护提供方便的手段。

当用户提出询问要求给出解释时，解释机构根据问题的要求分别做相应的处理，对推理路线和提问的含义给出必要的清晰的解释，最后通过人机接口输出给用户。

3.6　解释器风格

3.6.1　原理

基于解释器（Interpreters）风格的系统的核心是虚拟机，解释器实际上创建了一个软件虚拟出来的机器，所以这种风格又称为虚拟机风格。

一个基于解释器风格的系统通常包括正在被解释执行的伪码和解释引擎。伪码由需要被解释执行的源代码和解释引擎分析所得的中间代码组成；解释引擎包括语法解释器和解释器当前的运行状态。

所以，解释器风格中有 4 个组件：一个状态机和 3 个存储器。一个状态机是完成解释工作的解释引擎；第一个存储器是伪码的数据存储区——正在被解释的程序，第二个存储器记录源代码被解释执行的进度（被解释的程序的状态），第三个存储器记录解释引擎当前工作状态。其结构如图 3-13 所示。

连接件包括过程调用和直接存储器访问。

解释器风格的优点是有助于应用程序的可移植性和程序设计语言的跨平台能力，并且可以对未实现的硬件进行仿真（实际测试可能是复杂的、昂贵的或危险的）。

解释器风格的缺点是额外的间接层次带来了系统性能的下降。例如，在不引入 JIT（Just In Time）技术的情况下，Java 应用程序的速度相当慢。

解释器风格适用于不能直接运行在最适合的机器上的应用程序，或不能直接以最适合的语言执行的应用程序。解释器风格已经应用在模式匹配系统和语言编译器等方面：程序设计语言的编译器，如 Java、Smalltalk 等；基于规则的系统，如专家系统领域的 Prolog 等；脚本语言，如 Awk、Perl 等。

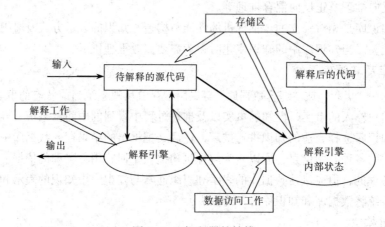

图 3-13　解释器的结构

3.6.2　实例

Java 可以被称为一种解释型的高级语言，负责解释、运行 Java 程序的系统软件称为 Java 解释器。但 Java 与传统的解释型高级语言（例如 BASIC 语言）还有所不同，源程序不是直接交给解释器解释运行。

Java 的工作机制如下：编程人员首先编写好源代码，然后经过一个与编译型语言相似的编译过程，把 Java 源程序翻译成一种特定的二进制字节码文件，再把这个字节码文件交给 Java 解释器来解释执行，如图 3-14 所示。

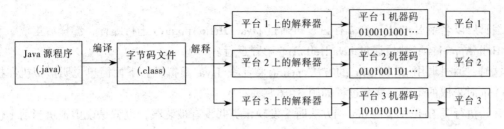

图 3-14　Java 的工作机制

显然，在这种情况下，只要在不同软硬件平台的机器上配备适合这种机器的 Java 解释器，就可以把平台间的差异性隐藏起来。就像裸机经过操作系统的包裹可以屏蔽其硬件差异一样，操作系统经 Java 解释器的包裹也可以屏蔽其软件差异性，使之对所有的 Java 程序呈现解释器这样一个统一的界面。当 Java 的字节码程序在网络上的不同机器上运行时，它所接触到的都是 Java 解释器，从而避免了不同的平台开发不同版本的应用程序，软件的升级和维护工作也大大简化。

而且，需要注意的是，在 Java 解释器上解释执行的是 Java 二进制字节码程序（.class 文件），同一个 Java 字节码程序可以不加修改地运行在不同的硬件平台和操作系统上。所以，Java 实现了二进制代码级的可移植性，在网络应用上有着不可比拟的优势。

Java 源程序编译形成的二进制字节码程序（.class 文件）是在一个 Java 虚拟机（Java Virtual Machine，JVM）上运行的。Java 虚拟机就是 Java 成为网络应用首选语言的秘密所在。Java 虚拟机有自己的规范、指令集、寄存器等。编译后的 Java 字节码由 Java 虚拟机转换为特定硬件平台的指令，再去执行。Java 虚拟机可以由软件实现，也可以用硬件实现。其运行结构如图 3-15 所示。

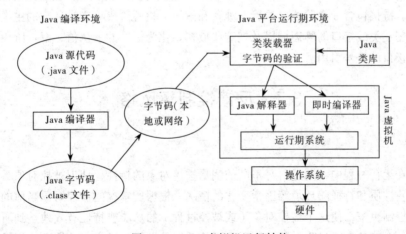

图 3-15　Java 虚拟机运行结构

上面对虚拟机的各个部分进行了说明，下面通过一个具体的例子来分析它的运行过程。虚拟机通过调用某个类的 main()方法启动，使指定的类被装载，同时链接该类所使用的其他类型，并且初始化它们。

```
class HelloApp{
    public static void main(String[] args){
        System.out.println("Hello World!");
    }
```

}

编辑后以名字 HelloApp.java 存盘；再通过 javac HelloApp.java 进行编译，编译后生成字节码文件 HelloApp.class；然后通过 java HelloApp 解释运行。

这时，通过调用 HelloApp 的方法 main()来启动 Java 虚拟机。下面简单说明虚拟机在执行 HelloApp 时采取的步骤，整个过程如图 3-16 所示。

开始执行类 HelloApp 的 main()方法时，发现该类并没有被装载，也就是说虚拟机当前不包含该类的二进制代码字节码文件，于是虚拟机使用 ClassLoader 寻找这样的二进制代码字节码文件。如果这个进程失败，则抛出一个异常。

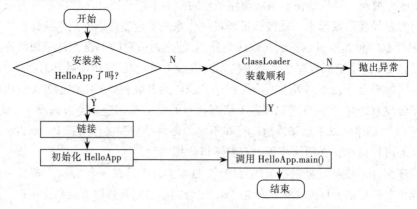

图 3-16   虚拟机执行 HelloApp 时采取的步骤

如果成功，类被装载后同时在 main()方法被调用之前，必须对类 HelloApp 与其他类型进行链接然后初始化。链接包含 3 个阶段：检验、准备和解析。检验阶段检查被装载的主类的符号和语义，准备阶段创建类或接口的静态域以及把这些域初始化为标准的默认值，解析阶段负责检查主类对其他类或接口的符号引用。

3.7   反馈控制环风格

3.7.1   原理

控制系统在运行过程中，通过自身不断的测量被控对象的特性，认识被控对象具有的性质和特征，掌握这些性质和特征随环境等因素变化的情况。根据所掌握的被控对象当前的特征信息，控制系统做出控制决策，使这个被控对象（或被控过程）的功能或特性有效地达到所期望的预期目标，实现对一个对象（或过程）的控制，从而使系统的性能按所规定的标准达到最优或者接近最优。

控制系统可以分为开环控制系统和闭环控制系统。一个自动控制系统主要包括被控对象、测量环节、调节器和执行环节。闭环控制系统又称反馈控制系统，比开环控制系统多了比较环节和检测装置。闭环（反馈）控制系统可以看作基于反馈控制环风格软件体系结构的系统。

1.   开环控制系统

如果系统的输出端和输入端之间不存在反馈回路，输出量对系统的控制作用没有影响，这样的系统成为开环控制系统，如图 3-17 所示。

在日常生活中,许多控制系统都可以理解成开环控制系统,如电风扇的转速是由挡位决定的,不能根据环境温度自动调节。

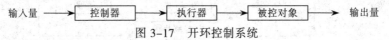

图 3-17   开环控制系统

2．闭环控制系统

输出量对控制作用有直接影响。自动调温空调就是闭环控制系统,当环境温度高于设定温度时,空调制冷系统自动开启,调定室温到设定值,如图 3-18 所示。

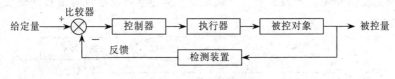

图 3-18   闭环控制系统

开环控制系统和闭环控制系统的区别:

① 从工作原理上看,开环控制系统的输出量不对系统的控制产生任何影响;闭环控制系统的输出量返回到输入端并对控制系统过程产生影响。

② 从信息传递过程上看,开环控制系统信息路径一条,自输入端传至输出端,不存在信息逆向流动;闭环控制系统信息路径两条,一条自输入端传至输出端,另一条是输出端信息经反馈环节返回到输入端的比较环节,形成一个闭合的环路。

基于反馈控制环风格软件体系结构的系统要达到以下要求:

① 闭环控制要消除过程中的干扰作用——定值控制、干扰控制。

② 一个过程的被控量必须始终准确地跟随变动的给定值——跟踪控制、随动控制。

另外,还有一种自适应过程控制环,它包括三方面的工作:辨识被控对象的特征,在辨识的基础上做出控制决策,在决策的基础上实施修正动作。

3.7.2   实例

1．日常生活中的反馈控制环风格

日常生活中有许多闭环(反馈)控制系统的例子。

(1)家用电冰箱温度控制系统(见图 3-19)

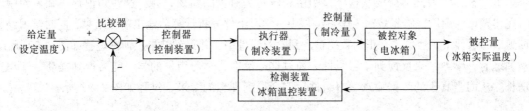

图 3-19   家用电冰箱温度控制系统

(2)投篮(图 3-20)

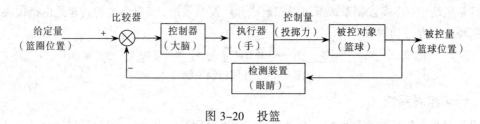

图 3-20　投篮

2．机器学习

知识工程包括使用知识、知识表示、获取知识。机器学习就是计算机自动获取知识的过程，其模型如图 3-21 所示。

图 3-21　机器学习系统的基本模型

环境组件和知识库组件是以某种知识表示形式表达的信息的集合，分别代表外界信息来源和系统具有的知识。环境组件向系统的学习组件提供某些信息，而学习组件则处理环境组件提供的信息，利用这些信息对系统的知识库组件进行改进，改善知识库组件中的显式知识，以增进系统执行组件完成任务的效能。执行组件利用知识库组件中的知识来完成某种任务，同时把执行中获得的信息反馈给学习组件。通过这一反馈，学习组件的学习能力得到提高，知识得到增长。

这里，执行组件把执行结果反馈给学习组件，学习组件的学习能力得到提高，就是反馈控制环风格的具体应用。

执行组件是整个机器学习系统的核心。执行组件用于处理系统面临的现实问题，即应用知识库中所学到的知识求解问题，如智能控制、自然语言理解和定理证明等，并对执行的效果进行评价，将评价的结果反馈回学习环节，以便系统进一步学习。执行组件的问题复杂性、反馈信息和执行过程的透明度都对学习组件有影响。

若执行组件有较好的透明度，学习组件就容易追踪执行组件的行为。例如，在学习下棋时，如果执行组件把考虑过的所有走法都提供给学习组件，不是仅仅提供实际采用的走法，系统就能较容易地分析合理的走法。

学习组件通过获得外部信息，并将这些信息与执行组件所反馈回的信息进行比较。一般情况下，环境提供的信息水平与执行组件所需的信息水平之间往往有差距，经分析、综合、类比、归纳等思维过程，学习环节就要从这些差距中获取相关对象的知识，并将这些知识存入知识库中。

在实践中，训练样本先被输入学习组件中，学习组件分析计算后输出学习结果，同时学习结果反馈到学习组件中。然后，真正的数据输入到学习组件中，并得到结果。训练过程如图 3-22 所示。

训练时，学习结果反馈到学习组件，通过这一反馈，学习组件的学习能力得到提高，知识得到增长。从而当真正的数据输入学习组件后，会得到理想的结果，过程如图 3-23 所示。

图 3-22　训练过程　　　　　　　　　　　　图 3-23　得到学习结果过程

习　题

1. 简述主程序-子程序风格的组件、连接件、工作机制、特点、实例。编写相关程序，并指出该程序中具体的组件和连接件。

2. 简述面向对象风格的组件、连接件、工作机制、特点、实例。编写相关程序，并指出该程序中具体的组件和连接件。

3. 简述批处理风格的组件、连接件、工作机制、特点、实例。它与管道-过滤器风格的区别是什么？编写相关程序，并指出该程序中具体的组件和连接件。

4. 简述管道-过滤器风格的组件、连接件、工作机制、特点、实例。它与批处理风格的区别是什么？编写相关程序，并指出该程序中具体的组件和连接件。

5. 简述基于事件的隐式调用风格的组件、连接件、工作机制、特点、实例。编写相关程序，并指出该程序中具体的组件和连接件。

6. 简述层次风格的组件、连接件、工作机制、特点、实例。根据类图，分析实际程序中具体的组件和连接件。

7. 仓库风格可以分为哪几种类型？了解黑板风格的组件、连接件、特点、实例。

8. 了解解释器风格的组件、连接件、特点、实例。

9. 机器学习系统的基本模型是什么？它是什么体系结构风格，为什么？

第 4 章 \ 分布式软件体系结构风格

学习目标

- 理解分布式软件体系结构风格的原理。
- 掌握分布式软件体系结构风格的实例。
- 了解中间件技术。

集中式计算中主机（大型机或小型机）应用程序既负责与用户的交互，又负责对数据的管理。这种计算模型使用户能共享贵重的硬件设备，但它的特点是对资源的集中控制，缺乏灵活性。随着网络技术的发展，越来越多的系统采用分布式计算技术。分布式系统对软件开发提出了许多新的技术问题，并促使了适应此类系统的软件体系结构的产生。本章讲述几种主要的分布式软件体系结构风格。

4.1 概 述

分布式系统是指基于网络环境，功能和数据分布在通过网络相连的多台计算机上，通过它们之间的相互通信，协作完成系统的各项功能的系统。

分布式系统可以解决集中式系统难以解决的问题：使一个系统能够利用多台计算机的资源，包括 CPU、内存、外存等硬件资源和各种软件资源；使用户可以跨越地理位置的障碍，在不同的地点使用系统完成其业务处理，包括多地区协作的业务处理。

分布式系统的体系结构主要出现过以下几种风格：

1. 主机+仿真终端体系结构

以一台计算机为主机，其他计算机只作为它的远程仿真终端。这种系统和集中式系统在体系结构方面没有太大的区别，所有的业务功能和数据都集中在一台配置较强的主机上，其他计算机只相当于一些终端设备而已。这种体系结构是在大型计算机占主流、个人计算机功能和性能较弱的时代产生的。

2. 文件共享体系结构

文件共享体系结构中，系统功能分布到网络的各个结点上，数据存放在一个称作文件服务器的主机上。或者是系统功能和数据都分布到各个结点上，但是把数据处理为共享文件，可被多个结点使用。在一个结点上运行的功能如果需要使用其他结点上存放的数据，就以远程访问共享文件的方式把这些数据调到本地，在本地进行业务所需要的处理。然后，如果权限允许，把修改后的数据回送到原先的结点。

这种体系结构的缺点是，在网上传输大量的数据，网上的数据传输会成为系统的瓶颈。查阅或修改少量的数据，也需要在网上传送一大批数据，甚至整个文件。但相对于主机+仿真终端体系结构，它是真正意义上的分布式系统的体系结构。

文件共享体系结构的出现，是由于个人计算机的计算能力和存储容量已经提高，网络的每个结点都有条件分布一些在本地使用的功能和数据。

3．客户机/服务器体系结构

客户机/服务器（C/S）体系结构中，服务器（Server）是提供服务的计算机，客户机（Client）是请求服务的计算机。客户端不是把服务器端的大量数据调到本地来处理，而是向服务器发出服务请求，由服务器提供的服务在服务器端完成要求的处理，然后处理结果返回请求者。

与文件共享体系结构相比，客户/服务器体系结构显著地减少了网络上的数据传输量。文件共享体系结构是在不同结点之间共享数据，所以要在网上传输大量的数据；客户机/服务器体系结构是在不同结点之间共享服务，主要是传送对服务的请求信息和返回信息。

客户机/服务器体系结构的主要技术有远程过程调用（Remote Procedure Call，RPC）、分布式数据库管理系统和通信协议。它具有运行效率高、开放性强、可扩充等优点。

典型的客户机/服务器体系结构有两层客户机/服务器体系结构、对等式客户机/服务器体系结构、三层客户机/服务器体系结构。

4．瘦客户机/服务器体系结构

客户机/服务器体系结构中，用户的业务处理功能都分布到本地的客户机。对于分布区域较广的大型系统来说，末端的客户机数量多，分布范围也广。不同区域的需求有差别，所以不同的客户机上的功能也各不相同，需求变化时结点的维护和升级各不相同。这使得系统安装、维护和升级工作量大，付出的代价也高。

瘦客户机/服务器体系结构把分布到客户机上的功能尽可能减少，从而可以在客户机上容易地安装、维护和升级软件。在瘦客户机/服务器体系结构中，服务器处理应用领域的业务功能，客户机只处理人机交互和访问服务器功能。需求的多样化和动态变化都体现在服务器上，瘦客户机上的软件是统一的和相对稳定的。瘦客户机上体现的功能差异与变化，只是做不同的参数设置或权限设置。瘦客户机上的软件升级时，只在服务器上发布一个新版本，各地的用户下载即可。

典型的瘦客户/服务器体系结构就是浏览器/服务器体系结构。

4.2　两层 C/S 体系结构风格

4.2.1　原理

两层 C/S 体系结构将应用一分为二，服务器（后台）负责数据管理，客户机（前台）完成与用户的交互任务。服务器为多个客户应用程序管理数据，而客户程序发送、请求和分析从服务器接收的数据，如图 4-1 所示。

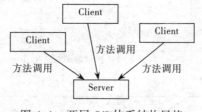

图 4-1　两层 C/S 体系结构风格

用户界面处于客户机。数据库管理服务处于服务器端，通常是存储过程/触发器的形式。业务处理过程（业务逻辑）被分解为客户机与服务器两部分。

两层 C/S 体系结构的基本组件是数据库服务器和客户机应用程序。数据库服务器包括存放数据的数据库、负责数据处理的业务逻辑；客户机应用程序包括 GUI（用户界面）、业务逻辑（利用客户机上的应用程序对数据进行处理）。

两层 C/S 体系结构的连接件是经由网络的调用–返回机制或隐式调用机制。客户机向服务器发送请求；服务器进行相关处理，将结果发给客户端；客户端接收返回结果。

数据库服务器提供了比远程文件系统更有效的客户–服务器方式的数据共享。客户发出的是 SQL 请求，返回的既有数据信息也有控制信息。两层 C/S 体系结构风格的典型例子是，服务器带有一个共享数据库并提供所有的公共服务，包括使用该数据库的各类应用系统共同使用的常用服务；各客户机实现本地的业务处理，不对外提供服务，只是请求服务器所提供的服务来完成自己的任务，如图 4-2 所示。

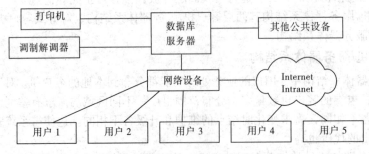

图 4-2 两层 C/S 体系结构风格

两层 C/S 体系结构风格一般处理流程如图 4-3 所示。

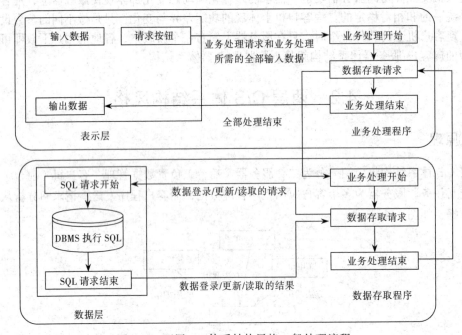

图 4-3 两层 C/S 体系结构风格一般处理流程

两层 C/S 体系结构优点如下：

① 两层 C/S 体系结构具有强大的数据操作和事务处理能力，模型思想简单，易于人们理解和接受。

② 系统的客户应用程序和服务器组件分别运行在不同的计算机上，系统中每台服务器都可以适合各组件的要求，这对于硬件和软件的变化显示出极大的适应性和灵活性，而且易于对系统进行扩充和缩小。

③ 在两层 C/S 体系结构中，系统中的功能组件充分隔离，客户应用程序的开发集中于数据的显示和分析，而数据库服务器的开发则集中于数据的管理。将大的应用处理任务分布到许多通过网络连接的低成本计算机上，以节约大量费用。

两层 C/S 体系结构虽然具有一些优点，但随着企业规模的日益扩大，软件的复杂程度不断提高，两层 C/S 体系结构逐渐暴露出以下缺点：

① 互操作性差。采用不同开发工具或平台开发的软件，一般互不兼容，不能或很难移植到其他平台上运行。使用 DBMS 所提供的私有的数据编程语言来开发业务逻辑，降低了 DBMS 选择的灵活性，导致软件移植困难，新技术无法轻易使用。例如，Oracle DB 提供的若干存储过程函数，在 SQL Server 上就不能执行。

② 系统管理与配置成本高。采用两层 C/S 体系结构的软件要升级，开发人员必须到现场为客户机升级，每个客户机上的软件都需要维护。当系统升级时，对软件的一个小小的改动，每一个客户端都必须更新，导致软件维护和升级困难。

③ 系统伸缩性差。用户数增加到一定数量时，性能急剧恶化，服务器成为系统的瓶颈。

④ 开发成本较高。两层 C/S 体系结构对客户端软硬件配置要求较高，尤其是软件的不断升级，对硬件要求不断提高，增加了整个系统的成本，且客户端变得越来越臃肿。

⑤ 客户端程序设计复杂。采用两层 C/S 体系结构进行软件开发，客户端的程序设计要进行大量工作，客户端显得十分庞大。

⑥ 用户界面风格不一，使用繁杂，不利于推广使用。

两层 C/S 架构通常被用在那些管理与操作不太复杂的非实时的信息处理系统；适合于轻量级事务，客户机对服务器的请求少，数据传输量少；当业务逻辑较少变化以及用户数较少时，两层 C/S 架构的性能较好。

4.2.2　实例

1．一个简单的 C/S 程序实例

这里举一个简单的例子说明如何运用套接字（Socket）对服务器和客户机进行操作。客户机发送数据到服务器，服务器将收到的数据返回给客户机。

服务器程序等候建立一个连接，然后用这个连接产生的套接字创建一个输入流和一个输出流，从输入流中读入数据，进行相应处理后，反馈给输出流。不断重复，直到接收到字符串"end"为止。最后关闭连接。

客户机程序连接服务器，然后创建一个输入流和一个输出流，把数据通过输出流传给服务器，然后从输入流中接收服务器返回的数据。

（1）服务器端程序 tcpServer.java

```java
import java.io.*;
import java.net.*;
public class tcpServer{
    public static final int PORT=8888;
    public static void main(String[] args) throws IOException{
        //建立 ServerSocket
        ServerSocket s=new ServerSocket(PORT);
        System.out.println("ServerSocket:"+s);
        try{
            //程序阻塞，等待连接，即直到有一个客户请求到达，程序方能继续执行
            Socket ss=s.accept();
            System.out.println("Socket accept:"+ss);
            try {
                //连接成功，建立相应的 I/O 数据流
                DataInputStream dis=new DataInputStream(ss.getInputStream());
                DataOutputStream dos=new DataOutputStream(ss.getOutputStream());
                //在循环中，与客户机通信
                while(true){
                    String str=dis.readUTF();              //从客户机中读数据
                    if(str.equals("end"))break;            //当读到 end 时，程序终止
                    System.out.println(str);
                    dos.writeUTF("Echoing:"+str);          //向客户机中写数据
                }
                dos.close();
                dis.close();
            }finally{
                ss.close();
            }
        }finally{
            s.close();
        }
    }
}
```

服务器端程序运行结果：

```
ServerSocket:ServerSocket[addr=0.0.0.0/0.0.0.0,port=0,localport=8888]
Socket accept:Socket[addr=/127.0.0.1,port=7312,localport=8888]
测试:0
测试:1
测试:2
测试:3
测试:4
测试:5
```

（2）客户机端程序 tcpClient.java

```java
import java.io.*;
```

```
import java.net.*;
public class tcpClient{
    public static void main(String[] args) throws IOException{
        //建立 Socket，服务器在本机的 8888 端口处进行"侦听"
        Socket ss=new Socket("127.0.0.1",8888);
        System.out.println("Socket:"+ss);
        try{
            //套接字建立成功，建立 I/O 流进行通信
            DataInputStream dis=new DataInputStream(ss.getInputStream());
            DataOutputStream dos=new DataOutputStream(ss.getOutputStream());
            for(int i=0;i<6;i++){
                dos.writeUTF("测试:"+i);   //向服务器发数据
                dos.flush();              //刷新输出缓冲区，以便立即发送
                System.out.println(dis.readUTF());   //将从服务器接收的数据输出
            }
            dos.writeUTF("end");          //向服务器发送终止标志
            dos.flush();                  //刷新输出缓冲区，以便立即发送
            dos.close();
            dis.close();
        }finally{
            ss.close();
        }
    }
}
```

客户器端程序运行结果：

```
Socket:Socket[addr=/127.0.0.1,port=8888,localport=7312]
Echoing:测试:0
Echoing:测试:1
Echoing:测试:2
Echoing:测试:3
Echoing:测试:4
Echoing:测试:5
```

可以看到，关闭套接字的语句放在 finally 块中，这是为了确保一定能够关闭 Socket。但关闭 I/O 流的语句没有放在 finally 块中，这是因为在 try 块内，可能还没有建立 I/O 流对象就抛出异常。

在这个例子中，组件是 tcpServer 类和 tcpClient 类。连接件描述如下：

① 建立网络连接：

- 服务端创建 ServerSocket 类的对象 ServerSocket s=new ServerSocket(PORT)，PORT 是服务对应的端口号。然后，Socket ss=s.accept()，ServerSocket 类的对象 s 调用 accept()方法，返回一个 Socket 类的对象 ss，等待客户机发送请求；如果没有客户机端发送请求，则程序阻塞。

- 在客户端创建一个 Socket 的对象 ss，Socket ss=new Socket("127.0.0.1",8888)，第一个参数是要连接的服务器的 IP 地址，第二个参数是提供的端口号，作用是向服务器端发送请求，同时将请求送给了服务器程序中的 accept()的方法。

- 服务器中 ServerSocket 的 accept()方法接收到客户机的网络连接请求，会把该请求送给服务器的 Socket 类的对象 ss。这时，客户机和服务器建立起连接。

② 客户机与服务器建立 I/O 数据流进行通信，在客户机端，通过 dos.writeUTF()，向服务器发送数据（即一个整型数组），在服务端通过 dis.readInt()来接收数组，并对数据进行相应的处理，数据的结果通过 dos.writeUTF()返回给客户端，客户端通过 dis.readUTF()接收服务器返回的数据，并输出数据。

2．多用户机制

在上例中，服务器每次只能为一个客户提供服务。但是，一般情况下要求服务器能同时处理多个客户机的请求。解决这个问题的关键就是多线程处理机制。

常用的方法是在服务器程序中，在 accept()返回一个 Socket 后，就用它新建一个线程，令它只为那个特定的客户服务。然后再调用 accept()，等待下一次新的连接请求。下例是一个服务多个客户的网络程序。用户可以看到它与上例很相似，只是为一个特定的客户提供服务的所有操作都已移入一个独立的线程类中：

（1）服务器端程序 MTcpServer.java

```java
import java.net.*;
import java.io.*;
public class MTcpServer{
    public static final int PORT=8888;
    public static void main(String[] args) throws IOException{
        ServerSocket ss=new ServerSocket(PORT);
        System.out.println("服务器开启");
        try{
            while(true){
                Socket s=ss.accept();
                try{
                    //启动一个新的线程，并把accept()得到的socket传入新线程中
                    new ServerOne(s);
                }catch(IOException e){
                    s.close();
                }
            }
        }finally{
            ss.close();
        }
    }
}

class ServerOne extends Thread{          //用于为特定用户服务的线程类
    private Socket s;
    private BufferedReader in;
    private PrintWriter out;
```

```
public ServerOne(Socket s) throws IOException{
  this.s=s;
  in=new BufferedReader(new InputStreamReader(s.getInputStream()));
  out=new PrintWriter(new BufferedWriter(new OutputStreamWriter(s.getOut
    putStream())),true);
  start();
}
public void run(){
  try{
    while(true){
      String str=in.readLine();
      if(str.equals("end")) break;
        System.out.println(str);
        out.println("Echo:"+str);
      }
      System.out.println("closing.....");
  }catch(IOException e){
  }finally{
    try{
      s.close();
    }catch(IOException e){}
  }
}
}
```

为了证实服务器代码确实能为多名客户提供服务，下面这个程序将创建多个客户（使用线程），并同相同的服务器建立连接。

（2）客户端程序 MTcpClient.java

```
import java.net.*;
import java.io.*;
public class MTcpClient extends Thread{
//允许创建的线程的最大数
  static final int MAX_THREADS=30;
  private Socket s;
  private BufferedReader in;
  private PrintWriter out;
//每一个线程的 id 都不同。
  private static int id=0;
//当前活动的线程数
  private static int threadCount=0;
  public static int getThreadCount(){
    return threadCount;
  }
  public MTcpClient(InetAddress ia){
    System.out.println("Making client"+id);
```

```
      threadCount++;
      id++;
      try{
        s=new Socket(ia,MTcpServer.PORT);
      }catch(IOException e){}
      try{
        in=new BufferedReader(new InputStreamReader(s.getInputStream()));
        out=new PrintWriter(new BufferedWriter
                            (new OutputStreamWriter(s.getOutputStream())),
                             true);
        start();
      }catch(IOException e1){
        try{
          s.close();
        }catch(IOException e2){}
      }
    }
  public void run(){
    try{
      String str;
      for(int i=0;i<25;i++){
        out.println("Client #"+id+":"+i);
        str=in.readLine();
        System.out.println(str);
      }
      out.println("end");
    }catch(IOException e){
    }finally{
      try{
        s.close();
      }catch(IOException e){}
      threadCount--;
    }
  }
  public static void main(String[] args)throws IOException,Interrupted
  Exception{
    InetAddress ia=InetAddress.getByName(null);
    while(true){
      if(getThreadCount()<MAX_THREADS)
        new MTcpClient(ia);
      Thread.currentThread().sleep(10);
    }
  }
}
```

3．数据库访问

本例利用套接字技术实现应用程序中对数据库的访问。应用程序只是利用套接字连接向服务器发送一个查询的条件，而服务器负责对数据库的查询，然后服务器再将查询的结果利用建立的套接字返回给客户端。程序执行结果如图 4-4 所示。

图 4-4　两层 C/S 体系结构风格实例

（1）服务器端程序 Server.java

```java
import java.io.*;
import java.net.*;
import java.util.*;
import java.sql.*;
public class Server{
    public static void main(String args[]){
        Connection con;
        PreparedStatement sql=null;
        ResultSet rs;
        try{
            Class.forName("sun.jdbc.odbc.JdbcOdbcDriver");
        }catch(ClassNotFoundException e){}
        try{
            con=DriverManager.getConnection("jdbc:odbc:myDB","liu","123");
            sql=con.prepareStatement("SELECT * FROM chengjibiao WHERE number=? ");
        }catch(SQLException e){
            System.out.println(e);
        }
        ServerSocket server=null;
        Server_thread thread;
        Socket you=null;
        while(true){
            try{
                server=new ServerSocket(4331);
            }catch(IOException e1){
                System.out.println("正在监听");
            }
            try{
                System.out.println(" 等待客户呼叫");
                you=server.accept();
                System.out.println("客户的地址:"+you.getInetAddress());
            }catch(IOException e1){
```

```
            System.out.println("正在等待客户");
        }
        if(you!=null){
            new Server_thread(you,sql).start();
        }
    }
  }
}

class Server_thread extends Thread{
    Socket socket;
    DataOutputStream out=null;
    DataInputStream  in=null;
    PreparedStatement sql;
    boolean boo=false;
    Server_thread(Socket t, PreparedStatement sql){
      socket=t;
      this.sql=sql;
      try {
         out=new DataOutputStream(socket.getOutputStream());
         in=new DataInputStream(socket.getInputStream());
      }catch(IOException e){}
    }
    public void run(){
      while(true){
          try{
              String num=in.readUTF();
              boo=false;
              sql.setString(1,num);
              ResultSet rs=sql.executeQuery();
              while(rs.next()){
                  boo=true;
                  String number=rs.getString(1);
                  String name=rs.getString(2);
                  String date=rs.getString(3);
                  int math=rs.getInt(4);
                  int english=rs.getInt(5);
                  out.writeUTF("学号:"+number+" 姓名:"+name+" 出生:"+date
                          +" 数学:"+math+" 英语"+english);
              }
              if(boo==false){
                  out.writeUTF("没有该学号! ");
              }
          }catch (Exception e){
            System.out.println("客户离开"+e);
```

```
            return;
        }
    }
}
```

（2）客户端程序 Client.java

```java
import java.net.*;
import java.io.*;
import java.awt.*;
import java.awt.event.*;
import javax.swing.*;

public class Client{
    public static void main(String args[]){
        new QueryClient();
    }
}
class QueryClient extends Frame implements Runnable,ActionListener{
    Button connection,send;
    TextField inputText;
    TextArea showResult;
    Socket socket=null;
    DataInputStream in=null;
    DataOutputStream out=null;
    Thread thread;
    QueryClient(){
        socket=new Socket();
        Panel p=new Panel();
        connection=new Button("连接服务器");
        send=new Button("发送");
        send.setEnabled(false);
        inputText=new TextField(8);
        showResult=new TextArea(6,42);
        p.add(connection);
        p.add(new Label("输入学号"));
        p.add(inputText);
        p.add(send);
        add(p,BorderLayout.NORTH);
        add(showResult,BorderLayout.CENTER);
        connection.addActionListener(this);
        send.addActionListener(this);
        thread=new Thread(this);
        setBounds(10,30,350,400);
        setVisible(true);
```

```
        validate();
        addWindowListener(new WindowAdapter(){
            public void windowClosing(WindowEvent e){
              System.exit(0);
             }
        });
    }
    public void actionPerformed(ActionEvent e){
        if(e.getSource()==connection){
            try{
                if(socket.isConnected()){}
                else{
                    InetAddress  address=InetAddress.getByName("127.0.0.1");
                    InetSocketAddress socketAddress=new InetSocketAddress(adder
                    ss,4331);
                    socket.connect(socketAddress);
                    in=new DataInputStream(socket.getInputStream());
                    out=new DataOutputStream(socket.getOutputStream());
                    send.setEnabled(true);
                    thread.start();
                 }
            }catch (IOException ee){}
        }
        if(e.getSource()==send){
            String s=inputText.getText();
            if(s!=null){
            try {
               out.writeUTF(s);
            }catch(IOException e1){
            }
          }
       }
    }
    public void run(){
      String s=null;
      while(true){
          try{
            s=in.readUTF();
            showResult.append("\n"+s);
          }catch(IOException e1){
            showResult.setText("与服务器已断开");
            break;
          }
        }
      }
    }
```

4.3　P2P 体系结构风格

有两种特殊的客户机/服务器体系结构风格：代理（broker）体系结构风格和 P2P（Peer-to-Peer，点对点）体系结构风格。代理风格中，服务器将服务发布给一个代理，客户通过代理访问服务，如图 4-5 所示。代理风格的典型例子有 CORBA、SOAP、Web Service、UDDI 等。

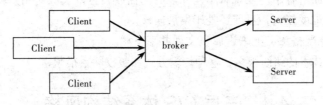

图 4-5　代理（broker）风格

P2P 体系结构风格指对等式客户机/服务器体系结构。对等技术是一种网络技术，依赖网络中参与者的计算能力和带宽，而不是把依赖都聚集在较少的几台服务器上，如图 4-6 所示。

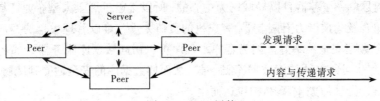

图 4-6　P2P 风格

P2P 体系结构风格把客户机和服务器看成是相对的。根据实际需要，系统中的每一台计算机既可以作为客户机，又可以作为服务器，即每一台计算机既可以请求其他结点提供的服务，又可以为其他结点提供服务。当它请求其他结点的服务时，它就是客户机；当它向其他结点提供服务时，它就是服务器。

目前，P2P 类业务主要有如下 4 类：P2P 下载类业务，如 Bittorrent、eMule、迅雷 P2P 下载等；P2P 流媒体类业务，如 PPLive、QQLive、PPStream 等；IM（Instant Messaging，即时通信）类业务，如 QQ 等；VoIP（Voice over Internet Protocol，网络电话/IP 电话）类业务，如 Skype、H.323、SIP、MGCP 等。

1. BT

BT 是 BitTorrent 的简称，中文全称是比特流，是当今 P2P 最为成功的一个应用。BT 不像 FTP 那样只有一个发送源，它有多个发送点，当用户在下载时，同时也可以上传，大家都处在同步传送的状态。

BT 首先在上传者端把一个文件分成多个部分，客户端甲在服务器随机下载了第 N 部分，客户端乙在服务器随机下载了第 M 部分。甲的 BT 会根据情况，到乙的计算机上去拿乙已经下载好的第 M 部分；乙的 BT 也会根据情况，到甲的计算机上去拿甲已经下载好的第 N 部分。

这种情况下，在你自己下载的同时，自己的计算机还要继续做主机上传。这种下载方式，人越多速度越快。缺点是对硬盘损伤比较大（在写的同时还要读）；对内存占用较多，影响整机速度。

2．P2P 流媒体服务

基于 P2P 的流媒体业务主要包括：直播或轮播方式、点播方式、下载方式。目前直播和下载方式在技术上比较成熟。

① PPLive 等流媒体运营商目前主要实现的是 P2P 直播业务。

② 点播方式是用户可以根据喜好随意拖动时点进行观看的方式，需要一定量的 P2P 用户同时观看，并且需要保证所有用户在观看不同片段时的播放质量以及应对用户频繁的加入退出，技术实现和网络支持的难度较大，目前还处于发展阶段。

③ 下载方式，从严格意义上来讲属于文件共享下载。

国外有关于 P2P 技术的纠纷很多，这种传输方式和版权联系很紧密。

4.4 三层 C/S 体系结构风格

两层 C/S 体系结构具有强大的数据操作和事务处理能力，模型思想简单，易于人们理解和接受。但随着企业规模的日益扩大，软件的复杂程度不断提高，两层 C/S 体系结构存在以下缺陷：① 两层 C/S 结构是单一服务器且以局域网为中心的，所以难以扩展至大型企业广域网或 Internet。② 软、硬件的组合及集成能力有限。③ 客户机的负荷太重，难以管理大量的客户机，系统的性能容易变坏。④ 数据安全性不好。因为客户端程序可以访问数据库服务器，那么，在客户端计算机上的其他程序也可想办法访问数据库服务器，从而使数据库的安全性受到威胁。因为两层 C/S 体系结构存在缺点，三层 C/S 体系结构应运而生。

三层 C/S 体系结构的出现克服了两层 C/S 的缺陷。在客户端与数据库服务器之间增加了一个中间层。中间层可能为事务处理监控服务器、消息服务器、应用服务器等。中间层负责消息排队、业务逻辑执行、数据传输等功能。通常，在三层 C/S 体系结构中，中间层增加的是一个应用服务器。

三层 C/S 体系结构基本组件包括：① 数据库服务器，存放数据的数据库、负责数据处理的业务逻辑。② 应用服务器，负责业务逻辑，对数据进行处理。③ 客户机应用程序，实现用户界面 GUI。

三层 C/S 体系结构连接件是经由网络的调用–返回机制或隐式调用机制。客户机向应用服务器发送请求；应用服务器进行相关处理，将结果发给客户端；客户端接收返回结果。应用服务器向数据服务器发送请求；数据服务器进行相关处理，将结果发给应用服务器；应用服务器接收返回结果。

三层 C/S 体系结构可以将应用功能分成表示层、功能层和数据层三部分：

表示层是应用的用户接口部分，担负着用户与应用之间的对话功能。检查用户从键盘等输入的数据，显示应用输出的数据；检查的内容也只限于数据的形式和取值的范围，不包括有关业务本身的处理逻辑。为使用户能直观地进行操作，通常使用图形用户界面 GUI，操作简单、易学易用。在变更时，只需要改写显示控制和数据检查程序，而不影响其他层。不包含或包含一部分业务逻辑。

功能层是应用系统的主体，包括大部分业务处理逻辑（通常以业务组件的形式存在，如 JavaBean/EJB/COM 等）；例如，在制作订购合同时要计算合同金额，按照定好的格式配置数据、打印订购合同。从表示层获取用户的输入数据并加以处理；处理过程中需要从数据层获取数据或向数据层更新数据；处理结果返回给表示层。用户检索数据时，要设法将有关检索要求的信息一次性地传送给功能层，而由功能层处理过的检索结果数据也一次性地传送给表示层。通常，在功能层中包含有确认用户对应用和数据库存取权限的功能以及记录系统处理日志的功能。

　　数据层包含数据库管理系统，负责管理对数据库数据的读/写。接受功能层的数据查询请求，执行请求，并将查询结果返回给功能层；从功能层接受数据存取请求，并将数据写入数据库，请求的执行结果也要返回给功能层。数据库管理系统必须能迅速执行大量数据的更新和检索，所以一般从功能层传到数据层的要求大都使用 SQL 语言。

　　三层 C/S 体系结构的一般处理流程如图 4-7 所示。

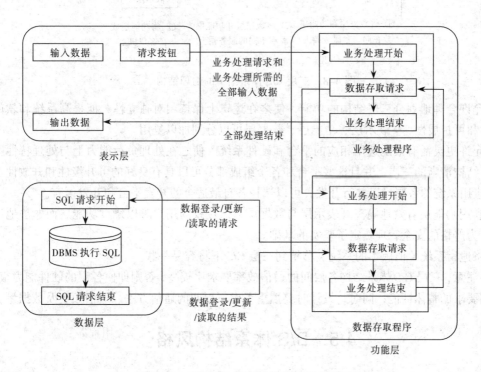

图 4-7　三层 C/S 体系结构的一般处理流程

三层 C/S 体系结构对这三层进行明确分割，并在逻辑上使其独立。

三层 C/S 体系结构的物理结构如图 4-8 所示。

　　一般情况是只将表示层配置在客户机中，如果连功能层也放在客户机中，客户机负荷太重，其业务处理所需数据要从服务器传给客户机，所以系统性能容易变坏。

　　功能层和数据层如果放在不同的服务器中，服务器和服务器之间也要进行数据传送。但是，由于三层是分别放在不同的硬件系统上，所以灵活性很高，能够适应客户机数目的增加和处理负荷的变动。例如，在追加新业务处理时，可以相应增加功能层的服务器。因此，系统规模越大这种形态的优点就越显著。

　　与两层 C/S 体系结构相比，三层 C/S 体系结构具有以下优点：

　　① 在用户数目较多的情况下，三层 C/S 结构将极大改善性能与灵活性（通常可支持较多的并发用户，通过集群可达更多的并发用户）。

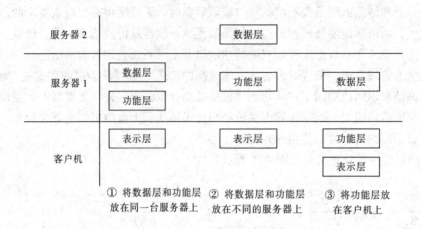

图 4-8　三层 C/S 体系结构的物理结构

② 允许合理地划分三层结构的功能，使之在逻辑上保持相对独立性，能提高系统和软件的可维护性和可扩展性——表示层、功能层、数据层可以分别加以复用。

③ 允许更灵活有效地选用相应的平台和硬件系统，使之在处理负荷能力上与处理特性上分别适应于结构清晰的三层，并且这些平台和各个组成部分可以具有良好的可升级性和开放性。

④ 应用系统的各层可以并行开发，可以选择各自最适合的开发平台和开发语言。

⑤ 利用功能层有效地隔离开表示层与数据层，未授权的用户难以绕过功能层而非法地访问数据层，为严格的安全管理奠定了坚实的基础。

⑥ 将遗留系统（旧版本的系统）移植到三层 C/S 下将容易一些。

需要注意，三层 C/S 体系结构各层间的通信效率要求比较高，否则即使各层的硬件能力很强，也达不到要求的整体性能；同时，设计时要慎重考虑三层间的通信方法、通信频度及数据量。

4.5　B/S 体系结构风格

4.5.1　原理

B/S（浏览器/服务器）体系结构风格是随着 Internet 技术的兴起，对 C/S 体系结构风格的一种改进的结构，如图 4-9 所示。

图 4-9　B/S 体系结构风格

基于 Web 的 B/S 体系结构风格中，客户机和服务器之间采用 HTTP 协议相互通信。应用系统在客户机上的软件只是一个基于 Web 的浏览器，通过它可以浏览服务器上提供的网页，并在网页上进行应用系统的各种操作。在浏览器和服务器之间传输的网页是用超文本置标语言（HTML）描述的。由于采用标准的通信协议和描述语言，因此应用系统客户端的业务处理是与平台无关的。在浏览器上实现对 HTML 文件的解释并向用户显示，服务器执行用户请求的服务。

B/S 体系结构风格和三层客户-服务器体系结构紧密相关——浏览器通常是和基于 Web 的应用服务器、数据服务器配合在一起，形成三层客户-服务器体系结构（浏览器/Web 服务器/数据库服务器）。在这种结构下，用户界面完全通过浏览器实现，一部分事务逻辑在前端实现，但是主要事务逻辑在服务器端实现。

B/S 体系结构风格是利用浏览器技术，结合浏览器的脚本语言（如 VBScript、JavaScript 等），用通用浏览器实现了原来需要复杂的专用软件才能实现的强大功能，并节约了开发成本。

在 B/S 结构中，应用程序以网页形式存放于 Web 服务器上，用户运行某个应用程序时，只要在客户端的浏览器中输入相应的网址(URL)，调用 Web 服务器上的应用程序并对数据库进行操作，完成相应的数据处理工作，最后将结果通过浏览器显示给用户。

B/S 体系结构组件是数据库服务器、Web 服务器和浏览器。

连接件描述如下：浏览器向 Web 服务器请求，Web 服务器接受浏览器的请求后向数据库服务器发送请求；数据库服务器根据 Web 服务器发送的请求进行操作，并将操作后的结果返回给 Web 服务器；Web 服务器将从数据库服务器得到的结果发送给浏览器，浏览器将从 Web 服务器接收到的消息显示出来。

B/S 体系结构风格有以下优点：

① 基于 B/S 体系结构的软件，系统安装、修改和维护全在服务器端解决，系统维护成本低。客户端无任何业务逻辑，用户在使用系统时，仅需要一个浏览器就可运行全部的模块，真正达到了"零客户端"的功能，很容易在运行时自动升级；良好的灵活性和可扩展性，对于环境和应用条件经常变动的情况，只要对业务逻辑层实施相应的改变，就能够达到目的。

② B/S 体系结构还提供了异种机、异种网、异种应用服务的联机、联网、统一服务的最现实的开放性基础。

③ 较好的安全性。在这种结构中，客户应用程序不能直接访问数据，应用服务器不仅可控制哪些数据被改变和被访问，而且还可控制数据的改变和访问方式 。

④ 真正意义上的"瘦客户端"，从而具备了很高的稳定性、延展性和执行效率。

⑤ 可以将服务集中在一起管理，统一服务于客户端，从而具备了良好的容错能力和负载平衡能力。

⑥ 扩大了组织计算机应用系统功能覆盖范围，可以更加充分利用网络上的各种资源，同时应用程序维护的工作量也大幅减少。B/S 结构出现之前，管理信息系统的功能覆盖范围主要是组织内部；B/S 结构"零客户端"方式使组织的供应商和客户（这些供应商和客户有可能是潜在的，也就是说可能是事先未知的）的计算机方便地成为管理信息系统的客户端，进而在限定的功能范围内查询组织相关信息，完成与组织的各种业务往来的数据交换和处理工作。

⑦ B/S 结构的计算机应用系统与 Internet 的结合也使新近提出的一些新的企业计算机应用（如电子商务、客户关系管理）的实现成为可能。

B/S 体系结构风格也存在一些缺点：

① 客户端浏览器以同步的请求/响应模式交换数据，每请求一次服务器就要刷新一次页面。

② 受 HTTP 协议"基于文本的数据交换"的限制，在数据查询等响应速度上，要远远低于 C/S 体系结构。

③ 数据提交一般以页面为单位，数据的动态交互性不强，不利于在线事务处理（OLTP）应用。

④ 受限于 HTML 的表达能力，难以支持复杂 GUI（如报表等）。

因此，虽然 B/S 结构的计算机应用系统有很多优越性，但由于 C/S 结构的计算机应用系统网络负载较小，未来一段时间内将是 B/S 结构和 C/S 结构共存的情况。但是，计算机应用系统计算模式的发展趋势是向 B/S 结构转变。

传统的 Web 应用允许用户端填写表单（Form），当提交表单时就向 Web 服务器发送一个请求。服务器接收并处理传来的表单，然后送回一个新的网页。这个做法浪费了许多带宽，因为在前后两个页面中的大部分 HTML 代码往往是相同的。由于每次应用的交互都需要向服务器发送请求，应用的响应时间就依赖于服务器的响应时间，这就导致了用户界面的响应比本地应用慢得多。

与此不同，AJAX 应用可以仅向服务器发送并取回必需的数据，它使用 SOAP 或其他一些基于 XML 的页面服务接口，并在客户端采用 JavaScript 处理来自服务器的响应。因为在服务器和浏览器之间交换的数据大量减少（大约只有原来的 5%），结果就能看到响应更快的应用。同时，很多处理工作可以在发出请求的客户端机器上完成，所以 Web 服务器的处理时间也减少了。

但是，AJAX 可能破坏浏览器后退按钮的正常行为。在动态更新页面的情况下，用户无法回到前一个页面状态，这是因为浏览器仅能记下历史记录中的静态页面，而不是一个已经被动态修改过的页面。

开发者已想出了各种办法来解决这个问题。主要的方法是在用户单击"后退"按钮访问历史记录时，通过建立或使用一个隐藏的 IFRAME 来重现页面上的变更。例如，当用户在 Google Maps 中单击"后退"时，它在一个隐藏的 IFRAME 中进行搜索，然后将搜索结果反映到 AJAX 元素上，以便将应用程序状态恢复到当时的状态。

4.5.2　实例

1. JSP 直接连接数据库的程序

```
<%@page contentType="text/html;charset=gb2312"%>
<%@page import="java.sql.*"%>
<%
  Connection conn=null;
  Statement stmt=null;
  ResultSet rs=null;
  try{
    Class.forName("sun.jdbc.odbc.JdbcOdbcDriver");
  }catch(ClassNotFoundException ce){
    out.println(ce.getMessage());
  }
  try{
    conn=DriverManager.getConnection("jdbc:odbc:myDB","liu","123");
    stmt=conn.createStatement();
    rs=stmt.executeQuery("SELECT * FROM chengjibiao");
    while(rs.next()){
      out.print(rs.getString(1)+" ");
      out.print(rs.getString(2)+" ");
      out.print(rs.getString(3)+" ");
```

```
         out.print(rs.getInt(4)+" ");
         out.print(rs.getInt(5)+" ");
         out.print("<BR>");
       }
     }catch(SQLException e){
        System.out.println(e.getMessage());
     }finally{
        stmt.close();
        conn.close();
     }
%>
```

上面程序的存放位置为 tomcat 安装目录的 webapps\ROOT 子目录中。

2. JSP+JavaBean 直接连接数据库的程序

（1）JSP 程序

```
<%@page contentType="text/html;charset=gb2312"%>
<%@page import="java.sql.*"%>
<%@page import="db.dbConn"%>
<jsp:useBean id="connDbBean" class="db.dbConn" scope="page">
</jsp:useBean>
<%
  ResultSet rs=connDbBean.executeQuery("SELECT * FROM chengjibiao");
  while(rs.next()){
      out.print(rs.getString(1)+" ");
      out.print(rs.getString(2)+" ");
      out.print(rs.getString(3)+" ");
      out.print(rs.getInt(4)+" ");
      out.print(rs.getInt(5));
      out.print("<BR>");
  }
%>
```

（2）JavaBean 程序

```
package db;
import java.sql.*;
public class dbConn {
   String sDBDriver="sun.jdbc.odbc.JdbcOdbcDriver";
   String sConnStr="jdbc:odbc:myDB";
   Connection conn=null;
   ResultSet rs=null;
   public dbConn() {
      try{
         Class.forName(sDBDriver);
      }catch(java.lang.ClassNotFoundException e){
        System.err.println( e.getMessage());
      }
```

```
    }
    public ResultSet executeQuery(String sql){
        try {
            conn=DriverManager.getConnection(sConnStr,"liu","123");
            Statement stmt=conn.createStatement();
            rs=stmt.executeQuery(sql);
        }catch(SQLException ex) {
            System.err.println(ex.getMessage());
        }
        return rs;
    }
}
```

将上述 Java 文件保存为 dbConn.java，并进行编译，得到字节码文件 dbConn.class，存放位置为 tomcat 安装目录的 webapps\ROOT\WEB-INF\classes\db 子目录中。

针对具体的学生信息管理系统实例，组件是数据库服务器（SQL Server 等）、Web 服务器（*.jsp、*.java）和浏览器（IE 等）。

连接件可以描述如下：浏览器（IE 等）向 Web 服务器发出查询学生信息的请求，Web 服务器接受浏览器的请求后，调用相关程序（*.jsp、*.java），向数据库服务器（SQL Server 等）发送请求。数据库服务器（SQL Server 等）根据 Web 服务器相关程序（*.jsp、*.java）发送的请求进行操作，并将操作后的结果返回给 Web 服务器以及相关程序（*.jsp、*.java）。Web 服务器相关程序（*.jsp、*.java）将结果发送给浏览器（IE 等），浏览器（IE 等）最终将结果显示出来。

4.6　C/S 与 B/S 混合软件体系结构

为了克服 C/S 与 B/S 各自的缺点，发挥各自的优点，通常将 C/S 体系结构和 B/S 体系结构结合起来。B/S 与 C/S 混合软件体系结构是一种比较典型的异构体系结构。

4.6.1　原理

C/S 和 B/S 混合软件体系结构主要有两种：第一种混合原则是"内外有别"的原则；第二种混合原则是"查改有别"的原则。

第一种 C/S 与 B/S 混合软件体系结构的工作方式是，内部用户通过局域网直接访问数据库服务器，采用的是 C/S 结构；外部用户通过 Internet 访问 Web 服务器，再通过 Web 服务器访问数据库服务器，采用的是 B/S 结构，如图 4-10 所示。

这种混合软件体系结构的优点是，外部用户不直接访问数据库服务器，能保证数据库的相对安全；内部用户的交互性较强，数据查询和修改的响应速度较快。同时，外部用户只需一台接入 Internet 的计算机，就可以通过 Internet 查询内部情况；这样不需要做太大的投入和复杂的设置，还能方便外部用户及时了解内部情况，对内部情况进行宏观调控。

这种混合软件体系结构的缺点是，外部用户修改和维护数据时，速度较慢，较烦琐，数据的动态交互性不强。

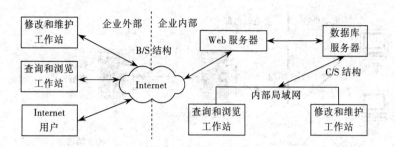

图 4-10　第一种 C/S 与 B/S 混合软件体系结构

第二种 C/S 与 B/S 混合软件体系结构的工作方式是，不管用户是内部用户还是外部用户，执行维护和修改数据操作时，都采用 C/S 结构，执行查询和浏览操作时都采用 B/S 结构，如图 4-11 所示。

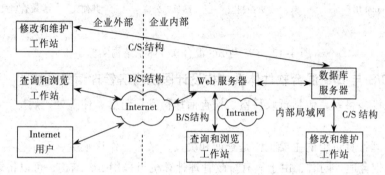

图 4-11　第二种 C/S 与 B/S 混合软件体系结构

这种混合软件体系结构的优点是，数据查询和修改的响应速度较快，系统安装、修改和维护全在服务器端解决。

这种混合软件体系结构的缺点是，外部用户可以直接访问数据库服务器，企业数据容易暴露给外部用户，无法保障数据库的安全。

几点说明：① 因为本节只讨论软件体系结构问题，所以在模型图中省略了有关网络安全的设备，如防火墙等，这些安全设备和措施是保证数据安全的重要手段。② 在这两个模型中，只注明（外部用户）通过 Internet 连接到服务器，但并没有解释具体的连接方式，这种连接方式取决于系统建设的成本和企业规模等因素。例如，某集团公司的子公司要访问总公司的数据库服务器，既可以使用拨号方式，也可以使用 DDN 方式等。③ 本节中对内部和外部的区分，是指是否直接通过内部局域网连接到数据库服务器进行软件规定的操作，而不是指软件用户所在的物理位置。例如，某个用户在企业内部办公室里，其计算机也通过局域网连接到数据库服务器，但当他使用软件时，是通过拨号的方式连接到 Web 服务器或数据库服务器，则该用户属于外部用户。

4.6.2　实例

1. 变电站管理系统

变电站的管理系统，也可以是 C/S 与 B/S 混合软件体系结构，如图 4-12 所示。

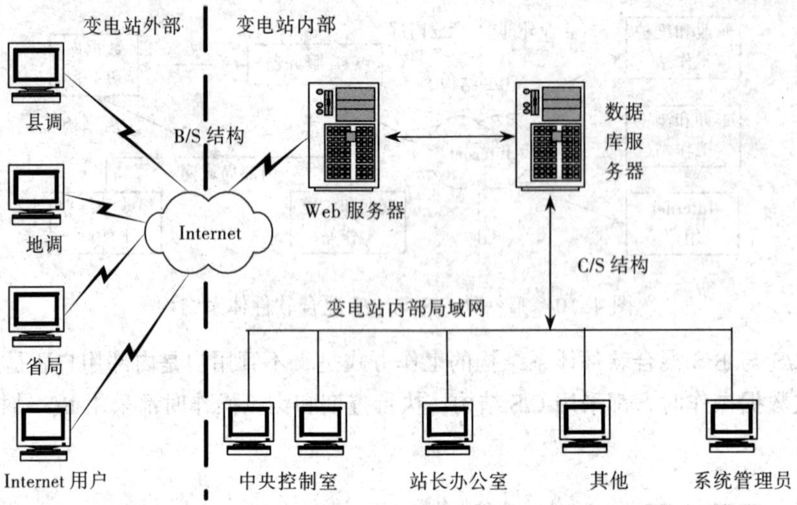

图 4-12 C/S 与 B/S 混合软件体系结构实例

2. 运用 C/S 与 B/S 混合软件体系结构设计医院病房管理信息系统

本系统涉及许多科室，包括行政科室、检查治疗科室、药房、住院处、病房、手术室等子系统。

由于行政管理计算机组的主要工作是查询和决策，录入工作比较少，安全性要求不高，所以采用 B/S 结构比较合适。同时，由于只有行政管理计算机组采用 B/S 结构，可以将第二层 Web 服务器和第三层数据库服务器统一放在一台服务器上进行管理。而对于其他工作组需要较快的存储速度和较多的录入，交互性比较强，安全性要求也较高，可以采用 C/S 结构。

在行政管理组中，采用 B/S 结构。第一层客户机负责向 Web 服务器发出请求，处理针对用户的输入和输出，采用 ASP、JSP 或者 PHP 进行开发。第二层的 Web 服务器是连接客户机和数据库服务器的纽带，可以选择 VC++或者 Java；对于 VC++，它以动态链接库的形式存在，负责建立实际的数据库的连接，根据用户的请求通过 OLE DB 与相应的后台数据库相连，并通过数据库访问组件 ADO（ActiveX Data Objects）完成对数据库的操作，并把结果返给客户端；对于 Java，通过 JDBC 技术直接建立与数据库的连接，也可以使用 JavaBean 建立与数据库的连接，完成对数据库的操作，并把结果返给客户端。第三层的数据库服务器则执行真正的数据库操作。

在其他用户组中采用 C/S 结构，可以选择 VC++或者 Java。利用 VC++语言直接将用户的请求通过 ADO 数据访问技术建立与数据库的连接，完成对数据库的操作，或者利用 Java 语言直接将用户的请求通过 Socket 建立网络连接，再通过 JDBC 技术建立与数据库的连接，完成对数据库的操作。

4.7　中　间　件

4.7.1　中间件简介

随着计算机软件技术的发展，许多应用程序需要在网络环境的异构平台上运行。在分布异构环境中，存在多种硬件系统平台（如 PC、工作站、小型机等），在这些硬件平台上又存在各种各样的系统软件（如不同的操作系统、数据库、语言编译器等），以及多种风格各异的用户界面，这些硬件系统平台还可能采用不同的网络协议和网络体系结构进行连接。要把这些系统集成起来并开发新的应用，需要使用中间件（Middleware）。

中间件能够屏蔽操作系统和网络协议的差异，为应用程序提供多种通信机制，并提供相应的平台以满足不同领域的需要。因此，中间件为应用程序提供了一个相对稳定的高层应用环境，如图 4-13 所示。

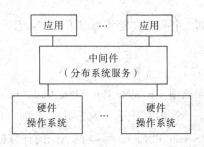

图 4-13　中间件的作用

1. 中间件的概念

为解决分布异构问题，提出了中间件的概念。中间件是位于平台（硬件和操作系统）和应用之间的通用服务，这些服务具有标准的程序接口和协议。针对不同的操作系统和硬件平台，它们可以有符合接口和协议规范的多种实现方法。

在软件系统中，中间件位于应用软件和系统软件之间，它屏蔽了底层环境的异构性和复杂性，从而给应用开发者提供一个标准的、统一的界面，如图 4-14 所示。这样开发者就无须关注底层软件的开发，并且依靠中间件提供的众多接口，可以快速地开发出可靠、高效的分布式应用软件。

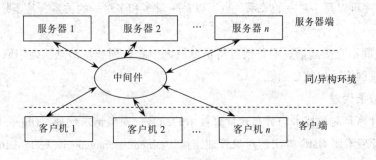

图 4-14　软件系统中的中间件

中间件具有如下特点：运行于多种硬件和 OS 平台；支持分布计算，提供跨网络、硬件和 OS 平台的透明性的应用或服务的交互；具有互操作性，支持标准的协议；具有可移植性，支持标准的接口。

中间件提供的程序接口定义了一个相对稳定的高层应用环境，不管底层的计算机硬件和系统软件怎样更新换代，只要将中间件升级更新，并保持中间件对外的接口定义不变，应用软件几乎不需任何修改，从而保护了企业在应用软件开发和维护中的重大投资。

2．中间件的工作机理

客户端需要从网络上获取一定的数据或服务时，这些数据或服务可能处于不同硬件环境和运行着不同操作系统的服务器中。这时，客户机应用程序只需访问一个中间件系统，由中间件负责在网络中寻找需要的数据或服务，找到后把客户请求传输到相应的服务器，并把来自服务器的返回结果重新进行组合，最后将结果送回客户端。

因此，基于中间件开发的应用具有良好的可扩充性、易管理性、高可用性和可移植性。

3．主要中间件的分类

基于目的和实现机制的不同，中间件主要分为以下几类：远程过程调用、面向消息的中间件、对象请求代理和事务处理监控。

（1）远程过程调用

一个应用程序使用远程过程调用（Remote Procedure Call，RPC）执行一个远程的过程，但从效果上看和执行本地调用相同。一个 RPC 应用分为 Server 和 Client 两部分。Server 提供远程过程；Client 向 Server 发出远程调用。Server 和 Client 可以在不同的计算机上，也可以运行在不同的操作系统上，它们通过网络进行通信。RPC 也有一定的局限性：RPC 需要定位 Server；Client 发出请求时，Server 必须是活动的，等等。

（2）面向消息的中间件

面向消息的中间件（Message-Oriented Middleware，MOM）指的是利用消息传递机制和消息排队模型进行平台无关的数据交流，并基于数据通信来进行分布式系统的集成。消息传递和排队技术有以下 3 个主要特点：

① 运行程序将消息放入消息队列，不要求目标程序正在运行；即使目标程序正在运行，也需要立即处理该消息。

② 通信程序可以是一对一的关系，也可以是一对多和多对一的关系，甚至是上述多种方式的组合。

③ 程序之间不直接通话，而是通过将消息放入消息队列或从消息队列中取出消息来进行通讯，它们不涉及网络通信的复杂性。

（3）对象请求代理

分布对象计算是对象技术与分布式计算技术的结合。对象请求代理（Object Request Brokers，ORB）是对象管理集团 OMG 推出的对象管理结构（Object Management Architecture，OMA）模型的核心组件。其作用在于提供一个通信框架，在异构的分布计算环境中传递对象请求。CORBA 规范包括了 ORB 的所有标准接口。

ORB 是建立对象之间 Client/Server 关系的中间件，使得对象可以向其他对象发出请求或接收其他对象的响应。ORB 获取 Client 对象的调用请求，负责找到可以实现请求的 Server 对象、传送参数、调用相应方法、返回结果等。Client 对象不知道同 Server 对象通信或存储 Server 对象的机制，也不必知道 Server 对象的位置、实现时采用的语言、使用的操作系统。

ORB 负责对象请求的传送和 Server 的管理，Client 和 Server 之间并不直接连接，因此，与 RPC

所支持的 Client/Server 结构相比，ORB 可以支持更加复杂的结构。

（4）事务处理监控

事务处理监控（Transaction Processing Monitors，TPM）在 Client 和 Server 之间，进行事务管理与协调、负载平衡、失败恢复等，以提高系统的整体性能。它可以看作是事务处理应用程序的"操作系统"，具有以下功能：

① 进程管理：启动 Server 进程，为其分配任务，监控其执行并对负载进行平衡。

② 事务管理：保证在其监控下的事务处理的原子性、一致性、独立性和持久性。

③ 通信管理：为 Client 和 Server 之间提供了多种通信机制，包括请求响应、会话、排队、订阅发布和广播等。

事务处理监控能够为大量的 Client 提供服务，如火车订票系统。如果 Server 为每一个 Client 都分配所需要的资源，Server 将不堪重负。实际上，在同一时刻并不是所有的 Client 都需要请求服务，而一旦某个 Client 请求了服务，就希望得到快速的响应。事务处理监控在操作系统之上提供一组服务，对 Client 请求进行管理并为其分配相应的服务进程，使 Server 在有限的系统资源下能够高效地为大规模的客户提供服务。

4.7.2 分布式系统中的中间件

1. 中间件与两层 C/S 体系结构风格

中间件最早是在数据库访问模型（即两层 C/S 体系结构风格）基础上发展起来的。在两层应用模型中，一个"胖"客户直接访问"瘦"服务器数据库管理系统。SQL 标准提供了一种标准语言来访问数据库，由于各数据库厂商对 SQL 的不断扩展，这在一定程度上又阻碍了通用性的发挥。

随后出现了事实上的标准 ODBC（对象数据库连接），ODBC 就是一种数据库中间件，它使用户可以使用同一种语言方便地与不同的数据库进行交互操作，实现不同数据库之间的数据传递与转换，如图 4-15 和 4-16 所示。

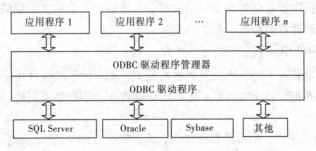

图 4-15　数据库中间件

2. 中间件与多层 C/S 体系结构风格

由于两层的 C/S 体系结构存在缺点，提出了三层或多层分布式体系结构。在这种体系结构下，业务逻辑不放在客户端，而是从客户端中分离出来。于是，服务器和客户机之间增加了一个用于处理业务逻辑的中间层，如图 4-17 所示。

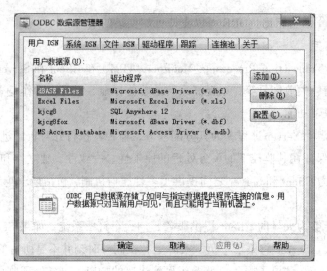

图 4-16　"ODBC 数据源管理器"对话框

客户机 表示层：用于界面引导，接受用户输入，并向应用服务器发 　　　送服务请求，显示处理结果
应用服务器 业务逻辑层：执行业务逻辑，并向数据库发送请求
数据库服务器 数据存储层：执行数据逻辑，执行 SQL 或存储过程

图 4-17　中间件与三层 C/S 体系结构

这种体系结构将应用服务单独放在业务逻辑层即中间层，做成中间件，可以降低数据库服务器的负载，避免了数据库服务器的性能缺陷对整个系统性能的影响。三层结构比两层体系结构在安全性、伸缩性和扩展性方面都有了很大的提高。

3．Web 环境中的中间件

中间件的产生和发展与 C/S 结构的发展密切相关，正是由于 C/S 环境一直存在着操作系统、文件格式、通信协议等相互异构的问题，才使得中间件作为不同结点间协同工作的桥梁作用得以充分发挥。

基于 Web 技术的系统中，浏览器界面统一，超文本跨 Internet/Intranet 传输，异构系统结点面临的问题比 C/S 结构少，中间件的作用有所下降。所以，中间件主要与 Web 技术相结合，处理数据库服务和 Web 服务之间的连接，如图 4-18 所示。

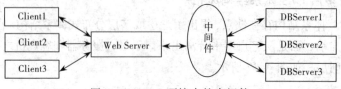

图 4-18　Web 环境中的中间件

4．分布式系统中间件技术标准

随着分布式技术和面向对象技术的结合，产生了大量基于分布式对象中间件的模型。目前，主要的分布式系统中间件技术标准有：Microsoft 的 COM/DCOM 技术、Oracle 的 EJB 技术和 OMG 的 CORBA（公共对象请求代理体系结构）技术为代表的 3 种基于中间件技术的分布式模型框架。

（1）EJB 技术规范

EJB（Enterprise Java Beans）是 Java EE 的核心技术之一，是建立基于 Java 服务器端组件的标准。EJB 是以部件为基础框架，其中每个部件都是分布式对象，可以扩展，也可以适配在不同应用中使用。EJB 不局限于一种特定的操作系统，也不局限于任何一种特别的机构、服务器解决方案、中间件或者通信协议，是一种可复用的具有高度可移植性的组件。EJB 组件模型包含了 EJB 服务器、容器、Home 接口、Remote 接口等。EJB 2.0 规范定义了会话 Bean、实体 Bean 和消息驱动 Bean 三种不同的企业组件。从分布式计算的角度看，EJB 既提供了分布式技术的基础，又提供了对象间的通信手段。EJB 技术的特点如下：

① 可移植性。EJB 规范颁布了一组明确的 EJB 容器和 EJB 组件之间的契约，保证了 EJB 组件在不同 EJB 服务器上的可移植性。

② 平台独立性。EJB 体系结构完全独立于任何特定的平台、协议和中间件等基础设施，一个平台上开发的应用程序不做修改就可以移植到另一平台。

③ 简化了分布式对象的开发、部署和访问。EJB 分布式对象的开发者只需按照 EJB 建立的契约和协议实现对象，整个开发和管理简单，降低了系统建设的成本、减少了开发周期。

（2）CORBA 技术规范

CORBA 是 OMG 组织提出的公用对象请求代理程序结构技术规范。CORBA 易于集成各厂商的不同计算机，从大型机一直到微型内嵌式系统的终端桌面。

CORBA 的底层结构是基于面向对象模型的，由 OMG 接口描述语言（OMG Interface Definition Language，OMG IDL）、对象请求代理（Object Request Broker，ORB）和 IIOP 标准协议（Internet Inter-ORB Protocol）3 个关键模块组成。

使用接口描述语言编写对象接口，具有与语言无关的独立性。IDL 使所有 CORBA 对象以一种方式被描述，只需要一个由语言（C/C++或 Java）到 IDL 的"桥梁"。CORBA 对象的互通以对象请求代理为中介，可以在多种流行通信协议之上实现。在 TCP/IP 上，不同开发商的 ORB 用 IIOP 标准协议进行通信。

CORBA 技术规范可以使面向对象软件在分布、异构环境下实现复用、可移植和互操作。

（3）COM/DCOM 技术规范

COM（Component Object Model，组件对象模型）是 Microsoft 软件组件标准，COM 的体系结构包括统一数据传输、持久存储和智能命名、COM 核心等。

DCOM 是 COM 的分布式扩展，Microsoft 把 DCOM 作为开发 Internet 和组件的基础。当客户和组件位于不同机器时，DCOM 用 TCP/IP 协议等取代 COM 中的本地进程间通信 LRPC（本地远程过程调用协议），支持位于 Internet 不同机器上的组件对象之间的相互通信。

COM/DCOM 技术具有以下特点：语言无关性，COM 规范的定义不依赖于特定语言；可复用性，COM 复用性是建立在组件对象的行为方式上的；位置透明性，组件从一台计算机转移到另一台计算机仅涉及重新配置的问题。

（4）比较

中间件的目标就是掩盖底层的异构性，方便编程。因此，理想的中间件应该提供对多种程序设计语言的支持，有良好的跨平台能力，同时还具有网络透明性、位置透明性和访问透明性等特点。

支持跨平台能力是 CORBA 的一大特色。基于 CORBA 开发的应用，完全避免了底层平台的不一致所带来的问题，它支持 UNIX、OS/2 等众多平台。EJB 是依赖于 Java 语言的技术，由于 Java 的平台无关性，使得 EJB 可以运行在不同的开发平台上。COM/DCOM 仅实现了 32 位 Windows 操作系统平台，这使得跨平台支持带来了困难。

在语言支持方面，CORBA 一开始就设计了 IDL 转换标准语言，所以对于大多数面向对象的语言 CORBA 都支持。COM/DCOM 也具有语言无关性，只有 EJB 是基于 Java 语言的。

总之，3 种中间件技术都有其优势，Java 由于平台无关性的优势显著，成为理想的 Internet 技术；而 Windows 平台的广泛使用也使 COM/DCOM 具有深厚的基础；OMG 组织在十几年来一直在为自己的组件软件建立标准，而且已被很多组织和公司采用。

习　题

1. 简述两层 C/S 体系结构的组件、连接件、工作机制、特点，编写相关程序。
2. 理解 P2P 的概念。
3. 三层 C/S 体系结构的组件、连接件、工作机制、特点分别是什么？
4. 简述 B/S 体系结构的组件、连接件、工作机制、特点，编写相关程序。
5. 简述 C/S 与 B/S 混合软件体系结构中"内外有别"和"查改有别"模型的工作机制。
6. 简述中间件的概念。分布式系统中的中间件（二层 C/S 体系结构、三层 C/S 体系结构、B/S 体系结构）分别是什么？

第 5 章 \ MVC 风格与 Struts 框架

学习目标

- 理解 MVC 风格的原理。
- 掌握 MVC 在 Java EE 技术中的应用。
- 了解 Struts 框架的原理和应用。

MVC（Model-View-Controller）是指模型-视图-控制器，主要目的是实现软件系统的职能分工。Model 层实现系统的业务逻辑；View 层用于与用户的交互；Controller 层是接收用户输入并调用相应 Model 完成用户需求，以及确定相应 View 显示 Model 处理返回的数据。Struts 是基于 MVC 的 Java Web 框架，ActionMapping、ActionForward、Action、ActionServlet 及 ActionForm 等类构成了 Struts 框架的组件。

5.1 MVC 风格

5.1.1 MVC 风格概述

软件系统的用户界面经常发生变化。例如，在新增加功能时菜单上需要有所反映，在不同的系统平台之间有不同的外观标准，用户界面还要适应不同用户的喜好与风格，甚至需要在运行中改变等。而且，可能需要为一个内核开发多种界面。因此，用户界面显然不能与功能内核紧密结合。

MVC 是 1979 年由 Trygve Reenskaug（挪威奥斯陆大学教授）提出，在 Xerox PARC（施乐帕克）研究中心用于 Smalltalk 语言。20 世纪 90 年代末，MVC 被划为一种软件体系结构风格。

MVC 风格是交互式应用程序广泛使用的一种体系结构，可以按照模型、表达方式和行为等角色把一个应用系统的各个部分之间的耦合解脱、分割开。MVC 风格的目标是实现 Model 与 View 的解耦，从而简化软件体系结构，进而使源代码具有更好的灵活性和可维护性。在 Java 以及其他语言中非常流行，广泛使用。

软件体系结构风格是一个系统的高层次策略，涉及大尺度的组件及整体性质，它的好坏可以影响到总体布局和框架性结构。设计模式是中等尺度的结构策略，它实现了一些大尺度组件的行为和它们之间的关系，好坏不会影响到系统的总体布局和总体框架。MVC 风格与合成模式、策略模式、观察者模式联系比较密切，也涉及与以上 3 个模式有关的其他模式。合成模式与装饰模式、享元模式、迭代子模式、访问者模式相关；策略模式与享元模式相关；观察者模式与调停者模式、单例模式相关。

MVC 风格将交互式应用划分为模型、视图和控制器 3 种组件，连接件是显式调用、隐式调用、其他机制（如 HTTP 协议）。

① 模型负责表达和访问商业数据，执行商业逻辑和操作。这一层就是现实生活中功能的软件模拟；在模型层变化时，它将通知视图层并提供后者访问自身状态的能力，同时控制层也可以访问其功能函数以完成相关的任务。

② 视图代表用户交互界面。视图的处理仅限于视图上数据的采集和处理，以及用户的请求，而不包括业务流程的处理，该部分由模型处理。视图层负责显示模型层的内容，它从模型层取得数据并指定这些数据如何被显示出来。在模型层变化的时候，它将自动更新。另外，视图层也会将用户的输入传送给控制器。一个模型端可以有几个视图端，并且可以在需要的时候动态地登记所需视图。当用户通过任何一个视图修改数据时，所有的视图都会按照新数据更新自己。

③ 控制器接收用户的输入并调用模型和视图去完成用户的需求。例如，当单击 Web 页面中的超链接和发送 HTML 表单时，控制器接收请求，并决定调用哪个模型构件去处理请求，然后确定用哪个视图来显示模型处理返回的数据。

模型、视图与控制器的分离，使得一个模型可以具有多个显示视图。如果用户通过某个视图的控制器改变了模型的数据，所有其他依赖于这些数据的视图都应反映到这些变化。因此，无论何时发生了何种数据变化，控制器都会将变化通知所有的视图，导致显示的更新。

MVC 风格的基本原理如图 5-1 所示。

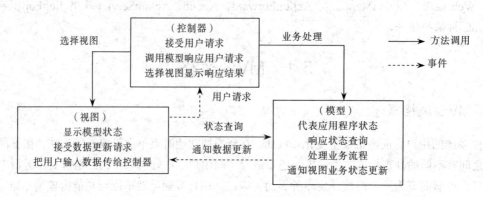

图 5-1　MVC 风格的基本原理

MVC 体系结构的一般形式的类图如图 5-2 所示。

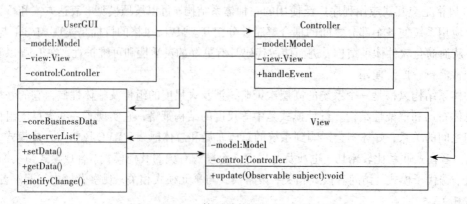

图 5-2　MVC 体系结构的一般形式的类图

　　MVC 风格的优点包括将各方面问题分解开考虑，简化了系统设计，保证了系统的可扩展性；改变界面不影响应用程序的功能内核，使得系统易于演化开发，可维护性好；重用性高，多个视图能够共享一个模型，将数据和业务规则从表示层分开，可以最大化重用代码；业务逻辑更易测试。

　　MVC 风格的缺点是增加了系统结构和实现的复杂性，对于简单的界面严格遵循 MVC，使模型、视图与控制器分离，会增加结构的复杂性，并可能产生过多的更新操作，降低运行效率。它主要用于应用软件的复杂用户界面开发领域中。

5.1.2　MVC 在 Java EE 中的应用

1．JSP 模型

　　Java 技术以 Java Servlet 为基础，推出了 Java Server Page。当一个客户请求一个 JSP 页面时，JSP 引擎根据 JSP 页面生成一个 Java 文件，即一个 Servlet。

　　用 JSP 支持 JavaBeans 这一特点，可以有效地管理页面的静态部分和页面的动态部分。另外，也可以在一个 JSP 页面中调用一个 Servlet 完成动态数据的处理，而让 JSP 页面本身处理静态的信息。因此，开发一个 Web 应用有两种模式可以选择：① JSP+JavaBeans；② JSP+JavaBeans+Servlet。

　　（1）JSP 模型一的架构

　　模型一又称以 JSP 为中心的设计模型，如图 5-3 所示。

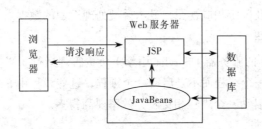

图 5-3　JSP 模型一的架构

　　JSP 负责与客户端通信，处理所有的请求和答复。数据库的存取直接可以由 JSP 完成，也可以由 JavaBean 完成。JavaBean 也可以实现不同的 JSP 之间的通信。

　　① JSP 接到一个客户端请求并处理此请求。

　　② JSP 使用 JavaBean 读取在 Session 对象中或 Application 对象中共享的状态信息，或者通过 JavaBean 存取数据库中的信息。JSP 也可以直接使用数据库中的信息，调用任何其他的 API。

　　③ JSP 可将输出结果格式化为用户可阅读的形式，返还给客户端。

　　显示数据的逻辑和数据在这个模型中有了一定程度的区分，但是商务逻辑是和显示数据的逻辑混合在 JSP 里面，使两者无法独立演化。这是模型一的缺点，在模型二中得到了改进。

　　（2）JSP 模型二的架构

　　模型二又称以 Servlet 为中心的设计模型。与模型一将商务逻辑和显示数据的逻辑混合在 JSP 中的方式不同，模型二将显示数据的逻辑与商务逻辑分割开，从而使得系统的层次更加清楚，如图 5-4 所示。

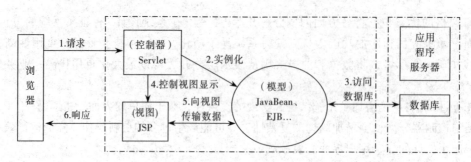

图 5-4 JSP 模型二的架构

采用模型二，可以将页面显示、业务逻辑处理和流程控制很清晰地分离开。JSP 负责数据显示，JavaBean 负责业务逻辑处理，Servlet 负责流程控制，三者各行其职。Web 应用程序使用 MVC 后，不仅实现了显示模板和功能模块的分离，同时还提高了 Web 应用系统的可维护性、可移植性、可扩展性和组件的可重用性。

① 模型（Model）：业务逻辑处理模块，该角色通常由 JavaBean 承担。当模型变化时，它会通知视图，并提供查询模型相应状态的能力。

② 视图（View）：用户界面，该角色通常由 JSP 承担。为用户提供输入手段，并触发控制器（Controller）运行，然后通过模型（Model）获取数据，最终将数据展现给用户。

③ 控制器（Controller）：流程控制模块，该角色通常由 Servlet 承担。接收用户输入并调用相应模型完成用户需求，以及确定相应视图来显示模型处理返回的数据。

2. Servlet 工作原理

Servlet 由支持 Servlet 的服务器（Servlet 引擎）负责管理运行。当多个客户请求一个 Servlet 时，引擎为每个客户启动一个线程而不是启动一个进程，这些线程由 Servlet 引擎服务器来管理，与传统的 CGI 为每个客户启动一个进程相比较，效率要高得多。

（1）Servlet 的生命周期

一个 Java Applet 是 java.applet.Applet 类的子类，该子类的对象由客户端的浏览器负责初始化和运行。Servlet 的运行机制和 Applet 类似，只不过它运行在服务器端。一个 Servlet 是 javax.servlet 包中 HttpServlet 类的子类，由支持 Servlet 的服务器完成该类的对象，即 Servlet 的初始化。

Servlet 的生命周期主要由下列 3 个过程组成：① 初始化 Servlet。Servlet 第一次被请求加载时，服务器初始化这个 Servlet，即创建一个 Servlet 对象，此对象调用 init() 方法完成必要的初始化工作。② Servlet 对象再调用 service() 方法响应客户的请求。③ 当服务器关闭时，调用 destroy() 方法，消灭 Servlet 对象。

init() 方法只被调用一次，即在 Servlet 第一次被请求加载时调用该方法。当后续的客户请求 Servlet 服务时，Web 服务将启动一个新的线程。在该线程中，Servlet 调用 service() 方法响应客户的请求，也就是说，每个客户的每次请求都导致 service() 方法被调用执行。

（2）init() 方法

HttpServlet 类中的方法，可以在 Servlet 中重写这个方法。方法描述：

```
public void init(ServletConfig config) throws ServletException
```

Servlet 第一次被请求加载时，服务器初始化一个 Servlet，即创建一个 Servlet 对象，这个对象调用 init()方法完成必要的初始化工作。该方法在执行时，Servlet 引擎会把一个 SevletConfig 类型的对象传递给 init()方法，这个对象就被保存在 Servlet 对象中，直到 Servlet 对象被消灭。这个 ServletConfig 对象负责向 Servlet 传递服务设置信息，如果传递失败就会发生 ServeletException，Servlet 就不能正常工作。当多个客户请求一个 Servlet 时，引擎为每个客户启动一个线程，那么 Servlet 类的成员变量被所有的线程共享。

（3）service()方法

HttpServlet 类中的方法，可以在 Servlet 中直接继承该方法或重写这个方法。方法描述：

```
public void service(HttpServletRequest request, HttpServletResponse response)
    throw ServletException, IOException
```

当 Servlet 成功创建和初始化之后，Servlet 就调用 service()方法来处理用户的请求并返回响应。Servlet 引擎将两个参数传递给该方法，一个 HttpServletRequest 类型的对象，该对象封装了用户的请求信息，此对象调用相应的方法可以获取封装的信息，即使用这个对象可以获取用户提交的信息。另外一个参数对象是 HttpServletResponse 类型的对象，该对象用来响应用户的请求。同 init()方法不同的是，init()方法只被调用一次，而 service()方法可能被多次调用，当后续的客户请求 Servlet 服务时，Servlet 引擎将启动一个新的线程，在该线程中，Servlet 调用 service()方法响应客户的请求。也就是说，每个客户的每次请求都导致 service()方法被调用执行，调用过程运行在不同的线程中，互不干扰。

（4）destroy()方法

HttpServlet 类中的方法，Servlet 可直接继承这个方法，一般不需要重写。方法描述：

```
public destroy()
```

当 Servlet 引擎终止服务时（如关闭服务器），执行 destroy()方法，使 Servlet 对象消亡。

5.1.3　实例

1. 运用 MVC 实现网站的登录功能

（1）web.xml 的内容

```
<?xml version="1.0" encoding="UTF-8"?>
<web-app version="2.5" xmlns=http://java.sun.com/xml/ns/javaee
  xmlns:xsi=http://www.w3.org/2001/XMLSchema-instance
  xsi:schemaLocation="http://java.sun.com/xml/ns/javaee
  http://java.sun.com/xml/ns/javaee/web-app_2_5.xsd">
  <servlet>
    <description>配置用户登录的 servlet</description>
    <display-name>loginservlet</display-name>
    <servlet-name>loginservlet</servlet-name>
    <servlet-class>servlet.loginservlet</servlet-class>
  </servlet>
  <servlet-mapping>
    <servlet-name>loginservlet</servlet-name>
    <url-pattern>/loginservlet</url-pattern>
  </servlet-mapping>
</web-app>
```

（2）初始用户信息录入界面

```
<%@page contentType="text/html" pageEncoding="UTF-8"%>
<html>
  <head>
    <meta http-equiv="Content-Type" content="text/html; charset=UTF-8">
    <title>Login Page</title>
  </head>
  <body>
    <form method="post" action="loginservlet">
      用户姓名: <input type="text" name="name"><br>
      用户密码: <input type="password" name="pwd"><br>
      <input type="submit" name="submit" value="确定">
    </form>
  </body>
</html>
```

（3）以 teacher 身份登录成功后显示的页面 teacher.jsp

```
<%@page contentType="text/html" pageEncoding="UTF-8"%>
<html>
  <head>
    <meta http-equiv="Content-Type" content="text/html; charset=UTF-8">
    <title>Teacher Page</title>
  </head>
  <body>
    <h1>教师页面! </h1>
  </body>
</html>
```

（4）以 student 身份登录成功后显示的页面 student.jsp

```
<%@page contentType="text/html" pageEncoding="UTF-8"%>
<html>
  <head>
    <meta http-equiv="Content-Type" content="text/html; charset=UTF-8">
    <title>Student Page</title>
  </head>
  <body>
    <h1>学生页面! </h1>
  </body>
</html>
```

（5）出错界面 error.jsp

```
<%@page contentType="text/html" pageEncoding="UTF-8"%>
<html>
  <body>
    <h1>输入有误! </h1>
  </body>
</html>
```

（6）控制器 loginservlet

```java
package servlet;
import bean.*;
import javax.servlet.*;
import javax.servlet.http.*;
import java.io.*;
public class loginservlet extends HttpServlet{
  public void doPost(HttpServletRequest request, HttpServletResponse response)
                                    throws ServletException, IOException{
    String username=request.getParameter("name");
    String password=request.getParameter("pwd");
    userbean user=new userbean();
    user.setUsername(username);
    user.setPwd(password);
    if(user.login()){
      request.setAttribute("user",user);
      if(user.username.equals(user.user1)&& user.pwd.equals(user.password1))
          getServletConfig().getServletContext().getRequestDispatcher("/
            teacher.jsp").forward(request,response);
      if (user.username.equals(user.user2)&& user.pwd.equals(user.password2))
          getServletConfig().getServletContext().getRequestDispatcher("/
            student.jsp").forward(request,response);
    }else{
        getServletConfig().getServletContext().getRequestDispatcher("/error.
jsp").forward(request,response);
    }
  }
  public void doGet(HttpServletRequest request,HttpServletResponse response)
      throws ServletException,IOE xception{
    doPost(request,response);
  }
}
```

（7）JavaBean 模型 userbean

```java
package bean;
public class userbean{
    public String user1="teacher";
    public String password1="teacher";
    public String user2="student";
    public String password2="student";
    public String username="";
    public String pwd="";
    public void setUsername(String username){
      this.username=username;
```

```
    }
    public String getUsername(){
      return this.username;
    }
    public void setPwd(String password){
      this.pwd=password;
    }
    public String getPwd(){
      return this.pwd;
    }
    public boolean login(){
      boolean temp=false;
      if(username.equals(user1)&&pwd.equals(password1)){
        temp=true;
      }else if(username.equals(user2)&&pwd.equals(password2)){
        temp=true;
      }else {
        temp=false;
      }
      return temp;
    }
}
```

上面的系统中,组件是 userbean 模型,teacher.jsp、student.jsp 和 error.jsp 视图,以及 loginservlet 控制器。

连接件如下：控制器类 loginservlet 调用模型类 userbean 中的 login()方法,判断用户名和密码是否正确。若错误,则控制器类 loginservlet 调用 error.jsp,显示错误页面。若正确,再根据用户信息,如果是 teacher,则控制器类 loginservlet 调用 teacher,jsp；如果是 student,则控制器类 loginservlet 调用 student.jsp。控制器类 loginservlet 控制 error.jsp、teacher,jsp 和 student.jsp 三个视图的显示。

2. 基于 MVC 体系结构的二手车拍卖系统

本系统基于 MVC 体系结构的设计如图 5-5 所示。

CarModel 封装二手车软件的业务逻辑部分,包括核心数据（待拍卖车的图片、文字介绍等）；也包含了 tell()方法,用于告诉视图类 CarModel 的状态改变了。

```
public class CarModel{
    private String[] carNameList;
    private URL imgURL;
    private URL carFileUrl;
    private ImageIcon imgIcon;
    private String carSelected;
    private String bitPrice;
    static final String CARFILES="CarFiles/";
    static final String CARIMAGES="CarImages/";
        ...
    public void tell(View view){
```

```
        view.update();
    }
}
```

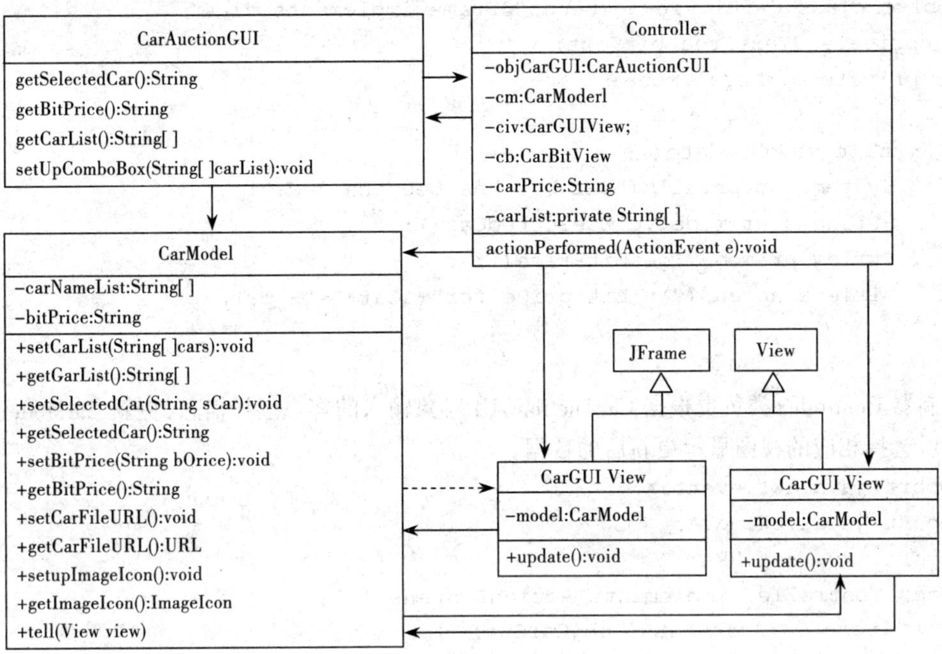

图 5-5　二手车拍卖系统——基于 MVC 体系结构的设计

CarGUIView 类与 CarBitView 类是视图类，本例中是图形界面类，功能是单独显示车的图片、文字介绍以及拍卖报价等信息。在这两个类的 update()方法中，调用 CarModel 类中待拍卖车的有关信息，然后将最新的数据更新到它们所形成的图形界面上。

```java
public interface View{
    public abstract void update();
}
public class CarGUIView extends JFrame implements View{
    private JEditorPane editorPane;
    private JLabel imgLabel;
    private CarModel model;
    public void update(){
      try{
          URL url=model.getCarFileURL();
          editorPane.setPage(url);
          System.out.println("We have been called.");
      }catch (IOException e){
          e.printStackTrace();
      }
      ImageIcon imIcon=model.getImageIcon();
      imgLabel.setIcon(imIcon);
```

```
            imgLabel.validate();
        }
    }
public class CarBitView extends JFrame implements View{
    private JTextArea bitText;
    private CarModel model;
        ...
    public void update(){
        System.out.println("Car bit has been called.");
        String sCar=model.getSelectedCar();
        String pr=model.getBitPrice();
        bitText.append("\n Bit price for"+sCar+"="+ pr);
    }
}
```

控制器 Controller 类负责根据 CarAuctionGUI 对象输入的客户选择信息，更新 CarModel 类的数据，然后选择相应的视图显示更新后的数据。

```
import java.awt.event.*;
import javax.swing.*;
import java.net.URL;
class Controller implements ActionListener{
    private CarAuctionGUI objCarGui;
    private CarModel cm;
    private CarGUIView civ;
    private CarBitView cb;
    private String carPrice;
    private String[] carList;
    public void actionPerformed(ActionEvent e){
        String searchResult=null;
        if (e.getActionCommand().equals(CarAuctionGUI.EXIT)){
            System.exit(1);
        }
        if (e.getActionCommand().equals(CarAuctionGUI.SEARCH)){
            String selectedCar=objCarGui.getSelectedCar();
            cm.setSelectedCar(selectedCar);
            cm.setCarFileURL();
            cm.setupImageIcon();
            cm.tell(civ);        //civ.update();
        }
        if (e.getActionCommand().equals(CarAuctionGUI.BIT)){
            carPrice=objCarGui.getBitPrice();
            cm.setBitPrice(carPrice);
            cm.tell(cb);         //cb.update();
        }
    }
}
```

主界面主要代码如下：

```java
public class CarAuctionGUI extends JPanel{
    private static CarModel cm;
    private static CarGUIView civ;
    private static CarBitView cb;
    public static final String SEARCH="Search";
    public static final String BIT="Bit";
    public static final String EXIT="Exit";
    public CarAuctionGUI(){
        super(new GridLayout(1,0));
        setUpGUI();
    }
    private void setUpGUI(){
        ...
        JButton srchButton=new JButton(SEARCH);
        srchButton.setMnemonic(KeyEvent.VK_S);
        JButton exitButton=new JButton(EXIT);
        exitButton.setMnemonic(KeyEvent.VK_X);
        JButton bitButton=new JButton(BIT);
        bitButton.setMnemonic(KeyEvent.VK_X);
        ...
        Controller objButtonHandler=new Controller(this,cm,civ,cb);
        srchButton.addActionListener(objButtonHandler);
        exitButton.addActionListener(objButtonHandler);
        bitButton.addActionListener(objButtonHandler);
        ...
    }
    private static void createAndShowGUI(){
        ...
        CarAuctionGUI newContentPane=new CarAuctionGUI();
        ...
    }
    static public void main(String argv[]){
        ...
    cm=new CarModel();
        civ=new CarGUIView(cm);
        cb=new CarBitView(cm);
        createAndShowGUI();
        ...
    }
}
```

上面的系统中，组件有模型类 CarModel、视图类 CararGUIView 和 CarBitView、控制器类 Controller。

连接件如下：① 控制器类 Controller 中的 actionPerformed()方法创建模型类 CarModel 的对象，调用该类中的 tell()方法。② 模型类 CarModel 中的 tell()方法参数是 View 接口的对象，根据传入的具体子类对象，调用视图类 CarGUIView 或者 CarBitView 中的 update()方法，update()方法调用 CarModel 类的相关信息，并显示在图形界面上。③ 控制器类 Controller 调用模型类 CarModel 中的 tell()方法时，cm.tell(civ) 或者 cm.tell(cb)方法的参数是 CarGUIView 类或者 CarBitView 类的对象。控制器 Controller 根据实际情况进行视图选择，显示相应的视图。其实，控制器类 Controller 中可以直接调用视图类 civ.update()或者 cb.update()，显示数据信息，而不用通过 tell()方法。

5.2　Struts 框架

5.2.1　Struts 框架概述

体系结构是软件的骨架，是最重要的基础。体系结构涉及每一步骤中，一般在获取需要的同时，就应开始分析软件的体系结构。体系结构一般由各个大的功能模块组合而成，然后描述各个部分的关系。

框架亦可称为应用架构。框架的一般定义：在特定领域基于体系结构的可复用的设计，也可以认为框架是体系结构在特定领域下的应用。

框架不是软件体系结构。体系结构确定了系统整体结构、层次划分，考虑了不同部分之间的协作等设计。框架比软件体系机构更具体，更偏重于技术实现。确定框架后，软件体系结构也随之确定，而对于同一软件体系结构（如 MVC），可以通过多种框架来实现，如 Structs 框架就是 MVC 风格的一种 Java 实现。

在框架之下就是设计模式，设计模式一般应用在框架之中，也可以说是对框架的补充。因为框架只是提供了一个环境，需要往里面填入更多的东西。无论是否应用了设计模式，都可以实现软件的功能，而正确应用了设计模式，是对前人软件的设计或实现方法的一种继承，从而让软件性能更好。

例如建造房子时，房子按功能可分为墙壁、地板、照明等模块，它们是按照哪种样式来组成的、房子是四方的还是圆形的等问题，就是房子的体系结构问题。在体系结构之下，可以把框架应用在每个模块中，墙壁可以包括窗户、门等，窗户和门组成的就是一种框架。而窗户存在的形状是大还是小的问题，挑选什么样的窗户就是设计模式。

目前，比较成熟的 MVC 实现框架有 Struts、Maverick、WebWork 和 Turbine 等。

① Struts 是 Apache 开源软件联盟（www.apache.org）提供的一套用于构建 Java Web 应用程序的框架。其目标是分离 Web 程序的表示层、控制层和业务逻辑层，即实现 MVC，使程序员将更多精力投放在业务逻辑层的程序设计上，而不是底层的 Web 基础框架上。

Struts 提供了自己的控制器组件，并可以融合许多先进的技术来提供后台模型与前端视图。对后台模型来说，Struts 可以与 JDBC 技术和 EJB 技术集成，或者与一些优秀的第三方软件包交互，如 Hibernate；在视图方面，Struts 使用了 JSP 技术，并可将标记库技术、JSP 技术、Velocity 模板和 XSLT 技术等同时用于表示层。

② Maverick 也是一个基于 MVC 的 Web 框架。与 Struts 相比，Maverick 提供了一个更加灵活的轻量级 Web 框架。其核心层设计简洁、功能强大、可扩展性强，而且其最大的好处是可以采用多种模板和转换技术实现表示层逻辑，如 JSP、Velocity 或 XSLT。

③ WebWork 是一个开放源代码的 Web 应用框架，目的在于简化 Web 应用开发。它相当于

Struts 的一个轻量级版本，其功能和架构与 Struts 非常相像。

④ Turbine 也是一个 MVC 的 Java Web 框架，与 Struts 的不同是，其设计思路决定了它是一个 Web 应用的完整解决方案。Struts 其实只是很好地解决了 MVC 中 V 和 C 的部分，也就是视图和控制器部分，对于后台业务模型部分并没有做太多的规定，而是留给用户自己处理。Turbine 则在这方面做出了许多改变，它使用了 Torque 和 Peers 进行数据层的管理，更好地实现了模型部分。另外，它还可使用 Velocity 或 XSLT 等作为表示层工具，使表示的功能更加强大。

1. Struts 软件包

（1）下载和安装

Struts 是 Apache Jakarta 项目于 2001 年推出的一个开源 Java Web 框架，它很好地实现了 MVC（模型、视图和控制器）。通过一个配置文件，它把各个层面的应用组件联系起来，使组件在程序层面上联系较少，耦合度较低，这就大大提高了应用程序的可维护性和可扩展性。因此，Struts 一经推出，立刻受到了业界的追捧。它的核心框架 API 包含在 Struts 软件包中。因此，要使用 Struts 构建 Java Web 应用程序，首先要从 Apache 网站下载 Struts 的软件包，下载后解压缩并放到指定目录中。

（2）Struts 软件包的组成

Struts 框架大约由 300 个 Java 类组成，分为 config、action、actions、tiles、upload、taglib、util 和 validator 八个核心包。表 5-1 列出了这些核心包，并对它们的用途做了简单说明。

表 5-1　Struts 框架中的核心包

包　名	说　明
action	包含控制器类（ActionForm 及 ActionMessages），以及其他几个必要的框架组件
actions	包含立即可用的 Action 类，例如 DispatchAction，允许应用程序使用或对它进行扩展
config	包括配置（Configuration）类，可用来在内存中存储 Struts 配置文件的内容
taglib	包含标记处理器（Tag Handler）类，处理的对象是 Struts 标记库
tiles	包含 Tiles 框架所使用的类
upload	所包含的类允许用浏览器从本地文件系统上载或下载文件
util	包含整个框架都用得到的通用工具类
validator	包含 Struts 特有的扩展类，可供 Struts 部署验证器（Validator）时使用。实际的 Validator 类和接口独立于 Struts 之外，被放在 commons 包中

2. Struts 的基本原理

Struts 是一个开源的、基于 MVC 的 Java Web 框架。它定义了标签库实现视图层，创建了一个内在的 Servlet——ActionServlet 作为控制器，建立了 Action 类的对象实现业务逻辑。视图组件与业务逻辑组件的关系在 struts-config.xml 配置文件中声明。Struts 的工作原理如图 5-6 所示。

当 Struts 应用程序启动时，首先从 struts-config.xml 文件中读取相关信息。根据这些信息，控制器 ActionServlet 可以知道把视图中的请求转发给哪个业务逻辑组件处理。视图组件、控制器与业务逻辑组件之间没有代码上的联系，它们之间的关系在 struts-config.xml 中声明，这样就保证了 Web 应用程序的可移植性和可维护性，因而受到业界的认可，成为主流的 Java Web 应用框架。

Struts 的核心 API 构成了 Struts 框架中的控制器组件、视图组件和模型组件，包括 Action、ActionServlet、ActionForm、ActionMapping 及 ActionForward 等。

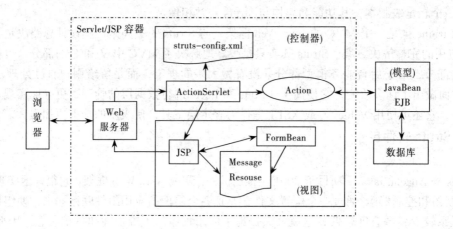

图 5-6　Struts 的工作原理

5.2.2　Struts 框架的组件

1．Struts 配置文件 struts-config.xml

Struts 配置文件 struts-config.xml 是整个 Struts 应用程序的枢纽，Struts 应用的各个组件及其关系均在该文件中声明。该文件主要包含 <form-beans>和<action-mappings>等元素，用以对 ActionForm 和 Action 等对象进行声明。下面是一个简单的 struts-config.xml 示例。

```xml
<?xml version="1.0" encoding="UTF-8"?>
<!DOCTYPE struts-config PUBLIC "-//Apache Software Foundation
//DTD Struts Configuration 1.0//EN"
"http://jakarta.apache.org/struts/dtds/struts-config_1_0.dtd">
<struts-config>
  <form-beans>
    <form-bean name="loginActionForm" type="login.loginActionForm"/>
  </form-beans>
  <action-mappings>
    <action name="loginActionForm" type="login.loginAction"
      validate="false" input="/login.jsp" scope="request" path="/loginAction">
      <forward name="Success" path="/main.jsp"/>
      <forward name="Fail" path="/register.jsp"/>
    </action>
  </action-mappings>
</struts-config>
```

2．控制器组件

MVC 应用程序中的控制器组件的责任主要包括从客户端接收输入数据、调用业务操作，以及决定返回给客户何种视图。

采用 JSP Model 2 的方式构建应用程序时，控制器是由 Java Servlet 来实现的。这个 Servlet 是控制 Web 应用程序的关键，Servlet 会把用户的动作映射到各种业务操作，然后再根据请求和其他状态信息来选择要返回何种视图给客户。对于 Struts 框架而言，控制器的各项功能是由

ActionServlet、ActionMapping、ActionForward 和 Action 等多个不同的组件来实现。

（1）Struts 的 ActionServlet 类

ActionServlet 类是 Struts 的核心控制器，扩展了 javax.servlet.http.HttpServlet 类，把 HTTP 消息打包起来并传送到框架中合适的处理器。ActionServlet 类不是抽象类，应用程序可把它作为具体的控制器来使用。Struts 框架 1.1 版引入了类 org.apache.struts.action.RequestProcessor 为控制器处理请求。把请求的处理责任从 ActionServlet 分离出来，用户有了灵活性，可以继承 RequestProcessor 类，编写自己的子类，并修改请求的处理方式。

与任何 Java Servlet 一样，Struts 的 ActionServlet 必须在 Web 应用程序所使用的部署描述文件 web.xml 中配置。一旦控制器收到客户请求，便会把这个请求的处理委托给 org.apache. struts.action.Action 类的子类，执行跟请求动作有关的业务操作。

（2）Action 类

Struts 框架的 org.apache.struts.action.Action 类是控制器组件的一个扩展，把用户的动作与一个业务操作连接起来。Action 类可以使用户请求和业务模型松散耦合，让用户请求和 Action 类之间不局限于一对一的对应关系。Action 类在调用业务操作之前，也可以完成认证、日志记录和会话验证等其他功能。

Struts 的 Action 类包含了多个方法，其中最重要的是 execute()方法，如下所示：

```
public ActionForward execute(ActionMapping mapping, ActionForm form,
    HttpServletRequest request,HttpServletResponse response)throws Exception;
```

当控制器收到来自用户的请求后调用 execute()方法。如果 Action 类的实例不存在，控制器就会创建一个 Action 类的实例。Struts 框架只在应用程序中为每个 Action 类创建一个实例，因为所有的用户都只有同一个实例，所以用户必须确保自己的 Action 类在多线程的环境中能够正确运行。

（3）ActionMapping

当控制器收到一个请求时，它通过查看请求信息并使用一组动作映射（Action Mapping）来决定调用哪个 Action 实例。

动作映射是 Struts 配置文件 struts-config.xml 的一部分配置信息。这个配置文件会在 Struts 启动时加载到内存中，让 Struts 框架得以在运行时加以利用。该配置文件中每个 action 元素的信息在内存中都会被表示成 org.apache.struts.action.ActionMapping 类的实例。ActionMapping 对象包括一个 path 属性，用来与外部请求的 URL 匹配。

（4）ActionForward 类

ActionForward 类确定向客户返回什么视图。Action 类的 execute()方法的返回类型是 org.apache. struts.action.ActionForward 类。ActionForward 类所表示的是在 Action 完成之后，控制器要转交控制权的地方。此时不是在程序代码中指定实际的 JSP 页面，而是以声明的方式把某个动作的转发映射与 JSP 页面相关联，然后在整个应用程序中使用那个 ActionForward 对象。

动作转发（Action Forward）类似于动作映射，也是在 Struts 配置文件 struts-config.xml 中指定的。例如，以下转发就是针对注销（Log Out）动作映射而指定的：

```
<action path ="/logout" type="login.LogoutAction" scope="request">
    <forward name="OK" path="/login.jsp" redirect="true"/>
</action>
```

注销动作声明了一个 forward 元素，取名为 OK，它把页面转发到 "/login.jsp" 页面。在此指定了 redirect 属性并将其设置为 true，也就是并非使用 RequestDispatcher 完成转发，而是会重定向请求。

3. 视图组件

Struts 应用程序中常见的视图组件有 JSP 页面、ActionForm、Struts 标记、Java 资源包。

（1）ActionForm 类

ActionForm 又称 form bean，Struts 框架的 ActionForm 对象用来在用户和业务层之间传输用户的输入数据。Struts 框架自动从请求中收集输入数据，再将这些数据交给一个使用 form bean 的 Action 对象，接着 form bean 可以再交给业务层。下面是 Struts 框架处理每个请求相应的 ActionForm 对象的步骤：

① 检查该项动作的相应映射，查看是否已经有某个 ActionForm 得到配置。

② 如果对应这个动作配置了某个 ActionForm，则使用 action 元素中的 name 属性来查找 form bean 的配置信息。

③ 查看是否已经创建了 ActionForm 的一个实例。

④ 如果在适当的作用域内已经存在一个 ActionForm 实例，而且这个实例的类型正是这个新请求所需要的类型，则复用这个实例。

⑤ 如果并没有 ActionForm 实例在适当作用域内，则创建所需 ActionForm 的一个新实例，并存储在适当的作用域（由 action 元素的 scope 属性设置）。

⑥ 调用 ActionForm 实例的 reset()方法。

⑦ 反复处理请求参数，如果参数名在 ActionForm 实例中具有对应的设置方法，就为它填上该请求参数的值。

⑧ 如果 validate 属性的值设置为 true，则调用 ActionForm 实例的 validate()方法，并返回所出现的任何错误。

如果 HTML 页面表单数据是以 POST 方法传输的，就使用 ActionForm。只要 HTML 字段能和 ActionForm 对象的属性匹配，必要时相同的 ActionForm 可以同时给多个页面使用。

ActionForm 类实现了多个方法，最重要的两个方法是 reset()和 validate()：

```
public void reset(ActionMapping mapping, HttpServletRequest request);
public ActionErrors validate(ActionMapping mapping, HttpServletRequest
    request);
```

这两个方法的默认实现是不完成任何默认的逻辑。用户必须在自己的 ActionForm 类中覆盖这两个方法。以下代码是一个简单的 ActionForm 示例。

```
import org.apache.struts.action.*;
import javax.servlet.http.*;
public class loginActionForm extends ActionForm{
    private String username;
    public String getUsername(){
        return username;
    }
    public void setUsername(String username){
        this.username=username;
    }
```

```
public ActionErrors validate(ActionMapping actionMapping,
    HttpServletRequest httpServletRequest){
    return null;
}
public void reset(ActionMapping actionMapping,
    HttpServletRequest httpServletRequest){
}
}
```

因为 form bean 实例可能会由多个请求共享或者由好几个不同线程所访问,控制器在把请求中的表单数据填入 ActionForm 实例之前,可以调用 reset()方法将 ActionForm 的性质重新设置回原来的默认状态。如果好几页共享一个 ActionForm 实例,不必实现 reset()方法,这样只要还在用这个实例,属性的值就不会被重新设置。另一种做法就是实现用户自己的 resetFields()方法,在成功更新业务后,从这个 Action 类来调用此方法。

当请求中所携带的数据插入 ActionForm 实例后,控制器会调用 validate()方法,对输入数据完成必要的验证工作后,向控制器返回检测到的错误。业务逻辑验证应该在业务对象中而不是在 ActionForm 中来完成,在 ActionForm 中所进行的验证工作只是表示层的验证。

DynaActionForm 类可以配置给动作映射,自动处理从 HTML 表单传递给这个 Action 对象的数据。

（2）Struts 标记库

Struts 框架提供了 HTML 标记库、Bean 标记库、Logic 标记库、Nested 标记库、Template 标记库,以及 Tiles 标记库 6 个核心标记库,供用户的应用程序使用。每个标记库有不同的用途,可以单独使用,也可以互相搭配使用。

在应用程序中使用这些标记库前,先在 web.xml 文件中向 Web 应用程序注册这些标记库。用户只需注册准备在应用程序中使用的标记库即可。例如,使用 HTML 标记库必须把下列代码段加进 Web 应用程序的部署描述文件 web.xml 中:

```
<taglib>
    <taglib-uri>/WEB-INF/struts-html.tld</taglib-uri>
    <taglib-location>/WEB-INF/struts-html.tld</taglib-location>
</taglib>
```

下一步是创建 JSP 页面,然后根据页面所需要的标记库,引入必要的 taglib 元素:

```
<%@ taglib uri=" /WEB-INF/struts-html.tld" prefix="html"%>
```

完成上述步骤之后,再把所需要的 JAR 文件放进 Web 应用程序的 CLASSPATH,即/WEB-INF 目录下,这样就可以在 JSP 页面中使用这些 Struts 自定义的标记。

（3）使用消息资源包

Java 有一些内置的功能可帮助支持国际化,Struts 利用这些功能来提供更多的支持,快速而有效地让 Web 应用程序用于不同的自然语言环境下。

Java 库中有一组类允许从 Java 类或属性文件中读取消息资源。这组类中的核心类是 java.util.ResourceBundle。Struts 框架也提供了一组类似的类,基类是 org.apache.struts.util. MessageResources 类。

Struts 应用程序支持的每种语言都必须提供一个相应的资源包。类名或属性文件名都必须遵循 Java 文档（JavaDocs）对 java.util.ResourceBundle 类所给出的原则来命名。例如，下面的代码是登录系统的一个资源文件。它定义了一些标题、按钮和图像的"键-值"对。可以通过"键"来获得其对应的"值"。

```
#页面标题
title.login=Login
#按钮标签
label.button.login=Login
#图像
image.logo=image/logo.gif
image.logo.alt=Struts Online Login
```

下面代码使用 title.login 键，将值插到页面中的<title>…</title>标记中间：

```
<title><bean:message key="title.login"/></title>
```

当这个 HTML 页面运行时，title.login 对应的值 Login 从该资源文件读取出来，然后在该页面的标题处显示出来。

可以定义多个 MessageResource 把不同类型的资源放进单独的资源包里，例如可以把某个应用程序的图像资源存储在一个资源包里，而把其余资源存放在另一个资源包里。

4．模型组件

Struts 框架在模型组件上没有太多支持，Struts 模型组件可使用 JavaBeans 或 EJB（Enterprise JavaBeans）。

5.2.3 实例

下面的例子运用 Struts 框架实现登录的基本功能。

1．创建视图组件

分别创建登录页面 login.jsp、成功页面 right.jsp 和失败页面 error.jsp。

（1）login.jsp 的主要代码

```
<%@ page contentType="text/html;charset=GBK" language="java" %>
<body vLink="#006666" link="#003366" bgColor="#E0F0F8">
<img height="33" src="enter.gif" width="148">
<form action="login.do" method="post">
  用户名:  <input size="15" name="name"><p>
  密  码:  <input type="password" size="15" name="psw"><p>
  <input type="submit" value="登录">
</form>
```

（2）right.jsp 的主要代码

```
<%@ page contentType="text/html;charset=GBK" language="java" %>
<%@ page import="classmate.*" %>
<%
  UserForm formBean1=(UserForm)request.getAttribute("formBean1");
  if(formBean1!=null && formBean1.getName()!=null){
%>
<h1><img src="smile.gif">
```

热烈地欢迎您，
```
<%=formBean1.getName()%> 同学!
<%
  }else{
%>
```
您无权访问本页面!
```
<%}
%>
</h1><br>
<a href="login.jsp">重新登录</a>
```
（3）error.jsp 的主要代码
```
<%@ page contentType="text/html;charset=GBK" language="java" %>
<h1><p><img src="cry.gif">对不起,登录失败!
</p></h1>
<a href="login.jsp">重新登录</a>
```

2. 创建模型组件。

```java
package classmate;
public class User{
    private String username;        //用户名
    private String psw;             //密码
    //生成 set 和 get 的属性方法
    public String getPsw(){
        return psw;
    }
    public void setPsw(String psw){
        this.psw=psw;
    }
    public String getUsername(){
        return username;
    }
    public void setUsername(String username){
        this.username=username;
    }
    //检查用户是否合法的方法
    public static boolean checkUser(String username,String psw)throws
Exception{
        boolean tag=false;
        if (username.equals("admin")&&psw.equals("admin")){
            tag=true;
        }
        return tag;
    }
}
```

3．创建控制器组件

（1）复制.jar 文件

将 Struts 解压包目录下的所有.jar 文件全部复制到新建项目的 web-inf 文件夹的 lib 子文件夹下。

（2）创建 UserForm.java（ActionForm Servlet）的主要代码

```java
package classmate;
import org.apache.struts.action.ActionForm;
public class UserForm extends ActionForm{
    private String name=null;          //用户名
    private String psw=null;           //密码
    public UserForm(){}
    public void setName(String name){
        this.name = name;
    }
    public String getName(){
        return name;
    }
    public void setPsw(String psw){
        this.psw=psw;
    }
    public String getPsw(){
        return psw;
    }
}
```

（3）创建 LoginAction.java（Action Servlet）的主要代码

```java
package classmate;
import javax.servlet.http.HttpServletRequest;
import javax.servlet.http.HttpServletResponse;
import org.apache.struts.action.Action;
import org.apache.struts.action.ActionForm;
import org.apache.struts.action.ActionForward;
import org.apache.struts.action.ActionMapping;
public final class LoginAction extends Action{
  public ActionForward execute(ActionMapping mapping,ActionForm form,
     HttpServletRequest request,  HttpServletResponse response) throws
       Exception{
    UserForm userform=(UserForm) form;
    String name=userform.getName();
    String psw=userform.getPsw();
    if (User.checkUser(name, psw)){
        return mapping.findForward("successed");
    }else{
        return mapping.findForward("failed");
    }
  }
}
```

4. 创建配置文件 web.xml 和 struts-config.xml

（1）web.xml 的主要内容

```xml
<?xml version="1.0" encoding="ISO-8859-1"?>
<!DOCTYPE web-app
  PUBLIC "-//Sun Microsystems, Inc.//DTD Web Application 2.3//EN"
  "http://java.sun.com/dtd/web-app_2_3.dtd">
<web-app>
  <!-- Action Servlet Configuration -->
  <servlet>
    <servlet-name>actionServlet</servlet-name>
    <servlet-class>org.apache.struts.action.ActionServlet</servlet-class>
  </servlet>
  <!-- Action Servlet Mapping -->
  <servlet-mapping>
    <servlet-name>actionServlet</servlet-name>
    <url-pattern>*.do</url-pattern>
  </servlet-mapping>
  <!-- The Welcome File List -->
  <welcome-file-list>
    <welcome-file>login.jsp</welcome-file>
  </welcome-file-list>
</web-app>
```

（2）struts-config.xml 的主要内容

```xml
<?xml version="1.0" encoding="ISO-8859-1" ?>
<!DOCTYPE struts-config PUBLIC
  "-//Apache Software Foundation//DTD Struts Configuration 1.1//EN"
  "http://jakarta.apache.org/struts/dtds/struts-config_1_1.dtd">
<struts-config>
  <form-beans>
    <form-bean name="formBean1" type="classmate.UserForm"/>
  </form-beans>

  <global-forwards>
    <forward name="failed" path="/error.jsp"/>
    <forward name="successed" path="/right.jsp"/>
  </global-forwards>

  <action-mappings>
    <action path="/login" type="classmate.LoginAction" name="formBean1"
 scope="request" input="/login.jsp" />
    <action path="/regist" forward="/regist.jsp"/>
  </action-mappings>
</struts-config>
```

习　题

1. MVC 中组件、连接件分别是什么？
2. 简述 MVC 工作机制和特点。
3. 在 Java EE 中如何运用 MVC？
4. 编写基本的 MVC 程序，画出相关类图。
5. 分别简述 Struts 框架的概念和基本原理。

第 **6** 章 软件设计的目标

学习目标

- 理解软件设计的正确性、健壮性、高效性目标。
- 掌握软件设计的可复用性目标。
- 掌握软件设计的可维护性目标。
- 了解软件设计度量、软件再工程和逆向工程。

软件设计的最终目标是得到满足软件需求的、明确的、可行的、高质量的软件解决方案。软件设计的工作和结果要满足软件需求规格说明中提出的功能和性能要求；软件设计模型要易于理解，设计方案的实现过程中不需要再面对影响软件功能和质量的技术抉择或权衡；设计模型在可用的技术平台和资源条件下，采用预定的程序设计语言就可以完整地实现；设计模型不仅要给出功能需求的实现方案，该方案还要适应非功能需求，依照设计模型构造的软件产品，在正确性、有效性、可靠性和可修改性等方面要有良好的软件质量属性。

6.1 概　　述

6.1.1 基本概念

本章主要讲述软件设计的正确性、健壮性、可复用性、可维护性和高效性目标。

① 正确性：指设计符合需求，代码按照要求执行。通常对给定的需求可能有多种正确的设计。

② 健壮性：如果在出现错误时应用程序也能执行，那么设计是具有健壮性的；错误的种类有很多，用户在操作应用程序时会出现一些错误，软件开发者在设计和编码时也会犯一些错误。

③ 可复用性：指可以将其方便地移植到其他应用中。

④ 可维护性：一个可维护性的设计意味着可以很容易地对其进行修改。

⑤ 高效性：有两个方面——时间效率和空间效率。

在进行软件设计时，首要目标是满足需求，同时还要满足需求中一些合理的变化。

极限程序设计的目标只是正确性，而可维护性及可复用性设计的目标是能适应未来许多需求变化。缺少经验的设计者进行可维护性设计会消耗一定的时间，比较费力，这正是进行极限编程时所要避免的，因此在极限设计中通常会避开可维护性的问题。另一方面，对于经验丰富的设计者而言，即使是在极限的环境下，进行合理的可维护性设计也不会花费太多的时间。但是，可维护性的设计会使代码行数增加，对于 PDA 这样的设备是个制约因素。

6.1.2 实例与分析

用 Java 语言实现一个计算器程序，输入两个数，相除得到结果。

```java
import java.io.*;
class Calculator{
    public static void main(String[] args) throws IOException{
        BufferedReader b=new BufferedReader(new InputStreamReader(System.in));
        System.out.print("请输入数字A: ");
        String A=b.readLine();                //输入错误怎么办？
        System.out.print ("请输入数字B: ");
        String B=b.readLine();
        int C=(new Integer(A)).intValue()/(new Integer(B)).intValue();
                                        //B=0怎么办？
        System.out.println ("结果是: "+C);
    }
}
```

分析一下实现方法的特点和需要考虑的问题：

① 要求的功能实现了，所以正确性是满足的。

② 假如用户输入出错，系统将崩溃或出现不可预知的结果，所以健壮性存在问题。

③ Calculator 类是专门为特殊问题制定的，所以不能作为整体复用。所以，可复用性存在问题。

④ 要修改 Calculator 类比较困难。加一个减法功能，会发现增加功能需要修改原来的类，这就违背了开-闭原则，所以可维护性存在问题。

⑤ 执行速度怎样？需要多少内存？这是高效性的问题。应用程序要在真实的计算机上运行，并且被人们使用。而计算机的内存是有限的，同时用户也不愿意长时间等待应用程序完成操作。本程序较简单，可不考虑这方面的内容。

6.2 健 壮 性

6.2.1 概念与实例

如果设计或实现能处理各种各样的异常情况，比如数据错误、用户错误、环境条件，那么这个设计是健壮的。为了提高健壮性，需要防止错误输入，包括用户输入，数据通信、其他应用程序的方法调用等非用户的输入；还要防止开发错误，包括错误的设计和错误的实现。

上小节程序的一种执行结果如下：

```
请输入数字A: 12
请输入数字B: 2
结果是: 6
```

B=0 时的执行结果如下，程序出错：

```
请输入数字A: 12
请输入数字B: 0
```

```
Exception in thread "main" java.lang.ArithmeticException:/by zero
    at Calculator.main(Calculator.java:9)
```

可以修改 Calculator 类的代码，当用户输入不合理的数据时，程序提示用户再次输入，程序仍然能够继续执行，得到健壮的交互方式。下面的程序具有了一定的健壮性：

```java
import java.io.*;
import java.util.*;
class CommandLineCalculator{
    private int accumulatedValue=0;
    public CommandLineCalculator(){
        super();
    }
    private static String getAnInputFromUser(){
        try{
            BufferedReader b=new BufferedReader(new InputStreamReader(System. in));
            return (b.readLine());
        }catch( IOException e ){
            System.out.println( e+"Input taken to be a single blank.");
            return " ";
        }
    }
    public static void main( String[] args ){
        System.out.print("请输入数字 A: ");
        String A=getAnInputFromUser();
        System.out.print("请输入数字 B: ");
        String B=getAnInputFromUser();
        int amountAdded = 0;
        while(!A.equals("stop")&!B.equals("stop")){
            try{
                int a=(new Integer(A)).intValue();        //不是整数时出错
                int b=(new Integer(B)).intValue();        //不是整数时出错
                int c=a/b;                                //b=0 时出错
                System.out.println ("结果是: "+c);
            }catch( Exception e ){                        // 输入的不是整数
                System.out.println( "Sorry -- incorrect entry: Try again." );
            }
            System.out.print("请输入数字 A: ");
            A=getAnInputFromUser();
            System.out.print("请输入数字 B: ");
            B=getAnInputFromUser();
        }
        System.out.println("Application ends." );
    }
}
```

程序运行结果：

```
请输入数字A: 12
请输入数字B: 0
Sorry -- incorrect entry: Try again.
请输入数字A: 12
请输入数字B: 6
结果是: 2
请输入数字A: 12
请输入数字B: stop
Application ends.
```

上面的代码比较健壮。如果这个应用程序通过周期性地将数据保存到文件以避免应用和系统出现错误，那么程序将会更加健壮。如果以速度为代价，将数据发送到远端的存储器，还可以增加健壮性。

但是，上述程序只满足了当前的需求，程序不容易维护，不容易扩展，更不容易复用。

6.2.2 Java 异常处理机制

1. try…catch…finally

异常的处理是通过 try…catch…finally 语句实现的。其语法为：

```
try{
    可能出现异常的正常程序段;
}catch(ExceptionName1 e){    //catch(异常类1 异常类的对象)
    与异常类1有关的处理程序段;
}catch(ExceptionName2 e){
    与异常类2有关的处理程序段;
}
...
}catch(ExceptionNamen e){
    与异常类n有关的处理程序段;
}finally{
    退出异常程序段;
}
```

在 try…catch…finally 语句结构中，catch 语句和 finally 语句是可选的，但是至少要有一个 catch 语句或 finally 语句。

（1）try 语句

捕获异常的第一步是用 try{...}选定捕获异常的范围，由 try 所限定的代码块中的语句，在执行过程中可能会生成异常对象（抛出异常）。这个 try 语句块用来启动 Java 的异常处理机制，可能抛出异常的语句，包括 throw 语句、调用可能抛出异常方法的方法调用语句，都应该包含在这个 try 语句块中。

（2）catch 捕捉异常

当一个异常被抛出时，应该有专门的语句来接收这个被抛出的异常对象，这个过程被称为捕捉异常。当一个异常类的对象被捕捉或接收后，用户程序就会发生流程的跳转，系统中止当前的流程而跳转至专门的异常处理语句块，或直接跳出当前程序和 Java 虚拟机回到操作系统。Java 语言规定，每个 catch 语句块都应该与一个 try 语句块相对应，每个 try 代码块也必须伴随一个或多个 catch 语句，用于处理 try 代码块中所生成的异常事件。catch 语句只需要一个形式参数，参数类型指明它能够捕获的异常类型，这个类必须是 Throwable 的子类，运行时系统通过参数值把被抛出的异常对象传递给 catch 块。

因此，在 Java 程序中，异常对象是依靠以 catch 语句为标志的异常处理语句块来捕捉和处理的。异常处理语句块又称 catch 语句块。在 catch 块中是对异常对象进行处理的代码，与访问其他对象一样，可以访问一个异常对象的变量或调用它的方法。getMessage()是类 Throwable 所提供的方法，用来得到有关异常事件的信息，类 Throwable 还提供了方法 printStackTrace()用来跟踪异常事件发生时执行堆栈的内容。

（3）finally 语句

捕获异常的最后一步是通过 finally 语句为异常处理提供一个统一的出口，使得在控制流转到程序的其他部分以前，能够对程序的状态做统一的管理。不论在 try 代码块中是否发生了异常事件，finally 块中的语句都会被执行。

2．异常的抛出

在 Java 程序运行时如果出现一个可识别的错误，就会生成一个与该错误相对应的异常类的对象，并将其传递给 Java 运行系统，这个过程被称为异常的抛出。根据异常类的不同，抛出异常的方法也不同。

（1）系统自动抛出的异常

系统定义的运行异常，均可由系统自动抛出。例如，程序运行中遇到了以 0 为除数的错误，系统自动抛出对应的算术异常 ArithmeticException，在屏幕上显示：

```
java.lang.ArithmeticException
```

这样的异常是系统预先定义好的类，对应系统中可识别的错误，所以 Java 编译器或 Java 虚拟机遇到这样的错误就会自动中止程序的执行流程，抛出对应的异常。

在 Java 的 Exception 类的子类中，RuntimeException 异常类代表了 Java 虚拟机在运行时所产生的异常，也是最易发生的、最普遍的异常，因此 Java 编译器不对它们进行处理，而是直接交给运行时的系统，否则影响程序的高效性。系统可以只是将其抛出而不做处理，必要时也可以用语句处理它。

其他 Exception 的子类，如 IOException 类和它的子类异常必须要进行处理，否则可能会带来意想不到的结果。

所有的系统定义的编译和运行异常都可以由系统自动抛出，称为标准异常。Java 一般会对应用程序进行完整的异常处理，给用户友好的提示。

（2）语句抛出的异常

用户程序自定义的异常和应用程序特定的异常，是不可能依靠系统声明抛出异常和自动抛出异常的，而必须借助于 throws 和 throw 语句来定义抛出异常，并且确定何种情况算是产生了此种异常对应的错误和抛出这个异常类的新对象。

用 throws 声明抛出异常和用 throw 语句抛出异常对象的语法格式为：

```
修饰符 返回类型 方法名(参数列表) throws 异常类1,异常类2,...{
    ...
```

```
    throw 异常对象;
    ...
}
```

① 一般这种抛出异常的语句应该被定义为在满足一定条件时执行,如把 throw 语句放在 if 分支中,只有当 if 条件得到满足,即用户定义的逻辑错误发生时才执行。

② 自定义被抛出的异常必须是 Throwable 类或其子类的实例。

③ 含有 throw 语句的方法应该在方法头定义中增加如下部分:

```
throws 声明抛出异常类名列表如: 异常类1, 异常类2, ...
```

即将几个 throw 语句可能抛出的异常,均集中列入 throws 中,并用逗号分隔开。声明抛出异常类名列表,就使得异常对象可以依次向后查找,直到有合适的方法捕获它为止。

在系统不能识别和创建用户自定义的异常时,需要编程者在程序中合适的位置创建自定义异常的对象,并利用 throw 语句将这个新异常对象抛出。

6.3 可 复 用 性

6.3.1 基本概念

一个好的设计应该易于修改和复用,这就需要考虑可维护性和复用性,本小节讨论复用性,6.4 节将讨论可维护性。

所谓复用(或者叫重用,Reuse),就是指一个软件的组成部分,可以在同一个项目的不同地方甚至另一个项目中重复使用。一种降低成本、获得最大生产率的方法是利用原有的工作,也就是复用。Java API 的应用就是复用的一个典型例子,Java API 就是可复用的类集合。

可以从代码、类、相关类的聚合(例如,java.awt 包)、类聚合模式——设计模式、组件、框架、软件体系结构等多个方面实现复用。

对于一个已经设计好的类,可以使用继承、聚合、依赖等技术实现复用。具体地说,就是将新创建的类直接说明为已经设计好的类(父类)的子类,通过继承和修改父类的属性与行为完成新创建类的定义;或者,在新创建的类中引进已经设计好的类的对象作为新创建类的成员变量,然后在新创建类中通过成员变量复用已经设计好的类的属性和方法;或者,在新创建类中引进已经设计好的类的对象,作为新创建类中的方法的参数或返回类型。

可以通过减少类的耦合来增加复用性。如果类 A 与类 B 耦合,没有类 B 就不可以使用类 A,这就降低了类 A 的复用性。使用中介者(Mediator)设计模式会减少这种耦合。

6.3.2 例子

已经设计好的类——原始的 Customer 类。
```
class Customer{
    Customer(){
    }
    int Compute(){
        //…
        return 0;
```

```
    }
    //…
}
```

1. 利用继承实现复用

```
class SubCustomer extends Customer{
    SubCustomer(){
    }
    int ComputeSub(){
        int baseAmount=Compute();          //调用父类方法实现复用
        //…
        return baseAmount;
    }
    //…
}
```

2. 利用聚合实现复用

```
class ObjCustomer{
    Customer customer=new Customer();  //创建 Customer 类的对象作为类的成员变量
    //…
    ObjCustomer(){
    }
    int ComputeObj(){
        int amount=customer.Compute();  //使用 Customer 类的对象实现复用
        //…
        return 0;
    }
}
```

3. 利用依赖实现复用

```
class CustomerOper{
    //…
    boolean insert(Customer customer){ //使用 Customer 类的对象作为成员方法的参数
        int amount=customer.Compute();    //使用 Customer 类的对象实现复用
        //…
        return true;
    }
    //…
}
```

或者

```
class CreateCustomer{
    //…
    Customer loadCustomer(){
        Customer customer=new Customer();  //创建 Customer 类的对象
        //…
    return customer;
```

```
    }
    //...
}
```

6.4 可 维 护 性

6.4.1 基本概念

软件工程领域最大的挑战之一就是当应用程序已经做完的时候需求又改变了；当已经决定如何去做的时候，应用程序的目标却变化了。无论如何完善软件需求分析，需求仍然会在项目开发过程中发生变化。设计开始后最好能阻止客户改变需求，但这通常又不太可能。所以，软件设计要具有可维护性，在设计中通常要考虑到将来的变化。这样对于已完成的部分，设计师和程序员也更容易修改。总之，之所以进行灵活的设计，是因为变化是经常出现的。

需求发生改变主要体现在以下几方面，可维护性也体现在这几方面：

① 增加更多同类型功能。例如，在银行应用软件中，处理更多类型的账号而不用改变现存设计、不需要修改已存在的代码。

② 增加新功能，例如，在现有的存款功能上增加取款功能。

③ 修改功能，例如，可以透支取款。

对于前面的计算机程序，为满足可维护性，考虑重构程序，增加一个抽象的运算类。通过继承、多态等面向对象手段，隔离具体加法、减法与客户端的耦合。这样，需求仍然可以满足，还能应对变化。如果再要增加乘法、除法的功能，就不需要去更改加法、减法的类，而是增加乘法和除法子类即可。面对需求，对程序的改动是通过增加新代码进行的，而不改变现有的代码，这就满足了开-封原则。

6.4.2 实例

1. 基于面向对象技术的计算器程序

对于前面的计算器的例子，如果分一个类出来，让计算和显示分开，也就是让业务逻辑与界面逻辑分开，这样它们之间的耦合度就下降了，容易维护或扩展。

```java
class Operation{           //Operation 运算类
    public int getResult(int numberA, int numberB){
      int result=0;
      if (numberB!=0)
          result=numberA/numberB;
      return result;
    }
}
```

客户端代码如下：

```java
import java.io.*;
class client{
    public static void main(String[] args){
      int intNumberA=0, intNumberB=0;
```

```
    try{
        BufferedReader bufR=new BufferedReader(new InputStreamReader
            (System.in));
        System.out.print("请输入数字 A: ");
        try{
            intNumberA=new Integer(bufR.readLine()).intValue();
        }catch(Exception e){
            System.out.println(e);
            System.exit(0);
        }
        System.out.print ("请输入数字 B: ");
        try{
            intNumberB=new Integer(bufR.readLine()).intValue();
        }catch(Exception e){
            System.out.println(e);
            System.exit(0);
        }
        int intResult=0;
        intResult=new Operation().getResult(intNumberA, intNumberB);
        System.out.println ("结果是: "+intResult);
    }catch(Exception e){
        System.out.println(e);
    }
    }
}
```

程序运行结果:

请输入数字 A: 12

请输入数字 B: 6

结果是: 2

上面的代码完全把业务和界面分离。面向对象三大特性是封装、继承和多态,这里用到的是封装。现在要写一个 Windows 界面的计算器应用程序,就可以复用这个 Operation 运算类。Web 版程序需要也可以用它,PDA、手机等移动系统的软件也可以用它。

2. 基于简单工厂模式的计算器程序

上面的方法存在的问题是,如果希望增加加法运算,只能改 Operation 类。加一个加法运算,已经写好的除法运算也要参与编译,很难避免不小心把除法运算改成了减法。本来是加一个功能,却使得原有的运行良好的功能代码产生了变化。

因此,应该把加减乘除等运算分离,修改其中一个不影响另外的几个,增加运算算法也不影响其他代码,这就要用到继承和多态。

```
interface Operation{
    public int getResult(int numberA, int numberB);
}
```

```java
class OperationAdd implements Operation{
    public int getResult(int numberA, int numberB){
        return numberA + numberB;
    }
}
class OperationDiv implements Operation{
    public int getResult(int numberA, int numberB){
        int result=0;
        if (numberB!=0)
            result=numberA / numberB;
        else{
            System.out.println("除数不能为 0。");
            System.exit(0);
        }
        return result;
    }
}
class OperationSub implements Operation{
    public int getResult(int numberA, int numberB){
        return numberA-numberB;
    }
}
class OperationMul implements Operation{
    public int getResult(int numberA, int numberB){
        return numberA*numberB;
    }
}
```

运算接口中定义了 getResult()方法用于得到结果，它有两个参数用于计算器的操作数。加减乘除类都实现了运算接口，重写了 getResult()方法，这样修改任何一个算法，都不需要提供其他算法的代码。但是，现在的问题是如何确定使用加减乘除中哪一个类。

现在的问题是如何实例化对象，到底实例化谁，将来会不会增加实例化的对象，例如，增加求 M 的 N 次方的运算，这是很容易变化的地方。可以考虑用一个单独的类来做这个创造实例的过程，这就是工厂。简单运算工厂类如下：

```java
class OperationFactory{
    public Operation createOperate(char operate){
        Operation oper=null;
        switch (operate){
            case '+':
                oper=new OperationAdd();
                break;
            case '-':
                oper=new OperationSub();
                break;
```

```
        case '*':
            oper=new OperationMul();
            break;
        case '/':
            oper=new OperationDiv();
            break;
    }
    return oper;
}
```

客户端代码如下：

```java
class clientSimpleFactory{
    public static void main(String[] args){
        Operation oper;
        oper=new OperationFactory().createOperate('+');
        int result=oper.getResult(1,2);
        System.out.println("result="+result);
    }
}
```

这样只需输入运算符号，工厂就实例化出合适的对象，通过多态返回父类的方式实现了计算器结果。

命令行客户端代码如下：

```java
import java.io.*;
class clientSimpleFactory{
    public static void main(String[] args){
        int intNumberA=0, intNumberB=0;
        try{
            BufferedReader bufR=new BufferedReader( new InputStreamReader
                (System.in));
            System.out.print("请输入数字 A: ");
            try{
                intNumberA=new Integer(bufR.readLine()).intValue();
            }catch(Exception e){
                System.out.println(e);
                System.exit(0);
            }
            System.out.print("请输入数字 B: ");
            try{
                intNumberB=new Integer(bufR.readLine()).intValue();
            }catch(Exception e){
                System.out.println(e);
                System.exit(0);
```

```
        }
        Operation oper=new OperationFactory().createOperate('+');
        int result=oper.getResult(intNumberA, intNumberB);
        System.out.println("result="+result);
    }catch(Exception e){
        System.out.println(e);
    }
  }
}
```

程序运行结果如下：

请输入数字 A: 12
请输入数字 B: 3
result=15

不管控制台程序、Windows 程序、Web 程序、PDA，还是手机程序，都可以用这段代码来实现计算器的功能。如果需要更改加法运算，只改 OperationAdd 即可。如果需要增加其他运算，如 M 的 N 次方、平方根、立方根、自然对数、正弦余弦等，只要增加相应的运算子类即可。但是，还需要去修改运算类工厂，在 switch 中增加分支。如果要修改界面还需要修改界面程序，与运算无关。

图 6-1 所示为简单工厂模式实现计算器程序的类图。

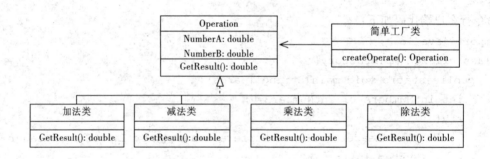

图 6-1　简单工厂模式实现计算器程序

3. 基于工厂方法模式的计算器程序设计与分析

上面简单工厂模式的最大优点在于工厂类中包含了必要的逻辑判断，根据客户端的选择条件动态实例化相关的类。对于客户端来说，去除了对具体产品的依赖。就像计算器，让客户端不用管该用哪个类的实例，只需把"+"给工厂，工厂自动就给出相应的实例，客户端只要去做运算即可，不同实例会实现不同的运算。

在简单工厂里，如果现在需要增加其他运算，例如，要加一个"求 M 的 N 次方"的功能，要先增加"求 M 的 N 次方"的功能类，再更改工厂方法。这就需要在运算工厂类的方法中加 Case 的分支条件来做判断。这实际上是修改了原有的类，不但对扩展开放了，对修改也开放了，这样就违背了开放-封闭原则。采用工厂方法模式可以解决这个问题。

图 6-2 所示为工厂方法模式实现计算器程序的类图。

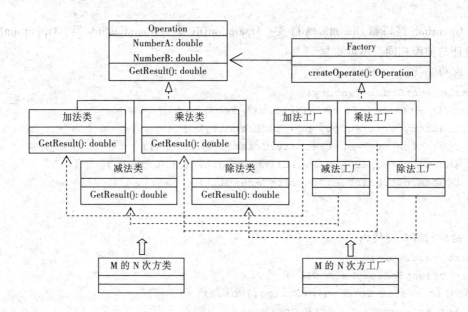

图 6-2 工厂方法模式实现计算器程序

工厂方法（Factory Method）模式定义一个用于创建对象的接口，让子类决定实例化哪一个类。

（1）先构建一个工厂接口

```
interface IFactory{
    Operation CreateOperation();
}
```

（2）加减乘除各建一个具体工厂去实现这个接口

```
class AddFactory implements IFactory{
    public Operation CreateOperation(){
        return new OperationAdd();
    }
}
class SubFactory implements IFactory {
    public Operation CreateOperation(){
        return new OperationSub();
    }
}
class MulFactory implements IFactory{
    public Operation CreateOperation(){
        return new OperationMul();
    }
}
class DivFactory implements IFactory{
    public Operation CreateOperation(){
        return new OperationDiv();
    }
}
```

（3）Operation 接口和 OperationAdd 类、OperationDiv 类、OperationSub 类、OperationMul 类的程序设计与前面相同，不再重复

（4）客户端代码

```java
class clientSimpleFactory{
    public static void main(String[] args){
        IFactory operFactory=new AddFactory();
        Operation oper=operFactory.CreateOperation();
        int result=oper.getResult(intNumberA, intNumberB);
        System.out.println("result="+result);
    }
}
```

（5）命令行客户端代码

```java
import java.io.*;
class clientFactoryMethod{
    public static void main(String[] args){
        int intNumberA=0, intNumberB=0;
        try{
            BufferedReader bufR=new BufferedReader(new InputStreamReader(System.in));
            System.out.print("请输入数字 A: ");
            try{
                intNumberA=new Integer(bufR.readLine()).intValue();
            }catch(Exception e){
                System.out.print(e);
                System.exit(0);
            }
            System.out.print ("请输入数字 B: ");
            try{
                intNumberB=new Integer(bufR.readLine()).intValue();
            }catch(Exception e){
                System.out.println(e);
                System.exit(0);
            }
            IFactory operFactory=new AddFactory();
            Operation oper=operFactory.CreateOperation();
            int result=oper.getResult(intNumberA, intNumberB);
            System.out.println("result="+result);
        }catch(Exception e){
            System.out.println(e);
        }
    }
}
```

程序运行结果：

请输入数字 A: 12

请输入数字 B：3
result=15

根据依赖倒转原则，把工厂类抽象出一个接口，这个接口只有一个方法——创建抽象产品的工厂方法。然后，所有要生产具体类的工厂，实现这个接口。这样，一个简单工厂模式的工厂类，变成了一个工厂抽象接口和多个具体生成对象的工厂。要增加"求 M 的 N 次方"的功能时，只需要增加此功能的运算类和相应的工厂类，而不需要更改原有的工厂类。这样，没有了修改的变化，只是扩展的变化，完全符合了开-闭原则的精神。

工厂方法模式实现时，客户端需要决定实例化哪一个工厂来实现运算类，还是存在选择判断。也就是说，工厂方法模式把简单工厂模式的内部逻辑判断移到了客户端代码来进行。要增加功能，本来是改工厂类的，而现在是修改客户端。但是一般情况下，修改客户端的时候，修改的工作量也很小，比起简单工厂模式也小得多。

工厂方法模式是简单工厂模式的进一步抽象和推广。由于使用了多态性，工厂方法模式保持了简单工厂模式封装对象创建过程的优点，克服了它违背开-封原则的缺点。集中封装对象的创建，不需要做大的改动就可更换对象，降低了客户程序与产品对象的耦合。但工厂方法模式的缺点是由于每加一个产品，就需要加一个产品工厂的类，增加了很多类和方法，增加了额外的开发量和复杂性。

6.5 高 效 性

高效性的目标是利用可用的内存尽可能快地完成工作。高效性是从时间和空间两方面进行考虑的，最理想的是同时在时间和空间两方面实现高效性。而在实际情况中，二者通常相互制约，需要时空折中。

高效性有时和其他目标相矛盾，要考虑可维护性、可复用性、健壮性和正确性对高效性的影响。可以先按其他原则设计，以可维护性、可复用性等原则进行设计，再考虑效率问题，找出效率低的部分，有针对性地修改。也可以一开始就按效率原则进行设计，确认关键的效率需求，在整个阶段都按效率需求进行设计。还可以是以上两种方法的结合，在整个过程中都综合考虑高效性和其他目标，必要时折中考虑。

1. 设计效率

从简易性方面考虑，使用便捷的工具和语言会节约大量的设计时间，但程序员也失去了对这种系统使用的时空方面的控制。例如，为了方便程序员，数据库管理系统提供了大量的内置功能。但在早期军事计算中，数据库管理系统很少使用，原因就是缺少对时空效率方面的控制。随着数据库管理系统的发展，这种情况发生了改变，允许使用更多已有的工具。

如果考虑源代码的大小方面的因素，在降低开发、维护的成本的同时也会牺牲时空效率。

2. 执行效率——应用程序必须在指定的时间内完成特定的功能

航天控制系统等实时系统对执行速度要求最高，它要求在微秒级甚至更短的时间内完成所需的功能。对于非实时系统，执行速度也很重要。应用程序如果不能及时完成操作，用户会很快失去耐心。例如，如果网页打开过慢，那么等其完全打开时，用户早就不再关注它了。

可以从远程调用、循环、函数调用、对象创建等方面提高执行效率。

（1）处理循环问题

嵌套循环是算法分析的重点。如果外部循环执行 10 000 次，内部循环也执行 10 000 次，那么整个内部操作总共完成了一亿次循环。

（2）消除远程调用

通过网络进行的远程调用会消耗大量的时间。远程调用操作花费的时间与网络的性能、调用的频率以及每次调用取回的信息量（数据量）有关。

代理（Proxy）设计模式可以避免不必要的函数调用，经常用于远程调用。

（3）消除函数调用

函数调用会降低时间效率，特别是在循环语句中对函数进行调用。如果被调用的函数中隐含着内部循环，会对效率产生影响。

消除函数调用，会提高代码效率，但降低了可读性。因为减少函数调用，会产生大量的方法和类，难于扩展和复用。

3．存储效率——对内存容量或硬盘空间有一定的要求

一般有运行时 RAM 大小、代码本身规模和磁盘等辅助存储器大小 3 种存储问题。获得存储效率可以采取下面的措施：

① 只存储需要的数据，这要在存储效率与数据提取及重整时间之间进行折中。

② 压缩数据，这要在存储效率与数据压缩及解压缩时间之间进行折中。

③ 按相关访问频率存储数据，这要在存储效率与决定存储位置的时间之间进行折中。

6.6　软件设计度量、软件再工程和逆向工程

面向对象软件质量度量的重点在于对类的分析上。对类的分析过程中，应从类的耦合、内聚度、继承性、复杂度等几方面考虑，采用多个视角分析一个类的特点。如果一个类作用于其他类，例如，一个类的方法使用了另一个类的方法或实例，称为耦合。内聚度量是一个模块内部各成分之间相互关联的程度。继承度指标中继承树的深度、类到叶子的深度是有关继承树纵向深度的度量。方法的数量和它们的复杂性是对实现和测试类所需要的工作量的合理指标，方法数量越多，继承树也越复杂。

软件再工程是指对既存对象系统进行调查，并将其重构为新形式代码的开发过程。最大限度地复用既存系统的各种资源是再工程的最重要特点之一。从软件复用方法学来说，如何开发可复用软件和如何构造采用可复用软件的系统体系结构是两个最关键的问题。不过对再工程来说前者很大部分内容，是对既存系统中非可复用组件的改造。

软件逆向工程是指分析软件系统，确定其构成成分及各成分间的关系，提取并生成系统抽象和设计信息的工程。

习　题

1．简述软件设计各个主要目标的概念。

2．提高健壮性的方法是什么？

以下是 divide()方法的代码，给出让其更健壮的方法。

```
public double divide(Double a, Double b){
    return a.doubleValue()/b.doubleValue();
}
```

3. 如何运用继承、聚合、依赖复用的方法进行程序设计？试画出相关类图，编写相关程序。

4. 简述简单工厂模式的基本原理。画出相关类图，编写相关程序。简单工厂模式与软件设计主要目标的关系是什么？简单工厂模式与软件设计的主要原则的关系是什么？

5. 简述工厂方法模式的基本原理。画出相关类图，编写相关程序。工厂方法模式与软件设计主要目标的关系是什么？工厂方法模式与软件设计的主要原则的关系是什么？

6. 简述实现高效性的方法。引起执行效率问题的主要因素有哪些？如何采用数据存储方面的技术，获得存储效率？

第 7 章　软件设计——面向对象方法

学习目标

- 掌握问题域部分的设计。
- 掌握人机交互部分的设计。
- 掌握数据管理部分的设计。
- 掌握控制驱动（任务管理）部分的设计。

面向对象分析是获取用户需求，对问题域进行分析并建立问题域概念模型的过程。而面向对象设计则是从计算机技术的角度，将分析阶段得到的概念模型转换成软件系统的技术实现方案，并在功能、性能及成本方面满足用户和质量要求的过程。面向对象设计是一个将问题空间中的面向对象模型转换为求解空间中的技术实现模型的过程。从面向对象分析到面向对象设计，是一个逐渐扩充模型的过程。面向对象设计主要包括问题域部分的设计、人机交互部分的设计、数据管理部分的设计和控制驱动（任务管理）部分的设计。

7.1　问题域部分的设计

面向对象分析和面向对象设计是有明显区别的，但实际的软件开发过程中两者的界限却是模糊的。许多分析结果可以直接映射成设计结果，而在设计过程中又往往会加深和补充对系统需求的理解，从而进一步完善分析结果。因此，分析和设计是一个多次反复迭代的过程。

面向对象设计从技术实现角度，对面向对象分析所得出的问题域模型进行补充或修改，主要是增添、合并或分解类与对象、属性及服务，调整继承关系等。如果在面向对象分析过程中已经对系统做了相当仔细的分析，而且假设所使用的实现环境能完全支持面向对象分析模型的实现，那么在面向对象设计阶段无须对已有的问题域模型做实质性的修改或扩充。

7.1.1　复用已有的类

面向对象设计在研究对面向对象分析所得出的问题域模型时，必须对类做进一步的分析，目标是尽可能使用可复用的成分。

1. 直接复用

直接复用指复用已定义好的类。如果已存在一些可复用的类（许多面向对象开发工具都提供了基类），而且这些类既有定义，又有源代码，那么复用这些类可以提高开发效率和质量。Java的 API 类库就是预定义的，开发人员直接从相关的类复用即可。如果已定义好的类中包括不需要的属性和服务，就把多余的属性和服务删除后再复用。

2. 通过继承复用

通过继承复用指可以利用继承关系，基于可复用类添加一般–特殊关系，派生出与问题域相关的子类，复用从父类继承来的属性和服务，以减少新开发的成分。例如，有可复用的 Book 类，书店管理系统可以用子类 RetailBook 继承 Book 类，图书馆管理系统可以用子类 CollectionBook 继承 Book 类。

如果可复用的类只是与面向对象分析模型中的类相似，就需要进行修改。应用多态机制，子类中可以通过继承拥有父类的属性或服务，可以定义新的属性或服务，可以拒绝继承父类的属性或服务。例如，问题域有一个类 Car，属性有序号、颜色、样式、出厂年月，还有一个序号认证操作。现在找到了一个可复用的类 Car，属性有序号、厂商、样式，还有一个序号认证操作。首先，把可复用的类 Car 标记为 "Car《复用》"，划掉其中不用的厂商属性；把 "Car《复用》" 类作为 Car 类的父类，再把 Car 类中的序号属性和样式属性以及序号认证操作去掉，因为父类 "Car《复用》" 中有了这些特征，类 Car 从中继承即可。

如果面向对象分析所得出的问题域模型中的类没有可复用的资源，就需要进一步进行设计和编程。

7.1.2　增加一般类

如果确实没有可供复用的类而必须创建新类时，也应当充分考虑新类的内容，以利于今后的复用。

如果多个新类具有共同的实现策略，应将多个类都具有的共同特征提升到一般类中，用一般类集中地描述多个类的实现都要使用的属性和操作。这与在面向对象分析中定义一般类不同，面向对象分析考虑的是问题域中的事物的共同特征。

7.1.3　对多重继承的调整

如果面向对象分析的对象模型中包含了多重继承关系，而使用的程序设计语言没有多重继承机制，那么在问题域子系统的设计中，应该对面向对象分析的对象模型中的多重继承进行调整。

1. 把继承关系展平，取消继承关系

具体过程如图 7-1 所示。

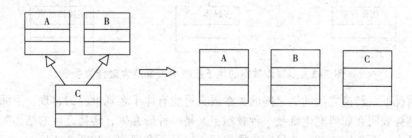

图 7-1　把继承关系展平

2. 把继承关系转换为聚合关系

将多重继承的子类作为转换后的整体对象类，将它的一个或多个父类作为转换后的部分对象

类；相应的一般–特殊连接改为整体–部分连接，如图 7-2 所示。

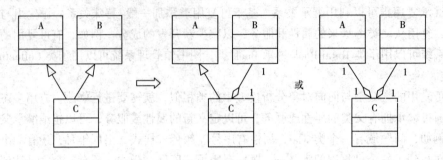

图 7-2　把继承关系换为聚合关系

```
class A{
  //…
}
class B{
  //…
}
class C extends A{
  B b=new B();
}
```
或者
```
class C{
  A a=new A();
  B b=new B();
}
```

下面的多媒体教室的例子就是这种转换方法的一个实例，如图 7-3 所示。

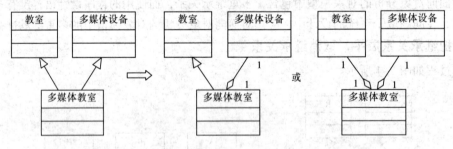

图 7-3　多媒体教室的例子把继承关系换为聚合关系

在有些情况下，转换之后的类之间的关系语义可能有悖于客观世界的常理。下面的例子，在转换之前的结构表明在职研究生既是一种教职工又是一种研究生，转换之后的结构所表达的却是在职研究生是由一个教职工和一个研究生构成的，这是不合理的，如图 7-4 所示。

另外，当子类的多个父类具有共同的更高层的父类时，按这种转换方法所得到的结果将出现重复的信息，如图 7-5 所示。

任何一种支持多重继承的面向对象编程语言都通过继承机制保证，当子类和父类之间有多条继承路径相连时，子类只能继承单独一份来自同一个父类的信息，不允许出现重复。

在转换之前的结构中，类 D 继承类 B 和类 C——多重继承，而 B 和 C 又都继承更高层的一般类 A。由于继承关系是传递的，所以 A 的属性和服务在被 B 和 C 继承之后，又通过它们传递给 D，被 D 间接地继承。尽管在多重继承中，D 可以通过 B 和 C 两条不同的路径间接地继承 A，但是 D 实际上只需要一份来自 A 的信息。

转换后的结构中，D 通过 B 间接地继承了一份来自 A 的信息；同时，因为 C 继承了 A，而 D 把 C 作为自己的一部分，所以又通过聚合拥有另一份来自 A 的信息。在实现中这种重复出现的信息不仅造成空间浪费，而且会引起程序的错误和混乱。

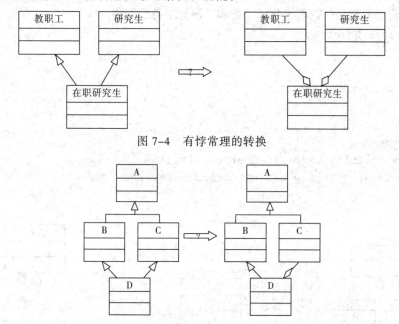

图 7-4　有悖常理的转换

图 7-5　转换产生信息重复

```
class A{
  //…
}


class B extends A {
  //…
}
class C extends A{
  //…
}


class D extends B{
  C c=new C();

}
```

3. 重新定义类

针对上一种方法所存在的问题，可以采用重新定义类的方法，使调整后的结果仍能自然地映射问题域，并且不产生重复信息。

　　如图 7-6 所示，"教职工"类和"研究生"类继承了"人员"类的属性和服务，同时又具有各自特有的属性和服务；"在职研究生"类分别继承了"教职工类"和"研究生"类的属性与服务，也间接地继承了"人员"类的属性与服务，所以形成了多重继承结构。

　　在这个多重继承结构中，不同的对象实例具有不同的身份——有些具有教职工身份，有些具有研究生身份；在职研究生既是教职工又是研究生，具有双重身份。把各种身份也都定义成用不同的类来描述的对象，将它们与"人员"类的对象实例进行聚合，就形成了各种不同身份的人员。这两个表示身份的类就是"教职工身份"类和"研究生身份"类。

```
class TeacherIdentity{
    //…
}
class PostgraduateIdentity{
    //…
}
class Person{
    TeacherIdentity t=new TeacherIdentity();
    PostgraduateIdentity p=new PostgraduateIdentity();
    //…
}
```

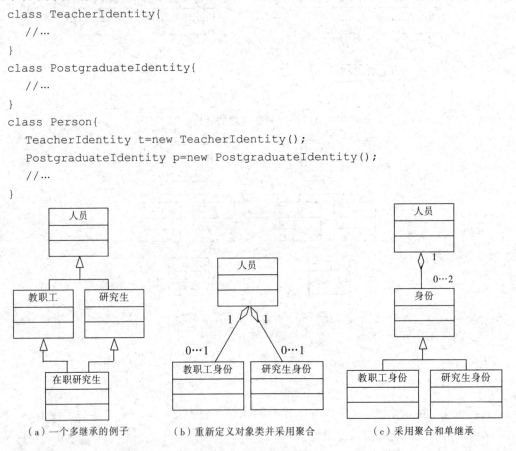

（a）一个多继承的例子　　　（b）重新定义对象类并采用聚合　　　（c）采用聚合和单继承

图 7-6　重新定义类

　　这样，"人员"类的对象通过以不同的身份类对象作为自己的组成部分，便可表示现实世界中不同的人员——以一个教职工身份或研究生身份的对象作为类的成员时，分别表示现实中的教职工或研究生；既以教职工身份的对象，又以研究生身份的对象作为类的成员时，表示现实中具有双重身份的在职研究生。

　　系统中"教职工身份"类和"研究生身份"类有关于身份的共同信息，可在它们之上增加一个"身份"类作为父类，构成一个单继承的一般-特殊结构，然后再与"人员"类组成整体-部分结构。

```
class Identity{
    //...
}

class TeacherIdentity extends Identity{
    //...
}
class PostgraduateIdentity extends Identity{
    //...
}
class Person{
    Identity i1=new TeacherIdentity();
    Identity i2=new PostgraduateIdentity();
    //...
}
```

这种方法的缺点是不直观。原先多重继承的一般–特殊结构是一种显式的分类结构，用这种方法调整之后，显式的分类就变成了隐式的分类。例如，各类人员都是同人员类的成员，都用同一个类创建对象实例。人员的不同分类是通过不同的人员对象具有不同身份而隐含表示的。这样，人员分类看起来就不直观了。

4. 采用压平的方式

在调整之前的结构中，子类通过继承获得父类中定义的属性与服务，因此不需要重复地编写这些代码，调整时最好保留这种由继承带来的好处。但是，如果不考虑增加实现时的编程工作量，可以采用压平的方法。

例如，可以使"在职研究生"类不再从"教职工"类和"研究生"类继承任何信息，只是直接地继承"人员"类中定义的一般信息。这样多重继承就取消了，但是"教职工"类和"研究生"类中定义的关于教职工和研究生的属性与服务都要在"在职研究生"类中重新书写一遍，实现时会增加程序代码，如图 7-7 所示。

```
class Person{
    //...
}

class Teacher extends Person{
    //...
}
class Postgraduate extends Person{
    //...
}
class OnjobPostgraduate extends Person{
    //...
}
```

为了不增加实现时的编程工作量，采用改进的方法。这种方法一方面保持原先多重继承结构中的每个类，同时把形成多重继承的每一组特殊信息从有关的类中分离出来，定义为部分对象类，再通过聚合使各个子类能够拥有这些信息。

　　将"教职工"类中定义的关于教职工的信息，分离出来组织到"教职工信息"类中，再将"研究生"类中定义的关于研究生的信息分离出来组织到"研究生信息"类中。这样，"在职研究生"类可以通过聚合同时获得关于教职工和关于研究生的两组信息，不必再从"教职工"类和"研究生"类中去继承。"教职工"类、"研究生"类和"在职研究生"类这 3 个类都直接地继承"人员"类中定义的一般人员信息，同时又聚合不同的特殊信息，形成不同的人员分类。3 个类的特殊性只是体现在其实例各有一个或两个不同的部分对象，它们的设计和实现只需各自定义指向或嵌入不同部分对象的属性，如图 7-8 所示。

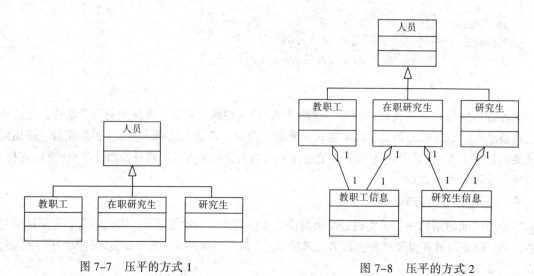

图 7-7　压平的方式 1　　　　　　　　图 7-8　压平的方式 2

　　这种方法克服了前面方法的缺点。它不会产生违背常理的关系语义，也不会产生重复信息。同时，它显式地保持了问题域实际事物的分类，从而便于分别组织数据存储。另外，它不增加实现时的编程工作量。但是这种方法的缺点是增加了类的数量。

```
class Person{
    //…
}

class TeacherInfo{
    //…
}
class PostgraduateInfo{
    //…
}
class Teacher extends Person{
    TeacherInfo t=new TeacherInfo();
    //…
}
class Postgraduate extends Person{
    PostgraduateInfo p=new PostgraduateInfo();
```

```
    //…
  }
class OnjobPostgraduate extends Person{
  TeacherInfo t=new TeacherInfo();
  PostgraduateInfo p=new PostgraduateInfo();
  //…
}
```

7.1.4 对多态性的调整

当面向对象分析模型中采用多态性表示，而编程语言不支持多态性时，需要进行调整。

多态是指同一个命名可以有不同的语义。继承中的多态是指在父类中定义的属性和服务，被各个子类继承之后可以有各自不同的语义，即属性可以定义为不同的数据类型，服务可以有不同的算法。采用多态性表示的意义使在编程时对属性和服务的引用较为方便。

例如，在 Java 语言中，多态是指一个程序中同名的不同方法共存的情况。子类可重新定义与父类同名、同参数和同返回类型的方法，称为方法的覆盖（Override）。所以，方法覆盖是多态的一种情况。方法覆盖是在运行时的多态，Java 运行系统要根据调用该方法的实例的类型来决定选择调用哪个方法。

```
class Sort_N{
  void sort(int t1,int t2,int t3){       // 父类中的方法
    //…                                  // 方法体，设该方法的功能为升序排序
    System.out.println("in Sort_N");
  }
}

class Sub_Sort_N extends Sort_N{
  void sort(int t1,int t2,int t3){       // 子类中的方法，覆盖父类中的方法
    //…                                  // 方法体，设该方法的功能为降序排序
    System.out.println("in Sub_Sort_N");
  }
  void f(){
    sort(5,3,8);
    super.sort(5,3,8);
  }
}
```

覆盖的方法可以通过直接指明对象的方式区分调用，也可以在子类中使用 this 和 super 区分调用。

```
class client{
  public static void main(String[] args){
    Sort_N s1=new Sort_N();
    Sub_Sort_N s2=new Sub_Sort_N();
    s1.sort(5,3,8);     // 调用父类的 sort()方法，升序排序，结果为 3、5、8
    s2.sort(5,3,8);     // 调用子类的 sort()方法，降序排序，结果为 8、5、3
    s2.f();
```

```
        Sort_N s3=new Sub_Sort_N();
        s3.sort(5,3,8);      // 调用子类的sort()方法，降序排序，结果为8、5、3
    }
}
```

程序运行行结果：

```
in Sort_N
in Sub_Sort_N
in Sub_Sort_N
in Sort_N
in Sub_Sort_N
```

方法覆盖时还应遵循以下两个原则：

① 子类的方法不能比被覆盖的父类的方法有更严格的访问权限。

② 子类的方法不能比被覆盖的父类的方法产生更多的异常。

但是从本质上看，名称相同的属性和服务既然在不同的类中定义为不同的类型或表现不同的行为，那么就可以把它们看作彼此不同的东西。这样，只要强调这些同名不同质的属性和服务之间的差异，重新考虑对象的分类，就可以取消继承中的多态性表示。

"矩形"子类没有使用边数属性，顶点坐标属性和绘图服务在子类中都进行了重新定义。这些属性和服务不能被子类不加修改地继承，就说明它们只能适合多边形集合的一个子集。把这个子集定义成一个子类"不规则多边形"，把这些属性和服务放到这个新定义的"不规则多边形"类中。这样，"正方形"类和"矩形"类不再从"多边形"类继承不适合自己的属性和服务，然后又进行重新定义或加以排除，而是各自定义对本类对象恰好合适的属性和服务。父类多边形只保留了对任何特殊类的实例都完全适合的属性和服务，供它们不加修改地继承，如图7-9所示。

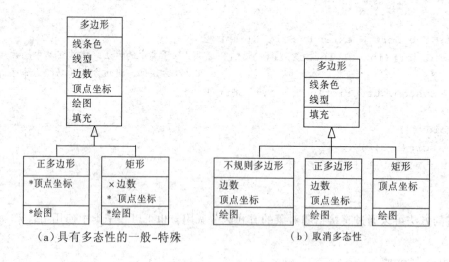

（a）具有多态性的一般–特殊　　　　（b）取消多态性

图 7-9　对多态性的调整

7.1.5　提高性能

影响系统性能的因素大体上可分为三类：数据传输的时间、数据存取的时间和数据处理的时间。为了提高性能，需要对问题域模型做一些处理。

1．调整对象的分布

尽量把需要频繁交换信息的对象放在一台处理机上，减少不同处理机之间的数据传输量，缩短数据传输路径，如图 7-10 所示。

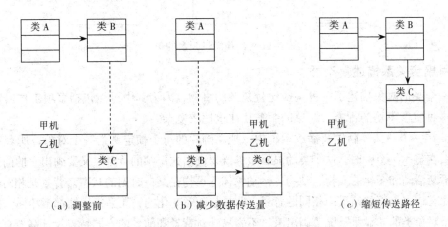

（a）调整前　　　　　　　（b）减少数据传送量　　　　　　（c）缩短传送路径

图 7-10　调整对象分布

在甲处理机上类 B 的对象接收到类 A 的对象一个消息，类 B 的对象根据类 A 的对象的要求访问乙处理机上类 C 的对象的大量数据，然后对这些数据进行计算，并将计算结果回送给类 A 的对象。类 B 和类 C 之间要在甲、乙两台处理之间的网络上传送大量数据。

第一种调整策略是把类 B 和它的对象移到乙处理机。由于类 B 对象需要大量地访问类 C 对象的数据，把类 B 移到类 C 所在的处理机上，便可就近访问类 C 的对象的属性数据。而类 A 的对象和类 B 的对象之间的消息变成了不同处理机之间的消息，但它们之间的信息传输只是类 A 的对象向类 B 的对象发个消息，类 B 的对象把最终的计算结果回送给类 A 的对象，数据传送量是很少的。

第二种调整策略是，将类 C 的对象移到大量访问其属性信息的类 B 的对象所在的甲处理机上。这样缩短了不同处理机之间的数据传送路径——缩短为零，但是这种策略的前提是类 C 的对象原先所在的乙处理机或其他处理机没有对象要访问类 C 的对象。

2．合并通信频繁的类

根据封装原则，不允许操作直接从其他对象获取数据。所以，如果对象之间的信息交流特别频繁，或者交流的信息量较大，就需要把这些对象类进行合并，使两类对象之间消息变为同一对象内部的直接存取，从而提高执行效率。

例如，在某个实时控制系统中，要对温度进行自动控制。用一个温度探测器不断地探测温度，同时温度调节器根据探测结果及时对温度进行调节，使其稳定在一个温度值上。最初的设计，温度探测器类的对象的温度探测操作不断地刷新当前温度属性，而温度调节器类的对象的温度调节操作要反复地调用温度探测器类的对象读取当前温度操作，并把读取的当前温度与指定温度属性比较，以此做出对设备的调节。若两个对象间的频繁消息传递成为影响性能的主要原因，则可把两个类合并为一个类"温度控制器"，如图 7-11 所示。

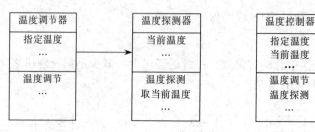

图 7-11　合并消息频繁的类

3. 用聚合关系描述复杂类

如果一个类的对象描述了一种构造比较复杂的事物，因为其中可能包括多项工作内容，那么为了表现这种复杂事物的行为，对象的服务往往也比较复杂。

例如，在一个动画片制作及播放系统中，把动画片的每个帧定义为一个对象，所有的帧由帧类来描述。在显示一个帧时，这个类的显示服务既要画出这个帧的背景，又要画出它的前景，即背景衬托下不断活动和变化的人物、动物、运动物体等事物在某一时刻的状态。背景是相对静止的，一部动画片有许多相邻的帧采用相同的背景；前景是随时变化的，几乎每一帧都不相同。把整个帧都用同一个对象类的"显示"服务画出来，不容易针对背景和前景的不同特点设计高效算法。

从帧这个比较复杂的对象中分解出背景和前景两个部分对象，再运用聚合的原则，将它们组合成一个完整的帧，得到整体-部分结构。一个帧由一个背景和一个前景构成，但一个背景可以作为多个帧共同的背景。这样，在显示一组背景相同的帧时，只有其中第一个帧需要既画出背景又画出前景，以后的帧可以直接利用第一个帧的背景而只画自己的前景部分，从而大幅提高了动画的显示速度，如图 7-12 所示。

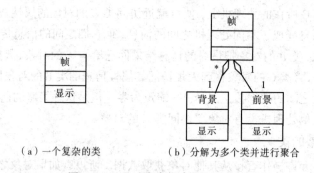

（a）一个复杂的类　　　　（b）分解为多个类并进行聚合

图 7-12　通过聚合提高服务执行效率

4. 增加低层细节——细化对象的分类

在一个类中定义的服务必须能描述这个类的所有对象实例的共同行为。如果一个类的概念范畴较广，那么用它所描述的对象实例的实际情况就可能有若干差异。为了使该类的一个服务能够定义一种对所有的对象实例都适合的行为，就要兼顾多种不同的情况，因而使得服务算法比较复杂，而且执行效率低下。

解决办法是，把类划分得更细一些，在原先的较为一般的父类之下定义一些针对不同具体情况的特殊子类。在每个子类中分别定义适合各自对象实例的服务。其算法可能比在一般类中提供的通用服务更为简单、快捷。

例如，在一个计算机绘图系统中，有一个四边形类，它的绘图服务是一个能适应任何种类的四边形绘制的通用服务。为了提高执行效率，可以把类划分得更细一些，在四边形类之下建立正方形、长方形、梯形、平行四边形、菱形和普通四边形 6 个子类，得到一般–特殊结构。每个子类分别定义只适合本类对象实例的专用的绘图服务。由于这些服务不必兼顾其他四边形的绘制，所以更容易设计出简单、高效的绘图算法，如图 7–13 所示。

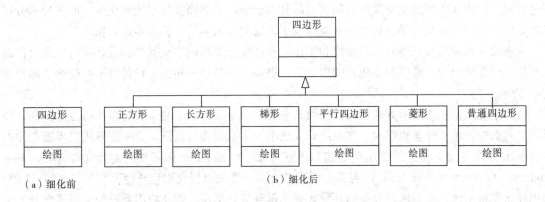

图 7–13　细化对象的分类

5．增加保存中间结果的属性减少重复计算

如果对象的一个服务要经常进行重复的某种计算，可增加一些属性用来记录已经计算过的结果，就可避免以后的重复计算。

例如，一个"流水账"对象，其属性记录着每一笔账目，它的服务经常要累计本年度以来的全部账目或指定月份的账目，那么针对每个月增加一个属性"月累计"，记录每月的计算结果，便可使以后的计算都得到简化。

6．缩短对象存取时间

系统在执行某项功能时，如果需要频繁地或大量地访问借助某种数据管理系统存储在外存空间的对象实例，则数据管理系统的响应时间可能成为性能的瓶颈。这是由于内、外存之间的数据交换所花的时间比在内存中直接地存取数据长得多。

传统的软件开发方法解决这种问题的办法是在内存中设计一个缓冲区，使经常被使用的数据能有较多的机会从缓冲区中得到。面向对象设计仍然可以采用这种策略，只是缓冲区是按对象的方式组织的。

7．提高或降低系统并发度

通过人为增加或减少主动对象提高或降低系统的并发度，可以提高性能，参见 7.4 节控制驱动（任务管理）部分的设计。

OOD 的问题域部分还有一些其他需要考虑的问题。在 OOD 的问题域部分应该根据具体问题考虑使用设计模式；还需考虑构造和优化算法，决定对象间的可访问性，定义对象实例等；对复杂关联的转化，把多对多关联转化为一对多关联；考虑加入进行输入数据验证这样的类；考虑对来自中间件或其他软硬件的错误进行处理的类，以及对其他例外情况进行处理的类；等等。

7.2 人机交互部分的设计

7.2.1 概述

人机交互部分是面向对象设计模型的组成部分之一。将面向对象模型的人机交互部分独立出来进行设计，隔离了界面支持系统对问题域部分的影响。当界面支持系统变化时，问题域部分可基本保持不变。人机交互部分包含的对象构成了系统的人机界面，称作界面对象。

人机交互部分的友好性对用户情绪和工作效率产生重要影响。交互界面设计得好，则会使系统对用户产生吸引力，能够激发用户的创造力，提高工作效率；相反，设计得不好则会使用户感到不方便。

软件系统大多采用图形方式的人机界面，它具有形象、直观、易学、易用等特点。但是，图形用户界面的开发工作量也很大，在系统开发成本中占有很高的比例。支持图形用户界面开发的软件系统称作界面支持系统，主要有窗口系统（如 Windows）、图形用户界面（Graphics User Interface，GUI）系统（如 Motif）、与编程语言结合为一体的可视化编程环境（如 Visual C++）等。利用界面支持系统，图形用户界面的开发效率可得到显著提高，因此应用系统的人机界面开发大多依赖某种界面支持系统。

人机界面的开发除了软件的知识以外，还需要心理学、艺术等许多其他学科的知识。在心理学的指导下，一种人机界面的设计才会使人感到舒适、振奋、兴趣盎然，给人以正确的启发，而不是烦躁、颓丧、索然无味以及引起误导。同时，界面设计的总体布局以及各个局部的形状、尺寸、图案、纹理、色彩、变幻等要达到美观而协调的效果，需要有美术人员的参与，并且要借鉴心理学、统计学等方面的研究成果。

7.2.2 可视化编程环境下的人机界面设计策略

采用可视化编程环境作为界面支持系统时，人机界面的设计相对比较简单。针对可视化编程环境的设计策略，减少或简化了许多工作内容。设计者利用可视化编程环境及其类库，降低了设计的工作强度，简化了设计文档；但是，需要掌握所依赖的环境和类库，并在设计中把复用类库中提供的类作为基本出发点。

1．掌握可视化编程环境及其类库

软件设计人员不负责系统实现，但是为了使设计能与环境的实际情况相吻合，必须掌握或了解实现设计的语言、类库、编程环境等软件。正如一个建筑设计师，虽然不负责施工，却必须了解施工所用的材料、机械和建筑工艺。

在人机界面的设计中，要掌握可视化编程环境及其类库。因为不同的编程环境和类库所支持的界面对象不相同，功能、风格有不少差异，设计者必须根据这些具体特点来进行设计，才能使设计与实现很好地衔接。需要掌握的重点如下：

① 该环境对各种界面对象所采用的术语及其含义。

② 类库中提供的界面对象对应的类。

③ 各个界面对象类的属性与服务，包括从上一层的父类继承来的属性与服务，但不必太关心描述对象外观的属性。

④ 各个类所创建的界面对象的外观，以及它们在人机交互中所适合的输入与输出；

⑤ 各个类之间的继承层次。

⑥ 各个界面对象涉及的事件及其事件处理机制。

⑦ 比较复杂的界面对象，可以采用整体-部分结构由多个界面对象而形成组合对象。

2. 根据人机交互需求选择界面元素

根据人机交互需求，在可视化编程环境所能支持的界面元素中进行选择。必要时，设计者应该在环境中实际操作和演示一下准备选择的各种界面元素，以决定哪些元素最适合本系统的人机交互。

3. 类图的设计

（1）根据复用原则确定类的选择

确定类图中表示界面对象的类时，应首先使用环境及其类库所提供的可复用类。这些类通常能满足应用系统的大部分人机交互需求，充分复用这些类会大幅简化界面的设计和实现。所以，除非所需要的界面对象的功能或风格很特殊，在类库中也没有提供相应的类，否则都要首先想到复用已有的类。可以直接复用类库中的类，通过将可复用类某些参数具体化（例如属性的初始值）对可复用类进行定制，如图 7-14（a）所示。

如果对所需要的界面对象的功能或风格有特殊要求，需要对类库中的可复用类进行改进，通过应用系统对可复用类的定义进行扩充。例如，在对话框中添加编辑框控件实现定制的对话框，这是对类库中 Dialog 类的扩充，定制的对话框在 Dialog 类的基础上添加了其他控件作为自己的组成部分。这实际上是通过对可复用类的继承，定义了本系统中的一个新类，如图 7-14（b）所示。

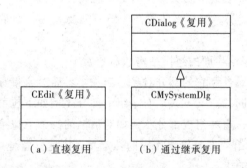

图 7-14 复用原则确定类的选择

类库中提供的界面对象对应的类通常有许多属性和服务，在类库中还有很多层被它继承的一般类。这些信息都是现成的，不需要在应用系统中实现。所以，面向对象设计中这种类图不需要填写被复用类的属性和服务，也不需要画出比它层次更高的一般类。这样可以简化面向对象设计的文档，把主要精力用于解决本系统的问题。同时，对实现者也没有影响。如果在应用系统的类图中全部表示这些信息，会使类图很庞大，是一项沉重的负担，而且意义也不大。

（2）定义表示逻辑特征的属性，忽略物理特征的属性

通过继承可复用类而定义的新类，可以对继承来的属性设置不同的初始值，也可以在新类中增添新的属性。设计人员主要定义那些描述界面对象逻辑特征的属性，特别是表现命令的组织结构、界面元素之间组成关系的属性。例如，在一个菜单类中，每个选项表示一条命令。要用属性

来描述菜单的每个选项，属性的名称应该与它所对应的命令相符。又如，在一个对话框中包含若干控件，应该用属性表示这个对话框含有的控件对象。

设计阶段不关心描述界面对象物理特征的属性（大小、形状、位置、颜色、边框、底纹、图案式样、二维效果），这些属性由实现人员来处理。实现人员以可视化的方式定制界面对象的这些特征，效果会更好，效率也会更高。如果有美工人员参加实现，那么在艺术效果方面还会取得更好的效果。

（3）特别标注从高层类继承的服务

面向对象设计中界面对象对应的类在类图中不填写被复用类的属性和服务，也不需要画出比它层次更高的一般类。这样简化了面向对象设计的文档，但是这样的类图表示不出一个特殊类中含有一个通过继承得到，并提供其他对象使用的服务，因而也难以表达其他对象请求该项服务的消息。解决方案是在本系统定义的特殊类中显式地表示它从类库中的类继承的，并且将在本系统中被使用的服务。

在类图的服务栏填写该服务的名称，并且做一个"√"标记，表明这个服务是通过继承得到的，不需要在本系统中实现。同时，在类的描述模板的服务说明条目中指出该服务是从类库中哪个类继承来的，如图7-15所示。

界面类库中一些属性和服务被继承之后并不真正被使用；另有许多属性和服务是由编程环境自动使用的，应用开发者不必关心。只有在手工产生的程序代码中需要使用的那些服务，才是设计人员和实现人员必须了解的，在特

图7-15　特别标注从高层类继承的服务

殊类中显式地以"√"符号表示。继承来的属性一般不需要关注，当某些情况下需要关注时，也采用这种表示法。

（4）用整体–部分结构表示界面的组织结构和命令层次

要正确区分对象的普通属性和它的部分对象。当一个界面对象带有内部组织结构时，可视化编程环境对不同的情况有不同的定义方式。有些组成部分（例如下拉菜单的选项、窗口的边框）被作为对象的一个普通属性，有些组成部分（例如对话框的一个下拉菜单或按钮）则被作为一个部分对象。环境类库对这种组成部分给出相应的类定义，则建立整体–部分结构。否则，只用属性表示，不建立整体–部分结构。

但如果一个整体对象的部分对象具有以下的简单性，整体–部分结构的表示法可以简化。

① 这种界面对象在本系统中总是依附于整体对象而存在，系统中不会单独地创建这样一个独立存在的对象实例。

② 该对象无论从物理上还是从逻辑上都不再包含级别更低的部分对象。

③ 该对象没有或者只有一个表示逻辑特征的属性。例如，按钮对象只需要一个名称属性来表示其逻辑特征，其他属性都只表示其物理（外观）特征。

④ 不需要由程序员通过手工编程实现该对象与其他对象间的消息。

在这种简单的情况下可以隐式地表示部分对象：类图中不画出部分对象的类，只是在整体对象中通过一个属性表示整体对象拥有这样一个部分对象，用这个部分对象的类名作为该属性的类型，并在类描述模板的属性说明中加以说明。

当类图很庞大时，采用这种策略可以使之简化。但是，这种策略失去了一些直观性，在类图不很庞大时还是显式地画出部分对象类较好。

（5）采用一般–特殊结构从可复用类直接继承

如果一个应用系统中使用的两个或两个以上界面对象有许多共同特征，按照通常的设计策略是运用一般–特殊结构，在一般类中定义共同拥有的属性和服务，特殊类继承一般类，从而简化设计和实现。

例如，系统中使用了 A、B 两个对话框类，其中 B 拥有 A 的所有特征，只是比 A 增加了两个按钮；那么，在一般的界面支持系统下可以设计如图 7-16（a）所示的一般–特殊结构，使 A 继承可复用类，B 又继承 A，从而简化了这两个对话框类的设计和实现。但是，在可视化编程环境下，若按图 7-16（a）的结构基于自定义的 A 类对话框来实现 B，则可能缺乏环境支持，或者环境虽然有支持但操作比较复杂，需要有较高的应用技巧。采用如图 7-16（b）所示的一般–特殊结构更便于实现，因为在环境支持下，直接基于可复用类来定制 B 类对话框是很方便的。

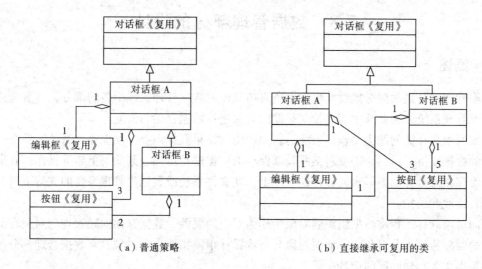

图 7-16 从可复用类直接继承

（6）表达手工编程实现的消息，忽略自动实现的消息

界面类库中的每个类都定义了许多服务，应用系统在这些类的基础上定制的类提供的服务也很多，每个服务都对应着一种消息。但有大量的消息，特别是处理界面对象常规操作的消息，是在可视化编程环境支持下生成应用程序代码时自动实现的。例如，改变窗口的大小或位置，在对话框中将焦点转移到其中的某个控件，滚动条的上下、左右滚动等。这些消息不需要程序员通过手工编程去实现，因此设计类图时可以忽略对这些消息的表示。

设计者需要关注并且要在类图和类描述模板中表达的，是那些必须由程序员通过手工编程来实现的消息，包括① 接收界面操作事件的界面对象，通过它的一个服务向对该事件进行实际处理的功能对象发送的消息。② 从要求在人机界面上进行输入/输出的功能对象向提供这种输入/输出服务的界面对象发送的消息。表示方式和通常的做法一样，在类图中画出消息发送者与接收者之间的消息连接符号，并在发送者一端的类描述模板中进行相应说明。

7.2.3 界面类与问题域类间通信的设计

有些界面对象要与问题域中的对象进行通信，所以要对二者之间的通信进行设计。设计时应注意以下几点：

① 人机界面负责输入与输出和窗口更新这样的工作，并把所有面向问题域部分的请求转发给问题域部分，在界面对象中不应该对业务逻辑进行处理。

② 问题域部分的对象不主动发起与界面部分对象之间的通信，只是对界面部分对象进行响应。把界面对象向问题域部分对象传输的信息或发布命令看作是请求，而把从问题域部分对象向界面部分对象传输的信息看作是回应。

③ 尽量减少界面部分与问题域部分的耦合。由于界面是易变的，从易于维护和易于复用的角度出发，问题域部分和界面部分应是低耦合的。可以通过在人机交互部分和问题域部分之间增加控制器或协调类的方式解决这种问题，如采用观察者模式等相关设计模式。

7.3 数据管理部分的设计

7.3.1 概述

数据管理部分是面向对象设计模型中负责与具体的数据管理系统衔接的部分，负责利用文件或数据库管理系统，为系统中需要长久存储的对象进行数据存储与恢复。

数据的永久存储问题主要包括系统运行中产生的结果数据需要长期保存，系统需要在一些长期保存的数据支持下运行，需要对某些长期保存的数据进行增加、删除与更新等操作。长期保存的数据保存在磁盘存储器等永久性存储介质上，在文件系统或数据库管理系统的支持下进行数据的存储、读取和维护。

面向对象软件工程将数据组织到对象中作为对象的属性，数据存储问题表现为对象存储，长期存储的对象称作永久对象。在面向对象分析或设计中需指明永久对象，在数据管理部分的设计中给出解决永久存储问题的设计决策。

在面向对象设计中可以采用文件系统或数据库管理系统实现对象的永久存储，它们有各自不同的数据定义方式和数据操纵方式。不同的文件系统有不同的数据组织格式和操作命令，不同的数据库管理系统有不同的逻辑数据模型和数据操纵语言。数据管理部分设计需要针对选用的数据管理系统实现数据格式或数据模型的转换，并利用它所提供的功能实现数据的存储与恢复。因此，针对不同的数据管理系统，需要做不同的设计。

在面向对象设计中，根据所选用的数据管理系统的特点，设计专门处理永久对象的存储问题的对象，并把它们组织成一个相对独立的组成部分，这样隔离了数据管理系统对面向对象设计模型的影响。当选用不同的数据管理系统时，只需要数据接口部分做相应的变化，其他部分则不需要做改动。这样会提高面向对象设计模型，特别是其中的问题域部分，在不同实现条件下的可复用性。

面向对象设计模型中的数据管理部分就是负责将应用系统中的永久对象在选定的数据管理系统中进行存储，并将存储结果恢复到应用系统。需要解决的问题的具体内容如下：

① 解决应用系统中的对象在外存空间的存储问题，对象在内存空间的存储是由编程语言自

动解决的。

② 只需考虑对象属性值的存储，对象的服务是由语言系统自动保存和管理的。

③ 解决永久对象的存储问题。并非所有的对象都需要长期保存，只有状态信息（属性值）在系统运行结束后仍然保留的永久对象才需要长期保存。在系统运行时存在的对象（类似于全局变量），在某个对象的服务执行时存在的对象（类似局部变量）都不需要长期保存。

④ 如果使用的面向对象编程语言支持永久对象的表示和存储管理，或者采用了面向对象的数据库管理系统，而且其对象模型与编程语言的对象模型是一致的，则对象的永久存储问题可以简单地得到解决，不需要设计者做更多的工作。

总之，在选用的编程语言、文件系统或数据库管理系统不能直接支持对象永久存储的情况下，数据管理部分的设计实现了应用系统与文件系统或数据库管理系统的接口，以解决应用系统中需要长期保存的对象的属性值在外部空间的保存问题。

7.3.2　针对关系数据库的数据存储设计

1. 面向对象、实体-关系以及关系数据库中的概念间的对应关系

关系数据库中，一个类对应数据库的一张表，表的每行存储一个对象；类之间的一个关系可以用数据库的一张表存储，也可以用其中的一个类所对应的表来存放，如表 7-1 所示。

表 7-1　面向对象、实体-关系以及关系数据库中的概念间的对应关系

面 向 对 象	实体-关系	关系数据库
类	实体类型	表
对象	实体实例	行
属性	属性	列
关系	关系	表

数据管理部分的模型主要是由类及其关系构成，通过该模型，把系统中的永久对象数据存储到关系数据库中，或者从关系数据库中把永久对象数据检索出来，再恢复成永久对象。

一般情况下，数据管理部分用于永久对象数据的存储与恢复，有时问题域部分也需要通过数据库管理系统使用数据库中的数据进行一些运算。

2. 对象标识

程序中使用对象名来访问对象，而在表中使用永久对象的标识来访问对象，永久对象的标识在存放它的表中是唯一的。永久类导出的表用一个主关键字作为表中所存储对象的唯一标识；永久类的关系导出的表，用相关联的表的主关键字的组合作为标识。

3. 对永久类的存储设计

每个需要存储的永久类，分别用一个表进行存储。

① 列出一个永久类的所有需要存储的属性。

② 对属性规范化，规范化后的属性至少满足第一范式——每个属性都是原子的。

要把一个类的属性类表映射到满足第二范式（满足第一范式且所有非关键字属性都只依赖整个关键字）或更高范式的数据库表，可以采取下面的处理方法。

- 把类拆分，修改后的类对应的表都满足范式的要求。这样数据的存储与恢复不需要经过格式转换；但要修改问题域模型，造成类图与问题域映射不直接。
- 不修改类，一个类对应两个或多个表，每个表满足范式要求。这样类图更贴近问题域；但数据的存储与恢复要经过一定的运算，需要设计一定的算法进行这种运算。

③ 定义数据库表。规范化后的类的属性是一列，要存储的每一个对象是一行。

4．对关系的存储

（1）对关联的存储设计

① 对于每个一对一的关联，在其中的一个类对应的表中用外键隐含关联。

② 对于每个一对多的关联，在多重性为多的类所对应的表中用外键隐含关联。

③ 对应多对多的关联，把它转化为一对多的关联，然后按一对多方式处理。否则，将一个多对多关联映射到一张独立的表，该表的主关键字是两个关联的表达主关键字的拼接。

【例 7-1】一对一关联映射到表，如图 7-17 所示。

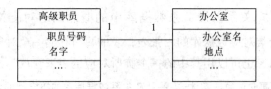

图 7-17　一对一关联映射到表

把永久类分别映射到一张表，并把表之间的关联也映射到其中的一个表，如表 7-2 所示。

表 7-2　高级职员类及关联所对应的表的结构

主键/外键	属　性　名	字　段　名
主键	职员编号	id
否	职员名字	name
外键	办公室编号	office_id

表中用外键"办公室编号"表示两个类之间的关联，如表 7-3 所示。

表 7-3　办公室类所对应的表的结构

主键/外键	属　性　名	字　段　名
主键	办公室编号	office_id
否	办公室名称	name
否	地点	address

【例 7-2】一对多关联映射到表。

代表客户的 Customer 类的对象与代表订单的 Orders 类的对象之间就存在着一对多的关联关系，一个客户可以有多个订单，而一个订单只能属于一个客户。

使用 Java 语言 Customers 类中定义集合 Orders 类的对象作为 Customer 类的一个属性，就解决了 Customer 类与 Orders 类之间的一对多的关系。

```
import java.util.HashSet;
import java.util.Set;
```

```
class Customer {                    //代表客户的 Customer 类
    private int id;                 //客户的 ID
    private String name;            //客户的名称
    private String email;           //客户的邮箱
    //所有与客户 Customer 对象关联的 Order 对象
    private Set<Orders> allOrders=new HashSet<Orders>();

    Customer(){
    }
    Customer(int id, String name, String email, Set<Orders> allOrders){
        this.id=id;
        this.name=name;
        this.email=email;
        this.allOrders=allOrders;
    }
    int getId(){
        return id;
    }
    void setId(int id){
        this.id=id;
    }
    String getName(){
        return name;
    }
    void setName(String name){
        this.name=name;
    }
    String getEmail(){
        return  email;
    }
    void setEmail(String email){
        this.email=email;
    }
    Set<Orders> getAllOrders(){
        return allOrders;
    }
    void setAllOrders(Set<Orders> allOrders){
        this.allOrders=allOrders;
    }
}
class Orders{                       //代表订单的 Orders 类
    private int id;                 //订单的 ID
    private String orderNumber;     //订单序列号
    private double price;           //订单的价格
```

```
Orders(){
}
Orders(int id, String orderNumber, double price){
    this.id=id;
    this. orderNumber=orderNumber;
    this. price=price;
}
int getId(){
    return id;
}
void setId(int id){
    this.id=id;
}
String getOrderNumber(){
    return orderNumber;
}
void setOrderNumber(String orderNumber){
    this.orderNumber=orderNumber;
}
double getPrice(){
    return price;
}
void setPrice(double price){
    this. price=price;
}
}
```

以上就构成了 Customer 类到 Orders 类的一对多关联，如图 7-18 所示。

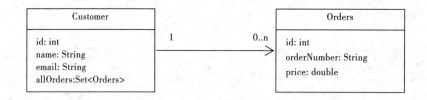

图 7-18　一对多关联

把多重性为多的订单类和关联映射为一张表，客户类单独映射为一张表，如表 7-4 所示。

表 7-4　订单类及关联所对应的表的结构

主键/外键	属 性 名	字 段 名
主键	订单 ID	id
否	订单序列号	oederNumber
否	价格	price
外键	客户 ID	customer_id

客户 ID 属性作为表的外键。

客户类似对应的表的结构如表 7-5 所示。

表 7-5 客户类所对应的表的结构

主键/外键	属 性 名	字 段 名
主键	客户 ID	customer_id
否	客户名称	name
否	电子邮箱	email

【例 7-3】多对多关联映射到表。

将多对多关联转化为一对多关联，然后按照一对多关联的处理方式进行处理，如图 7-19 和图 7-20 所示。

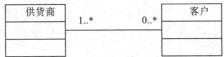

图 7-19 多对多关联

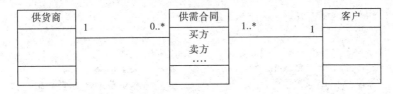

图 7-20 多对多关联转化为一对多关联

（2）对聚合的存储设计

由于聚合就是一种关联，所以对聚合的存储设计的规则与对关联进行存储设计的规则相同。由于组合中的整体与部分之间的关系是紧密的，有时把作为整体的类和作为部分的类都映射为一个表。

（3）对继承的存储设计

关系数据库中对单继承进行存储的方法如下：

① 把父类的各个特殊类的属性都集中到一般类中，创建一张表。

② 父类和各个子类分别创建一张表。父类的表与各子类的表用同样属性作为主关键字。

③ 父类为抽象类时，把父类的属性放在各个子类中，每个子类各建立一张表。

多继承的处理与此类似。

有 3 个需要存储的永久类，代表个人收藏品的 DbObject 类是代表油画的 Painting 类和代表音乐的 Music 类的父类。

类 DbObject 用来存放个人收藏品方面的数据，但它仅包含那些基本的收藏品项目。对于非基本类型的收藏项目，则由类 DbObject 的子类来实现。例如：

```
class DbObject{
    String author,title,date;            // 定义父类中的成员变量
    DbObject(String a,String t,String d){ // 定义父类中的构造函数
    author=a;
```

```
          title=t;
          date=d;
      }
      void display(){                    // 输出基本信息
         System.out.println("Author: "+author+"  Title: "+title+"  Date:"+date);
      }
}

class Painting extends DbObject{        // 扩展子类油画类
    int width,height;                   // 定义子类中新增的成员变量
    Painting(String a,String t,String d,int w,int h){  // 定义子类的构造函数
       super(a,t,d);                    // 调用父类的构造函数
       width=w;
       height=h;
    }
    void display(){                     // 覆盖父类中的相应方法
       super.display();                 // 调用父类中的display()方法
       System.out.println("Type: painting"+"  Size: width="+width+", height
          ="+ height);
    }
}
class Music extends DbObject{           // 扩展子类音乐类
    String performer;                   // 定义子类中新增的成员变量
    Music(String a,String t,String d,String p){  // 定义子类的构造函数
       super(a,t,d);                    // 调用父类的构造函数
       performer=p;
    }
    void display(){                     // 覆盖父类中的相应方法
       super.display();                 // 调用父类中的display()方法
       System.out.println("Type: music"+"  Performer: "+performer);
    }
}
public class DemoDB{
    public static void main(String arg[]){
       DbObject db=new DbObject("Bruce Eckel","Think in Java","1998");
       db.display();
       Painting pb=new Painting("Joan Miro","Brid","1970",24,36);
       pb.display();
       Music ma=new Music("Mozart","Figaro","1993","Yayo Ma");
       ma.display();
    }
}
```

程序运行结果:

```
Author: Bruce Eckel  Title: Think in Java  Date: 1998
```

```
Author: Joan Miro  Title: Brid  Date:1970
Type: painting  Size: width=24, height=36
Author: Mozart  Title: Figaro  Date: 1993
Type: music  Performer: Yayo Ma
```

第一种方法是父类和所有子类创建的所有对象都使用同一个表，如表 7-6 所示。

表 7-6　所有对象都使用同一个表时表的结构

主键/外键	属 性 名	字 段 名
主键	收藏品编号	id
否	作者	author
否	标题	title
否	日期	date
否	油画宽度	width
否	油画高度	height
否	演奏者	performer
否	收藏品类型	type

其中的收藏品类型用于区分本行的数据是描述油画的，还是描述音乐的。

第二种方法是父类和子类各对应一张表。各表中的主关键字都为收藏品编号，检索时用收藏品编号查找相应表中的行。在父类对应的表中，要用收藏品类型确定子表，如表 7-7～表 7-9 所示。

表 7-7　父类收藏品类所对应的表的结构

主键/外键	属 性 名	字 段 名
主键	收藏品编号	id
否	作者	author
否	标题	title
否	日期	date
否	收藏品类型	type

表 7-8　子类油画类所对应的表的结构

主键/外键	属 性 名	字 段 名
主键	收藏品编号	id
否	油画宽度	width
否	油画高度	height

表 7-9　子类音乐类所对应的表的结构

主键/外键	属 性 名	字 段 名
主键	收藏品编号	id
否	演奏者	performer

第三种方法是假设父类设备类是抽象类时，每个子类各对应一张表的方法，如表 7-10 和表 7-11 所示。

表 7-10 父类收藏品类是抽象类时子类油画类所对应的表的结构

主键/外键	属 性 名	字 段 名
主键	收藏品编号	id
否	作者	author
否	标题	title
否	日期	date
否	油画宽度	width
否	油画高度	height

表 7-11 父类收藏品类是抽象类时子类音乐类所对应的表的结构

主键/外键	属 性 名	字 段 名
主键	收藏品编号	id
否	作者	author
否	标题	title
否	日期	date
否	演奏者	performer

7.3.3 设计数据管理部分的其他方法

1. 针对面向对象数据库的数据存储设计

面向对象数据库管理系统本身提供了"存储自己"的功能，使每个对象能自己保存，所以应用系统和面向对象数据库的数据模型是一致的。只要把需要长期保存的对象标识出来即可，至于如何保存和恢复，由这种面向对象数据库管理系统自己去管。

如何用面向对象数据库管理系统提供的数据定义语言（DDL）、数据操纵语言（DML）以及其他可能支持的普通编程语言来实现面向对象设计模型是数据管理部分需要考虑的问题。而用 DDL 实现类和对象等概念的定义，用 DML 实现对象数据库的访问，都属于实现阶段的工作。

2. 针对文件的数据存储设计

针对文件系统的数据存储设计的具体方法与使用关系数据库系统进行设计类似。先根据需要存储的对象的属性值，列出永久类的相应属性，使类的属性列表符合所需要的范式定义，再把每个符合范式定义的那些属性定义为一个文件，进而可以按文件的结构读/写文件，或按串读/写文件。只是数据接口部分的工作要麻烦一些，需要考虑并发存取和进行记录更新期间的锁定和安全，以及对文件进行检索等问题。

7.4 控制驱动部分的设计

7.4.1 概述

控制驱动部分，又称任务管理部分，是面向对象设计模型中的一个组成部分。该部分由系统中的主动类构成，这些主动类是对系统主动对象的描述，每个主动对象驱动了系统中一个控制流。所有的主动类构成面向对象设计模型的控制驱动部分。

控制流是一个在处理机上顺序执行的动作序列，可以是进程（Process）或者线程（Thread）。在顺序程序中只有一个控制流，在并行/并发程序中含有多个控制流。

主动对象的主动服务发起控制流的执行。程序运行时，当一个主动对象被创建时，它的主动服务将被创建为一个进程或者线程。主动服务按照程序定义的操作逻辑调用其他对象的服务，形成了一个控制流。

根据问题域和系统责任，以及计算机硬件、操作系统和其他系统软件、网络硬件与软件、网络拓扑结构、系统分布方案、软件体系结构风格等实现条件，设计系统的并发/并行执行和控制流。把控制驱动部分作为面向对象设计模型的一个独立的组成部分来设计，将使上述实现条件的变化只影响这一部分，隔离对其他部分的影响。

7.4.2 系统的并行/并发性

现代计算机发展历程可以分为两个明显的发展时代：串行计算时代、并行计算时代。并行计算机是由一组处理单元组成的，这组处理单元通过相互之间的通信与协作，以更快的速度共同完成一项大规模的计算任务。因此，并行计算机的两个最主要的组成部分是计算结点和结点间的通信与协作机制。并行计算机体系结构的发展也主要体现在计算结点性能的提高以及结点间通信技术的改进两方面。

1．一个日常生活中例子

现实生活中并行/并发解决问题的方式有很多，例如手脚并用、边听边写。

下面讨论一下"统筹方法"中的泡茶问题。想泡壶茶喝：开水没有；水壶要洗，茶壶茶杯要洗；火生了，茶叶也有了。怎么办？

甲：洗好水壶，灌上凉水，放在火上；在等待水开的时间里，洗茶壶、洗茶杯、拿茶叶；等水开了，泡茶喝。

乙：做好一些准备工作，洗水壶，洗茶壶茶杯，拿茶叶；一切就绪，灌水烧水；坐待水开了泡茶喝。

丙：洗净水壶，灌上凉水，放在火上，坐待水开；水开了之后，急急忙忙找茶叶，洗茶壶茶杯，泡茶喝。

哪个人的做法节省时间？显然是甲，因为另外两个人的做法都"窝工"了。

事实上，洗好水壶是烧开水的先决条件：没开水，没茶叶，不洗茶壶、茶杯，就不能泡茶，因而这些都是泡茶的先决条件。而烧开水，洗茶壶、茶杯，拿茶叶没有严格的先后关系。

假设洗开水壶需要 1 分钟，把水烧开需要 10 分钟，洗茶壶、茶杯需要 2 分钟，拿茶叶需要 1 分钟，而泡茶需要 1 分钟。甲总共要 12 分钟（而乙、丙需要 15 分钟）。如果要缩短工时，提高效率，主要是烧开水这一环节，而不是拿茶叶这一环节；同时，洗茶壶、茶杯，拿茶叶总共需要 3 分钟，完全可以利用"等水开"的时间来做。

同时，如果有两个机器人，让它们泡茶，那最好的方法显然是按照"甲"的做法分工：机器人 A 去烧水，机器人 B 洗茶具；等水开了，泡茶喝。这里应用了分块的思维——把不相关的事务分开给不同的处理器执行。

如果由甲一人来完成这个泡茶过程，图 7-21 中 A 框部分可以并行。

如果由两个机器人来完成，而且有不少于 2 个水龙头供机器人使用，那么图 7-21 中 B 框的部分都可以并行而且能取得更高的效率。

可见能够合理利用的资源越多，并行的加速比率就越高。

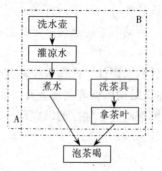

图 7-21　泡茶问题

2．顺序、并发与并行

顺序程序（Sequence Program）中只有一件事在进行处理，即使程序中包括多项工作，也不会在一个时间段同时做两项或者更多工作。程序中可以有分支、循环、子程序调用等各种复杂情况，但是一切都按确定的逻辑进行。给程序相同的输入，无论把这个程序执行多少次，其控制线路和执行结果都是相同的。顺序程序对应的系统就是顺序系统。

并发系统在同一段时间内执行多个任务，这些任务之间又没有确定的时间关系。描述并发系统的程序叫作并发程序（Concurrent Program）。程序要执行的多个任务在时间上没有确定的逻辑关系，但是又相互影响。这些任务的执行是相互交叉的，并且竞争地抢占处理机资源和其他资源。各个任务的交互和切换情况是随机的，甚至在一段时间内将有多少个任务并发执行也不能事先料定。并发系统最典型的例子是操作系统。在一个操作系统中要处理多道用户作业的运行、各种设备的驱动、各级中断处理、系统的高级调度和低级调度等多种并发执行的任务。并发程序在运行时，多个进程按一定的调度策略轮流地占用一个或多个处理机资源。每个进程是一个处理机分配单位。当它获得处理机资源时，就被执行；当它失去处理机资源时，其运行现场被保留下来，等待下一次获得处理机资源时恢复现场，从断点继续执行。从微观的角度看，每一台处理机在任何时刻至多只有一个进程在其上执行。所谓"多个进程并发执行"或"多个任务同时执行"是从比较宏观的时间尺度上说的。

总之，并发指宏观（从应用程序开发者层次上看，时间尺度较大）上计算机可以同时执行多个不相关的工作任务（是并行的），但从微观（从操作系统的线程管理角度和计算机硬件工程师层次）上时间尺度很小角度来看，这些工作任务并不是始终都在运行，每个工作任务都呈现出走走停停这种相互交替的状态。3 个任务在单处理器上交替执行的情形如图 7-22 所示。

图 7-22　3 个任务在单处理器上交替执行

从图 7-22 中可以看到，通过轮流使用单个处理器，尽管在任何时刻都只有一个工作任务在运行，但在一个比较长的时间间隔内，所有的工作任务都在并行运行中。由此可见，并发的好处之一就是使有限的处理器资源可以并行运行超过处理器个数的多个工作任务。所以，在操作系统级别，不管计算机本身是单核系统还是多核系统，都是采用微观上的并发来实现宏观上的并行，绝不允许一个工作任务长时间地独占某个处理器，直到其运行结束。

并行计算（Parallel Computation）的目标是，把一个本来可以顺序执行的任务，分解成多个可并行处理的子任务，把它分布到多个处理机上同时进行计算，以加快提高计算速度。一个任务能否被分解以及如何分解，是并行计算理论所研究的问题。并行计算要求在一个进程内部定义一些能够分别占用处理机，而且能够同时进行计算的执行单位（或者说处理机分配单位），每个这样的单位就是一个线程。一个进程内部可以包含一个或多个线程，它们共享这个进程所获得的资源；但是对处理机资源而言，每个线程是一个独立的处理机分配单位。这样处理更有利于计算机资源的合理利用，因为一个并行计算任务通常需要多个 CPU 和一组被多个线程共享的其他资源。线程的运行与调度需要操作系统支持，它的描述需要编程语言的支持。20 世纪 80 年代及其以后出现的许多操作系统和编程语言都支持这一概念。

总之，并行（Parallelism）是指多个工作任务在拥有多核 CPU（或多个单核 CPU）的多处理器计算机上同时执行。在这些工作任务运行的过程中，除非有任务提前结束或者延迟启动，否则，在任一时间点总有两个以上的工作任务同时运行。只要是同时运行的，就可以称之为是并行的。并行执行的 3 个工作任务在 3 个处理器上同时运行的情形如图 7-23 所示。

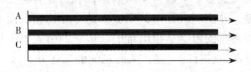

图 7-23　3 个任务在 3 个处理器上同时运行

3．进程和线程

进程和线程都是一个控制流，每个控制流的源头都是一个主动对象的主动服务。从主动服务开始执行，通过调用其他对象的服务形成整个控制流。

（1）进程

进程概念的出现使并发程序的设计思想发生了革命性的变化。把一个并发程序分解成若干能够顺序执行的程序单位，每个这样的程序单位的一次执行就称为一个顺序进程。动态地看，一个并发程序的运行实际上是有若干顺序进程在相互并发地执行。但是，每一个进程在逻辑上却是顺序执行的，其内部不再含有要求并发执行的多个任务。从程序的静态描述来看，并发程序的描述被分解为对若干顺序进程的描述。重点解决的问题是多个进程在执行中的资源共享、通信、同步与互斥、创建、撤销、挂起、唤醒、切换等。

进程与进程之间是并发执行的，但是进程本身是顺序的。在共享处理机资源的几个进程中，某个进程获得了处理机，控制点就转移到这个进程中。所以，进程是一个控制单位，又是一个由系列动作构成的流，称作一个控制流。

进程既是处理机资源的分配单位，同时又是其他计算机资源的分配单位。一个进程被激活执行，除了必须获得处理机之外，还需要其他资源：内存空间、外围设备等硬件的、物理的资源，文件、数据、模块、显示窗口等软件的、逻辑的资源。有的分配给一个进程作为其私有资源——进程的生命期内被独占，有的被多个进程共享，这些进程可在某种策略的控制下无冲突地访问共享资源。

在编程中，并发 Pascal、Modula 2、Ada 等并发程序设计语言可以在一个程序中定义多个进程，并解决进程之间的同步、互斥、资源共享等问题。这种语言通常被称作并行语言，使用这种语言实现一个并发系统可以只编写一个程序。C、Pascal、FORTRAN 等通用的编程语言不具备描述并发程序的功能，但是可以编写多个顺序程序创建多个进程，或者多次启动一个程序而创建多个进程，在操作系统的支持下实现这些进程之间的并发。

（2）线程

线程的概念出现于进程之后。它可以看作是并发程序设计技术的进一步发展，然而更重要的原因是由于并行计算技术的需要。进程既是处理机资源的分配单位，又是其他资源的分配单位；而线程仅仅是处理机资源的分配单位。一个进程可以包含一个或者多个线程，因此把进程称作重量级的控制流，而把线程称作轻量级的控制流。

从应用的角度看，进程的概念适合于解决系统固有的并发性问题。如果一个系统中的若干任务在本质上或者逻辑上是需要并发执行的，就把每个这样的任务定义成一个顺序进程。由多个顺序进程构成一个并发系统，实现固有的并发。进程也可以解决系统非固有的并发性问题。从需求和逻辑上看并不要求并发处理，但是为了提高运算效率或者为了便于实现等目的而人为增加系统的并发度，设计更多的进程进行处理。而解决一个并行计算问题时，通过在进程内部产生多个线程可能比定义更多的进程更为合理。并行计算问题只需要利用多个 CPU 来提高计算速度，而对其他资源的需求则是共同的一组。把整个问题的求解作为一个进程，进程中包含多个实现并行计算的线程。

并发程序设计语言能定义被多个进程共享的数据，例如，在并发 Pascal 中可以用管程（Monitor）描述被多个进程共享的资源，并实现进程对共享资源的排斥访问。而 C++、Java 等目前流行的编程语言中，定义被多个进程共享的数据是很困难的。但它们引入了线程概念，扩充了对线程的支持，包括对线程的描述、创建和运行的支持，从而也能够描述并行/并发系统。用一个进程内部的多个线程实现并行/并发，就可以很方便地把进程的私有数据作为被它的各个线程共享的数据，从而使这些线程可以通过其共享数据很方便地交换信息。

4．应用系统的并行/并发性

随着计算机网络、多处理机系统、分布式处理、并行计算等计算机软硬件技术的发展以及计算机应用领域的扩大，大量的应用系统都需要被设计成并行/并发系统。

从网络、硬件平台的角度看，应用系统的并行/并发性主要有以下几种情况：

① 分布在通过网络相连的不同计算机上的进程之间的并行。

② 在多 CPU 的计算机上运行的多个进程或线程之间的并行/并发。

③ 在单 CPU 的计算机上运行的多个进程或线程之间的并行/并发。

从应用系统的需求看，主要在以下几种情况下系统是并行/并发的：

① 用户需要跨地域进行业务处理的系统。

② 同时使用多台计算机或者一台计算机的多个 CPU 进行处理的系统。

③ 同时供多个用户或者一个用户的多个操作者使用的系统。

④ 在同一时间提供多项功能，或者说对多项功能的处理发生在同一时间的系统。

⑤ 通过多个对外接口与系统外部的多个人员、设备或其他系统同时进行交互的系统。

5．系统实例

很多情况下，开发环境和运行环境已经解决了系统的并行/并发问题，以下是几个典型的例子。但是，许多系统的并行/并发问题需要在软件的设计和实现中采取一定的措施，这部分内容在后续章节讨论。

【例 7-4】教务管理系统。

① 用 C 语言编写一个 Windows 程序，供教务员登记、查阅和统计学生考试成绩，所有课程的成绩表保存在一个文件中。程序是一个顺序程序，每执行一次程序就显示一个对话窗口，教务员可通过多次启动该程序而在多个窗口中进行不同的操作。

程序启动一次，就在 Windows 操作系统的支持下创建了一个进程。多次启动就创建多个进程，这个程序以及它使用的文件构成了一个并行/并发的应用系统。因为有特定运行环境的支持，程序员没有解决与进程的并行/并发执行有关的任何问题，Windows 操作系统解决了进程的创建、撤销、调度、资源分配等问题。

② 用 C 语言编写两个 Windows 程序，一个程序教务员用来登记成绩表，另一个程序本单位的任何教师或学生用来查阅成绩，两个程序共享同一个保存成绩表的文件。

两个顺序程序连同它们所使用的文件共同构成了一个并发系统。每个程序定义一类进程，每一次启动就创建一个相应的进程。教务员可以在一台终端上把负责登记成绩表的程序启动两次，在两个窗口中分别登记不同课程的成绩表。与此同时，可能有 3 个学生各在一台终端上启动另一个程序来查阅成绩。此时系统中同时有 5 个进程在并行/并发运行。进程之间所有的并行/并发处理问题都由 Windows 操作系统解决，不需要程序员为此做更多工作。

③ 采用 C/S 体系结构，允许教务员或者任何一位任课教师通过网络在不同的计算机上登记成绩表，也允许学生在网络的任何结点上查阅成绩。设计方案是：成绩表存放在服务器端，由一个数据服务器提供数据查询、数据更新等基本服务；安装在每台客户机上的程序与上例一样，也是一个负责成绩登记的程序和一个负责成绩查询的程序，但它们不是访问本机的文件，而是访问远程的数据库。

服务器上提供的服务以及每台客户机上运行的程序是相互并行的，每一台计算机上的不同进程也是相互并行/并发的。多个客户端的进程并行地访问同一个数据库时，数据库管理系统解决共享、互斥、数据完整性等问题；每台客户机上多个进程之间的并行/并发处理由 Windows 操作系统解决。

④ 采用 B/S 体系结构。设计方案是：负责成绩登记和成绩查看等功能的所有程序都在服务器上运行，客户机上只剩下一个产生浏览界面的程序。服务器上完成各项功能的进程是并行/并发执行的；一台客户机上也可以开出多个浏览界面，多个进程并行/并发执行。并行/并发处理由数据库管理系统和 Windows 操作系统解决。

【例 7-5】地球物理石油勘探数据处理系统，把通过数据采集设备获取的数据输入系统，经过数据处理，将地质信息显示在屏幕上。

① 用 3 个进程分别负责数据的输入、数据处理和显示。编写 3 个 C 程序，分别用于输入进程、数据处理进程和显示进程的创建，3 个进程并行/并发执行完成系统功能，如图 7-24 所示。

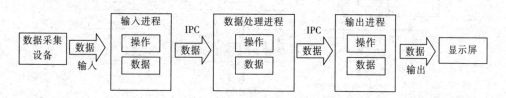

图 7-24　用多进程实现数据的输入、处理和显示

这种设计方案的问题是用每个 C 程序所创建的进程不能共享同一片内存空间中的数据，每个进程能够操作的数据只能是在它分配的数据空间中的私有数据。于是上述 3 个进程间只能通过使用进程间的通信（IPC）传送数据信息。由于数据量很大，将使系统性能受到严重影响，成为实时要求较高的系统运行时的瓶颈。

② 设计方案利用线程实现 3 个控制流。只设计一个进程，用一个 C 程序来实现。在这个程序中定义了 3 个线程，分别负责输入、数据处理和显示，通过线程与线程之间的并行/并发体现系统的并行/并发性，如图 7-25 所示。这个方案在一个进程内部的 3 个线程都共享该进程所定义的数据，不需在不同控制流间传送数据。但是，要考虑从多个线程之间数据互访问的实现，处理之前和处理之后的数据要分别用两个数据结构来描述等。

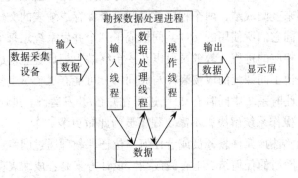

图 7-25　用多线程实现数据的输入、处理和显示

③ 石油勘探数据处理系统不仅需要勘探数据实时地显示出来，而且需进行更多的处理。可以设计若干进行各种专业化处理的进程，进程内部含有多个线程。各个进程之间的数据交换不太频繁，可以通过文件系统或者数据库管理系统来实现数据共享，也可以在进程之间通过 IPC 或 RPC（远程过程调用）传送数据。进程内部各个线程仍然共享进程私有数据空间的数据。系统中既有进程与进程之间的并行/并发，又有线程与线程之间的并行/并发，如图 7-26 所示。

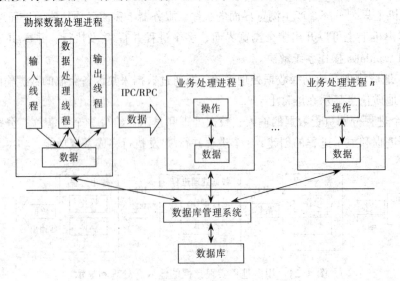

图 7-26　同时采用多进程和多线程

从分配处理机资源这个角度看，无论一个进程还是一个线程都是一个独立的处理机分配单位，都是一个控制流。在设计开始时，问题的关键在于从逻辑上理清这些控制流。此时，可以暂时忽略进程和线程之间的区别，只强调它们都是控制流。在深入考虑实现细节时，再根据操作系统、编程语言等条件决定把它们设计成进程还是线程。

7.4.3 设计控制驱动部分的方法

设计控制驱动部分的关键是识别系统中所有并发执行的任务，再用主动对象来表示这些任务。在网络环境下，系统中并发执行的任务与软件体系结构风格和系统分布方案等有关。

1．选择软件体系结构风格

分布式系统分布在不同处理机上的系统成分之间的通信方式，是由软件体系结构风格决定的。现在的技术条件下主要选择客户-服务器体系结构的几个变种：对等式客户-服务器体系结构、二层客户-服务器体系结构、三层客户-服务器体系结构、浏览器-服务器体系结构。

软件体系结构风格的选择，要综合考虑下面的各种因素，做出合理权衡：

① 被开发系统的特点：如系统类型、用户需求、系统规模、使用方式等。

② 网络协议：不同的网络协议支持不同的体系结构风格。

③ 可用的软件产品：网络软件、操作系统、数据库管理系统、现有的数据服务器等。

④ 成本：购置相应硬件及软件的成本、新开发软件的成本、系统的安装与维护成本。

⑤ 技术人员对所选择体系结构风格下实现技术的熟练程度以及所需的工期。

软件体系结构风格的确定，对系统分布方案有决定性的影响。

2．确定系统分布方案

系统的分布方案可以从数据分布和功能分布两方面进行考虑，将系统的数据和功能分布到各个结点上。面向对象方法开发的系统中，所有的数据和功能都是以对象为单位的。要对对象在各个结点上的分布进行设计，并把对象分布情况在类图中表示出来。下面从对象的分布、类的分布等方面考虑，把对象分布到通过网络相连的各台计算机上的设计方案。在模型中表示这种分布方案，每个结点是整个类图的一个局部，用一个包表示，如图7-27所示。

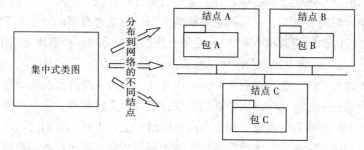

图7-27 把集中式的类图分散到各个结点上作为包

（1）对象的分布策略

面向对象方法开发的应用系统，数据分布和功能分布都将通过对象的分布而体现。总的原则是，把通信频繁、联系紧密的对象分布在同一个结点或者传输距离相近的结点上，尽可能减少网络上的通信频度和传输量。

① 由功能决定对象分布。在面向对象的系统中，系统的所有功能都是由对象通过其服务提供的。有些对象直接向系统边界以外的活动者提供了外部可见的功能，有些对象只是提供了可供系统内部的其他对象使用的内部功能。在用户需求中，对系统的外部可见功能大多针对特定的计算机。设计者可以根据上述要求，把直接提供外部可见功能的对象分布到相应的计算机上，与这些对象通信频繁或静态联系密切的其他对象也分布到相同的位置。

如果在网络的多个结点上都要求提供相同的功能，例如，系统中有多台功能相同的客户机，那么就在每一个结点上都分布提供这种功能的对象。也就是说，同一个类的不同对象，可以分布到每一台需要这种功能的计算机上。

② 由数据决定对象分布。系统中有许多数据是根据用户需求和宏观的设计决策要求，集中保存和管理的。例如，不同的用户对数据拥有的权限职责，以及建立哪些数据库或数据缓冲机制。

首先根据上述要求决定一部分对象的分布。把通过自己的属性保存上述数据的对象分布到相应的结点上。例如，把要求在一个关系数据库中保存数据的对象分布到这个数据库所在的服务器上。然后，把对这些数据操作频繁并且向其他对象提供公共服务的对象分布在同一个结点上。

数据管理部分与控制驱动部分是相关联的，主要有以下几方面：

- 当应用系统中一个类的对象需要在文件或关系数据库中存储时，则定义与这个类的数据结构一致的文件或数据库表。
- 该类的每个对象用文件的一个记录，或者用数据库表的一个元组保存。在文件或数据库表中增加一个记录或一个元组，就是创建了该类的一个对象。
- 需要设计一个名为"对象存取器"的类，负责把内存中的对象保存到文件或数据库表中，以及把文件或数据库表中的对象数据恢复成内存中的一个对象。

按照这种对象存储策略，在考虑对象分布时，所有需要在文件或者数据库中长期保存的对象，都被分布到其文件或数据库所在的结点上。"对象存取器"类的对象实例也分布在同个结点上。此外，在每一台要处理某一类对象的计算机上，都要按实现其处理所要求的数量创建相应的对象。

③ 参照面向对象分析的用例。面向对象分析中定义的每个用例所描述的功能，都由系统中一组紧密合作的对象来完成。这组紧密合作的对象应该分布到提供该项功能的那个结点上，这个结点就是在这个用例中参加交互的活动者直接使用的那台计算机。

通过面向对象分析的交互图，可以确定完成某个用例的紧密合作的对象。交互图中紧密合作的对象是通过控制流内部的消息相联系的，而松散合作的对象是通过控制流之间的消息相联系的。

④ 追踪消息。在一个集中式的类图中追踪控制流内部的消息，可以决定系统中对象的分布。从发起控制流的主动对象的一个主动服务开始，或者从一个与系统外部的活动者直接交互的对象服务开始，追踪由它发送的每个控制流内部的消息，发现消息接收者，重复追踪发现全部对象。通过控制流内部的消息相联系的对象，分布在同一个结点上。否则，它们之间的通信由控制流内部变为控制流之间，由本机通信变为远程通信，增加网络传输，系统性能受到影响。

（2）类的分布

如果整个系统只需要在一个结点上创建某个类的对象，那么这个类就分布在这个结点上，以便于用这个类创建相应的对象。

如果系统需要在多个结点上创建同一个类的对象实例，那么这个类就要分布到每个需要它的结点上。可以把其中一个结点上的这个类作为正本，把其他结点上出现的这个类表示为副本。一般的做法是服务器上的这个类作为正本，多个客户端上的这个类作为副本。副本的类在类名之后注明"《副本》"字样，属性栏和服务栏不写任何内容。表明在这个结点上需要用这个类创建对象，但它的定义是由该类的正本给出。

（3）类图的划分

把系统的集中式的类图分散到各个结点上，分别描述分布在各个结点上的对象，把每个结点上的类组织成一个包，从而表明对象和类在各个结点上的分布情况。

可以把每个结点上的包作为一个独立的子系统，用完整的类图表示。图中要包括所有在这个结点上直接创建对象的类，还要把这些类所要引用的其他类表示出来，例如，这些类继承的父类。这种策略的优点是每个结点的类图都可以在这个结点上独立地编程实现，缺点是各个结点上相互重复的类较多。用副本表示法来表示重复出现的类，包括副本的祖先。

也可以把每个结点的包作为在整个类图的一部分，而不是一个独立的类图。只需要把直接创建对象的类表示出来，这些类所要引用的其他类不需要表示出来。在多个结点重复出现的类采用副本表示法，但是副本的祖先就不再以副本的形式出现。

假如已经建立如图 7-28（a）所示的集中式的类图，其中类 A、B、C、D、E、F、G 描述的对象分布到服务器上，类 D、H 描述的对象分布到客户机上。类 D 既要在服务器上创建对象，也要在客户机上创建对象。

不管客户机的包怎样描述，描述服务器的包的策略都是一样的，如图 7-28（b）所示。

而客户机的包可以在显式地表示直接创建对象的类 D 的同时，它的父类 A 也在这个包中出现，都以副本的形式出现，如图 7-28（c）所示。这样，在实现时可以清楚地看出所有需要在这个结点上建立源代码的类以及它们之间的关系，同时也知道类 D 和类 A 的源代码可以从服务器包复制，不需要重新编写。这种策略适合较大的系统，把在每一种结点上实现的软件看成一个子系统。整个系统的模型由多个描述子系统的类图构成，可以分别实现。

客户机的包也可以只描述直接在客户机上创建对象实例的类 D，以副本的形式出现，它的父类 A 则不出现，如图 7-28（d）所示。这种表示策略比较简练，但是实现时要更多地参阅服务器包。这种策略适合较小的系统，整个系统可以只用一个完整的类图表示。

针对一个结点所定义的包并不只是局限于一个结点上，它定义了一类结点的实现。在 C/S 体系结构中，往往有多个客户机上的系统成分是完全相同的，所有系统成分相同的结点只需用一个包来描述。

在面向对象分析中，把包作为对系统中的类进行组织并进行粒度控制的一种机制。如果把面向对象设计中按结点划分的包，与面向对象分析的包简单地叠加，就会有太多的交叉。可以在对象分布方案确定之后，重新考虑整个系统的包划分。先把以结点为单位的包确定下来，如果一个结点上的类太多，再参照面向对象分析模型中的包划分，在这个结点内部划分内层的包。面向对象分析的某些包可能要被取消，以减少交叉。

按结点划分包，便于分别在各个结点上实现系统的各个局部，也有利于识别并行/并发执行的控制流并用主动对象表示。分布式系统中的并行/并发与分布的结点关系密切，通常要分别针对各个结点考虑控制流的设计和实现。

3．识别控制流

系统分布方案确定后，分布在不同结点的程序在各自的计算机上运行，彼此间自然是并行/

并发的。同时，分布在各个结点上的功能通过在不同的计算机上执行达到并行/并发，这样从用户需求出发也部分地确定了系统中并行/并发执行的任务。

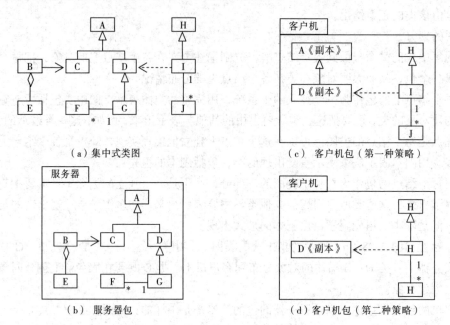

（a）集中式类图

（b）服务器包

（c）客户机包（第一种策略）

（d）客户机包（第二种策略）

图 7-28　按结点划分包

识别控制流的关键是以结点为单位识别控制流。以每个结点为单位考虑在每个结点上运行的程序的并行/并发，设计进程或线程控制流，以及结点间相互通信。

每个结点提供的系统功能中，也需要考虑在同一台计算机上并行/并发执行的任务。例如，用户要求在同一台计算机上不同的窗口中同时处理多项业务，或者为提高计算速度而把顺序执行的任务分解成可并行计算的多个子任务。

在选定的软件体系结构和系统分布方案的基础上，进一步采取下面的策略识别控制流。要避免多余的并行/并发，多余的并行/并发意味着系统复杂性和运行开销的增加。

（1）通过用例识别控制流

面向对象分析定义的每一个用例都描述了一项独立的系统功能。它描述了一项系统功能的业务处理流程，有可能需要通过一个控制流来实现业务处理流程。

不是每个用例都需要设计成控制流。例如，一个用例中所含的人机交互，如果是由系统首先发起的，表明它只是在某个控制流的驱动下完成了一项功能，作为其他控制流的一个组成部分去实现，它本身并不构成一个完整的控制流。

通常，下面情况应考虑针对一个用例专门设计相应的控制线程：一个用例描述的功能能够与系统的其他功能同时进行处理；一个用例描述的功能可以在未经系统提示的情况下随时要求执行；一个用例描述的功能是对系统中发生的异常事件进行异常处理的。

（2）通过主动对象识别控制流

面向对象分析模型的主动对象是问题域中一些有主动行为的事物的抽象描述。主动对象的一个主动服务，是创建后不必接收其他对象的消息就可以主动执行的服务，从系统运行的角度看是一个控制流的源头。面向对象设计可以通过主动对象确定这些控制流。

（3）从设计策略上识别控制流

① 增设控制流改善性能。增设执行以下几类任务的控制流，可以改善性能，通常采用进程。

- 高优先级任务：系统中的某些工作要求在限定的时间或者尽可能短的时间内完成。把这些对时间要求较高的工作从其他工作中分离出来，作为独立的任务，用专门设计的控制流实现，在执行时赋予较高的优先级。
- 低优先级任务——后台进程：系统中复制数据备份等工作在时间上要求很低，甚至没有时间要求。把这些工作与实时性要求较高的工作分离出来，作为独立的任务，用专门设计的控制流实现，在执行时赋予较低的优先级，就不会在业务繁忙时占用宝贵的处理机时间。
- 紧急任务：系统在遇到电网中断、地震等紧急情况时，要求在极为有限的时间内完成一些至关重要的紧急处理。在紧急情况下必须立即处理的工作，作为单独的任务，用专门的控制流去实现，它的执行不允许任何其他任务干扰。

② 实现并行计算的控制流。并行计算的目的也是为了提高性能。并行计算中由一个任务分解成的每个可并行计算的子任务，都应被设计为一个控制流。通常一个任务由一个进程实现，各个子任务由线程实现。

③ 结点间通信的控制流。应用系统中结点之间的通信，与软件体系结构风格和设计时系统的构造策略有关。在有些情况下，为了实现方便，要设计专门负责与其他结点通信的控制流。例如，在每个结点上设计一个负责对外通信的进程，它时刻关注来自其他结点的服务请求，并把这种请求转发给提供这种服务的其他进程。

④ 协调其他控制流的控制流。一个结点上有多个控制流时，需要设计一个对这些控制流进行协调和管理的控制流，通常是进程。例如，设计一个主进程，负责系统的启动和初始化、其他进程的创建与撤销、资源分配、优先级的授予等工作。

4. 用主动对象表示控制流

在面向对象的系统模型中，控制流在类图中没有显式地表示，而是隐含表示的。但是，从逻辑上讲，类图能够清楚地描述控制流。一个控制流就是主动对象中一个主动服务的一次执行。主动服务执行时调用其他对象的服务，后者又调用另外一些对象的服务，形成一个控制流的运行轨迹。在面向对象的系统中，一个控制流都可以用主动对象的一个主动服务来描述。主动对象类及其主动服务的表示法是：在类符号的名字栏，在类名之前增加一个字符@；在类符号的服务栏，在每个主动服务前增加一个字符@，如图 7-29 所示。

（1）区别进程和线程

在面向对象设计中，要区别一个主动服务所表示的控制流是进程还是线程。一个主动服务需要被实现为进程时，在书写时对齐服务栏的最左边；一个主动服务需要被实现为线程时，在服务栏中缩进一格开始书写。允许在一个主动对象类中只定义一个描述进程的服务，或者只定义一个描述线程的服务。

任何一个线程都是隶属于一个进程的。把一个进程和它们内部的线程分散到不同的对象去表示，它们之间的隶属关系就不明显了。所以，把一个进程以及隶属于它的所有的线程都组织在一个对象中。线程写在它们所属的进程之下，与之邻近，并且缩进一格开始书写。该对象也允许有若干被动服务。这种集中式表示法的缺点是一个主动对象过于庞大。

在 UML 中，在类的名字栏中内加《process》或《thread》，以表明这个类所描述的是进程还是线程。这样，进程和它内部的线程只能分散在不同的对象中，而且也不能指明对象中的哪个操作是主动的，除非限制主动对象只含有一个操作。

（2）主动对象表示控制流遵循的应用规则

① 在一个表示进程的主动对象中，有且仅有一个表示进程的主动服务。每一个进程分别用一个主动对象来表示，同一类的全部主动对象用一个主动类来描述。

② 若要把一个进程和隶属于它的线程分散到不同的对象中表示，则尽可能使每个对象中只含有一个表示线程的服务。这时，要把由进程创建其线程的消息表示出来，说明每个线程隶属的进程，如图 7-30 所示。

图 7-29　在主动对象类中表示进程和线程

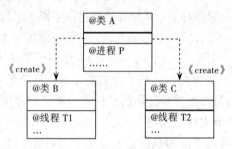

图 7-30　显式地表示由进程创建线程

③ 把进程和隶属于它的线程放在一个对象中表示时，应该把这个进程的全部线程都放在同一个对象中，避免一部分集中，一部分分散，使模型更容易理解，显得整齐和美观。

5. 把控制驱动部分看作一个包

主动对象表示系统中所有的控制流，在面向对象设计模型中会定义若干主动类。用一个包把所有的主动类组织在一起，这个包就是面向对象设计模型的控制驱动部分。把控制驱动部分看成一个包，便于从宏观上理解面向对象设计模型的这个组成部分。问题域部分、人机交互部分以及数据接口部分同控制驱动部分一样，都可以被看作一个包。

对于分布式的应用系统，在面向对象设计模型中用包表示系统在各个结点上的分布情况，有助于识别并行/并发执行的控制流，也便于针对不同的结点分别进行系统实现。如果在一个结点上分布的类较多（超过 7±2），在表示这个结点的包中保留面向对象分析阶段识别的包，有助于对复杂结点的理解。

习　题

1. 问题域部分的设计：

（1）如何复用已有的类？画出相关类图，并进行分析。

（2）调整多重继承的方法有哪些？画出相关类图，并进行分析，编写相关程序。

（3）如何调整多态性？画出相关类图，并进行分析，编写相关程序。

（4）提高性能的方法有哪些？画出相关类图，并进行分析。编写相关程序。

2. 人机交互部分设计中，对界面对象与问题域中的对象之间的通信进行设计时应注意哪些问题？

3. 数据管理部分的设计：

（1）面向对象、实体-联系以及关系数据库中的概念间的对应关系是什么？

（2）一对一和一对多关联关系映射到关系数据库的方法分别是什么？举例说明，给出库表结构。

（3）继承关系映射到关系数据库的方法有哪几种？举例说明，分别给出库表结构。

4. 控制驱动部分的设计：

（1）分别从包和类两方面考虑，如何将集中式类图分解到网络的各个结点上？

（2）如何在类图中表示线程，以及线程与进程之间的关系？

第8章 设计原则

学习目标

- 理解面向对象设计原则的基本概念。
- 掌握主要设计原则的概念、实现方法和实例。

可维护性和可复用性是两个独立的目标；可维护性复用是指在支持可维护性的同时，提高系统的可复用性。在面向对象的设计中，可维护性复用是以设计原则和设计模式为基础的。本章讲述主要的面向对象设计原则，包括开-闭原则、里氏代换原则、合成/聚合原则、依赖倒转原则、迪米特法则、接口隔离原则和单一职责原则。

8.1 概　　述

通常认为，一个可维护性较好的系统，就是复用率较高的系统；而一个可复用性好的系统，就是一个可维护性好的系统。但实际上，可维护性和可复用性是两个独立的目标，对于面向对象的软件系统设计来说，在支持可维护性（Maintainability）的同时，提高系统的可复用性（Reuseability）是一个核心的问题。

8.1.1　软件系统的可维护性

1．软件的维护

像电视机这样的家用电器，经常是买下后一用就是好几年，几乎不需要维修。而且，不可能把一个黑白电视机改成彩色电视机，或者将一个小电视机改成为一个大电视机。一个软件的维护则不同，有的软件开发只需要半年，维护则可能需要很多年。它不仅包括清除错误和缺陷，而且还要包括对已有性能的扩充，以满足新的设计要求。

一个好的软件设计，一个可维护性较好的系统，必须能够允许新的设计要求容易地加入到已有的系统中。

因为用户的要求经常变化，如果一个系统的设计不能预测系统的性能要求会发生什么样的变化，就会导致系统的设计无法与新的性能要求相容，造成系统设计无法跟上变化。即使新的性能可以添加到系统中，也不得不以某种破坏原始设计意图和设计框架的方式加入进去。

2．具有可维护性的设计目标

软件系统的性能要求都是会变化的，系统的设计应该为日后的变化留出足够的空间。一个好的系统设计应该有如下的性质：可扩展性、灵活性、可插入性。

① 可扩展性：新的性能可以很容易地加入系统中。要加入一个新性能，在增加一个独立的新模块的同时，不会影响很多其他模块，不会造成几个模块的改动。例如，一个新的制动防滑系统应该可以在不影响汽车其他部分的情况下加入系统中。如果加入这个防滑系统之后，汽车的转向盘因此出现问题，那么这个系统就不是扩展性好的系统。

② 灵活性：代码修改不会波及很多其他的模块。例如，一辆汽车的空调发生了故障，技师把空调修好之后，系统的发动机不能启动了，这就不是一个很灵活的系统。

③ 可插入性：可以很容易地将一个类用另一个有同样接口的类代替。一段代码、函数、模块可以在新的模块或者新系统中使用，这些已有的代码不会依赖于一大堆其他的东西。例如，应该可以很容易将一辆汽车的防撞气囊取出来，换上一个新的。如果将气囊取出来后，汽车的传动杆不工作了，那么这个系统就不是一个可插入性很好的系统。

8.1.2　系统的可复用性

复用可以提高生产效率。软件成分的重复使用可以为将来的使用节省费用。一个组件被复用的频率越高，组件的初始开发投资就相对越少。

复用可以提高软件质量。可复用的软件成分比不能复用的软件成分有更多的质量保证。

复用可以改善系统的可维护性。如果一个复用率高的软件组件有程序缺陷，这种缺陷可以快速、彻底地被排除。这样的软件成分有利于系统的可维护性。

1. 传统的复用

传统的复用通常有下面几种方式：

① 代码的剪贴复用：虽然代码的剪贴复用比完全没有复用好一些，但是代码的剪贴复用在具体实施时，要冒着产生错误的风险。管理人员不可能跟踪大块代码的变异和使用。由于同样或类似的源代码同时被复制到多个软件成分中，当这些软代码发生程序错误需要修改时，程序员需要独立地修改每一块复制的源代码。同样，多个软件成分需要独立地检测。复用所能节省的初期投资十分有限。

② 算法的复用：各种算法（如排序算法）得到了大量的研究。应用程序编程时通常不会建立自己的排序算法，而是在得到了很好的研究的各种算法中选择一个。

③ 数据结构的复用：队列、列表等数据结构得到了十分透彻的研究，可以方便地拿过来使用。

传统复用的缺陷就是复用常常是以破坏可维护性为代价的。例如，两个模块 A 和 B 同时使用另一个模块 C 中的功能。那么当 A 需要 C 增加一个新的行为时，B 有可能不需要甚至不允许 C 增加这个新行为。如果坚持使用复用，就不得不以系统的可维护性为代价；而如果从保持系统的可维护性出发，就只好放弃复用。可维护性与可复用性是有共同性的两个独立特性。因此，重要的是支持可维护性的复用，也就是在保持甚至提高系统的可维护性的同时，实现系统的复用。

2. 面向对象设计的复用

面向对象的语言（如 Java 语言）中，数据的抽象化、继承、封装和多态性等语言特性使得一个系统可在更高的层次上提供可复用性。数据的抽象化和继承关系使得概念和定义可以复用；多态性使得实现和应用可以复用；而抽象化和封装可以保持和促进系统的可维护性。这样一来，复用的焦点就不再集中在函数和算法等具体实现细节上，而是集中在最重要的含有宏观商业逻辑的抽象层次上。

这并不是说实现细节的复用不再重要，而是因为这些细节上的复用往往已经做得很好，而抽象层次是比这些细节更值得强调的复用，因为它们是在提高复用性的同时保持和提高可维护性的关键。

如果抽象层次的模块相对独立于具体层次的模块，具体层次内部的变化就不会影响到抽象层次的结构，所以抽象层次的模块的复用就会较为容易。

8.1.3 可维护性复用、设计原则和设计模式

在面向对象的设计中，可维护性复用是以设计原则和设计模式为基础的。

设计原则是在提高一个系统可维护性的同时，提高这个系统的可复用性的指导原则。依照这些设计原则进行系统设计，就可以实现可维护性复用。设计原则包括开-闭原则、里氏代换原则、依赖倒转原则、接口隔离原则、组合聚合复用原则、迪米特法则、接口隔离原则、单一职责原则。这些设计原则首先都是复用的原则，遵循这些设计原则可以有效地提高系统的复用性，同时提高系统的可维护性。

开-闭原则、里氏代换原则、依赖倒转原则和组合/聚合复用原则可以在提高系统可复用性的同时，提高系统的可扩展性。允许一个具有同样接口的新的类代替旧的类，是对抽象接口的复用。客户端不依赖于一个具体实现类，而是一个抽象的接口，那么这个具体类可以被另一个具体类所取代时，不会影响到客户端。

开-闭原则、迪米特法则、接口隔离原则可以在提高系统的可复用性同时，提高系统的灵活性。如果系统中每一个模块都相对于其他模块独立存在，并只保持与其他模块的尽可能少的通信，那么，其中某一个模块发生代码修改时，不会影响到其他模块。

开-闭原则、里氏代换原则、组合/聚合复用原则以及依赖倒转原则可以在提高系统的可复用性同时，提高系统的可插入性。例如，在一个符合开-闭原则的系统中，抽象层封装了与商业逻辑有关的重要行为，而具体实现由实现层给出。当一个实现类不满足需求需要用另一个实现类代替时，旧的类可以很方便地去掉，而由新的类替换。

设计模式分为创建模式、结构模式和行为模式三大类别，主要有 23 个。设计模式本身并不能保证一个系统的可复用性和可维护性，但是设计师运用设计模式的思想设计系统可以提高系统设计的复用性和可维护性。设计模式的思想有助于提高设计师的设计风格、设计水平，并促进同行之间的沟通。

8.2 开-闭原则

8.2.1 概念

开-闭原则（Open-Closed Principle，OCP）由 Bertrand Meyer 于 1988 年提出，是指软件应该对扩展开放，对修改关闭。在设计一个模块时，应当使这个模块可以在不被修改源代码的前提下被扩展——改变这个模块的行为。

满足开-闭原则的软件系统通过扩展已有的软件系统，可以提供新的行为，以满足对软件的新需求，使变化中的软件系统有一定的适应性和灵活性。同时，已有的软件模块，特别是最重要

的抽象层模块不能再修改，这就使变化中的软件系统有一定的稳定性和延续性。这样的软件系统是一个在高层次上实现了复用的系统，也是一个易于维护的系统。

8.2.2　实现方法

运用面向对象技术，定义不再更改的抽象层，但允许有无穷无尽的行为在实现层被实现。面向对象语言中抽象数据类型（如 Java 语言的抽象类或接口），可以规定出所有的具体类必须提供的方法的特征作为系统设计的抽象层；这个抽象层预见了所有的可能扩展，在任何扩展情况下都不改变；系统的抽象层不修改，满足了开–闭原则中对修改关闭的要求。同时，由于从抽象层导出一个或多个新的具体类可以改变系统的行为，因此系统的设计对扩展是开放的，这就满足了开–闭原则对扩展开放的要求。

另外，考虑设计中什么可能会发生变化。注意考虑的不是什么会导致设计改变，而是允许什么发生变化而不让这一变化导致重新设计。

尽管在很多情况下，无法百分之百地做到开–闭原则，但是即使是部分满足，也可以显著地改善一个系统的结构。

8.2.3　与其他设计原则的关系

其他设计原则都是开–闭原则的手段和工具，是附属于开–闭原则的。

① 里氏代换原则：任何父类可以出现的地方，子类一定可以出现。里氏代换原则是对开–闭原则的补充，是对实现抽象化的具体步骤的规范。实现开–闭原则的关键是创建抽象化，并且从抽象化导出具体化。而从抽象化到具体化的导出要使用继承关系和里氏代换原则。一般而言，违反里氏代换原则的，也违背开–闭原则，反过来并不一定成立。

② 依赖倒转原则：要依赖于抽象，不要依赖于实现。依赖倒转原则与开–闭原则之间是目标和手段之间的关系：要想实现"开–闭"原则这个目标，就应当坚持依赖倒转原则。违反依赖倒转原则，就不可能达到开–闭原则的要求。

③ 合成/聚合复用原则：要尽量使用合成/聚合实现复用，而不是继承。遵守合成/聚合复用原则是实现开–闭原则的必要条件。

④ 接口隔离原则：应当为客户端提供尽可能小的单独的接口，而不要提供大的总接口。这是对一个软件实体与其他软件实体的通信的限制。遵循接口隔离原则，会使一个软件系统在功能扩展的过程中，对一个对象的修改不会影响到其他的对象。

⑤ 迪米特法则：一个软件实体应当与尽可能少的其他实体发生相互作用。当一个系统功能扩展时，模块如果是孤立的，就不会影响到其他模块。遵守迪米特原则的系统在功能需要扩展时，会相对更容易地做到对修改的关闭。

8.2.4　实例

绝对地对修改进行关闭是不可能的，设计人员必须对于他设计的模块应该对哪种变化封闭做出选择。必须先猜测出最有可能发生的变化种类，然后通过构造抽象来隔离那些变化，有时会把本该简单的设计做得非常复杂。

但可以在发生小变化时，及早去想办法应对可能发生的更大变化。在最初编写代码时，假设变化不会发生。当变化发生时，就创建抽象来隔离以后发生的同类变化。

例如加法程序，很快在一个 client 类中就完成，此时变化还没有发生。然后，加一个减法功能，会发现增加功能需要修改原来这个类，这就违背了开-闭原则，于是就该考虑重构程序，增加一个抽象的运算类，通过一些面向对象的手段，如继承、多态等来隔离具体加法、减法与 client 耦合，需求依然可以满足，还能应对变化。这时又要再加乘除法功能，就不需要再去更改 client 以及加法减法的类，而是增加乘法和除法子类即面对需求，对程序的改动是通过增加新代码进行的，而不是更改现有的代码，这就是开-闭原则。

开发工作展开不久就要知道可能发生的变化，否则如果加法运算都在很多地方用了，再考虑抽象、分离，就很困难。

同时，也不需要对应用程序中的每个部分都刻意地进行抽象，拒绝不成熟的抽象和抽象本身一样重要。

某图形界面系统提供了各种不同形状的按钮，客户端可针对这些按钮进行编程，用户可能会改变需求要求使用不同的按钮。原始设计方案如图 8-1 所示。

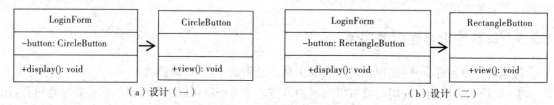

（a）设计（一）　　　　　　　　　　　　　　（b）设计（二）

图 8-1　不满足开-闭原则的设计

现对该系统进行重构，使之满足开闭原则的要求，如图 8-2 所示。

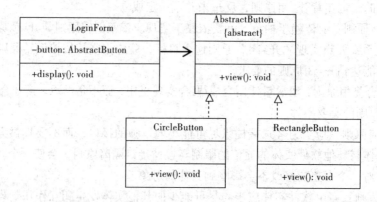

图 8-2　满足开-闭原则的设计

8.3　里氏代换原则

8.3.1　概念

里氏代换原则由麻省理工学院教授 Barbara Liskov（2008 年图灵奖得主、美国第一位计算机科学女博士）和卡内基·梅隆大学 Jeannette Wing（周以真）教授于 1994 年提出。

里氏代换原则（Liskov Substitution Principle，LSP）是指所有引用基类（父类）的地方必须能透明地使用其子类的对象。子类型必须能够替换掉它们的父类型；子类继承了父类，子类可以以父类的身份出现。也就是说，在软件中，把父类都替换成它的子类，程序的行为没有变化。

里氏代换原则的一种描述是：如果对每一个类型为 T1 的对象 o1，都有类型为 T2 的对象 o2，使得以 T1 定义的所有程序 P 在所有的对象 o1 都代换成 o2 时，程序 P 的行为没有变化，那么类型 T2 是类型 T1 的子类型。

假设有两个类，一个是 Base 类，另一个是 Sub 类，并且 Sub 类是 Base 类的子类。那么一个方法如果可以接受一个父类对象 b：method l(Base b)，那么它必然可以接受一个子类对象 s，即 method1(Sub s)是正确的。

注意：反过来的代换则不成立，即如果一个软件实体使用的是一个子类，那么它不一定适用于父类。如果一个方法 method2 接受子类对象为参数：method2(Sub s)，那么 method2(Base b)不一定正确。

里氏代换原则是继承复用的基础。只有当子类可以替换掉父类，软件单位的功能不受到影响时，父类才能真正被复用，而子类也能够在父类的基础上增加新的行为。例如，狗是继承动物类的，以动物的身份拥有吃、喝、跑、叫等行为。当需要猫、羊也拥有类似的行为时，由于它们都是继承于动物，所以除了更改实例化的地方外，不需要改变程序其他地方。

```
class Animal{
    //…
}
class Dog extends Animal{
    //…
}
class Cat extends Animal{
    //…
}
class Sheep extends Animal{
    //…
}
class client{
    Animal animal=new Dog();   // Animal animal=new Cat();
    //…
}
```

正是由于子类型的可替换性才使得使用父类类型的模块在无须修改的情况下就可扩展；所以，有了里氏代换原则，才能够满足开–闭原则。而依赖倒转原则中指出，依赖了抽象的接口或抽象类，就不怕更改，原因也在于里氏代换原则。

8.3.2 Java 语言与里氏代换原则

在编译时期，Java 语言编译器会检查一个程序是否符合里氏代换原则。

例如，一个父类 Base 声明了一个 public 方法 method()，那么其子类 Sub 不能将这个方法的访问权限从 public 改换成为 package/private。也就是说，子类型不能使用一个低访问权限的方法 private method()覆盖父类的方法 public method()呢。

原因是客户端完全有可能调用父类的公开方法。若以子类代之，这个方法变成了私有的，客户端不能调用。这是违反里氏代换法则的，Java 编译器编译会报错。

但是，Java 编译器不能检查一个系统在具体实现和商业逻辑上是否满足里氏代换法则。典型的例子就是"圆形类是否是椭圆形类的子类"和"正方形类是否是长方形类的子类"的问题。

8.3.3 实例

1. 取消继承关系

如果有两个具有继承关系的类 A 和 B 违反了里氏代换原则，就要取消继承关系，可考虑采用下面的方案之一。

① 创建一个新的抽象类 C，作为两个具体类的父类，将 A 和 B 的共同行为移动到 C 中，从而解决 A 和 B 行为不完全一致的问题，如图 8-3 所示。

② 从 A 和 B 的继承关系改写为合成/聚合关系。

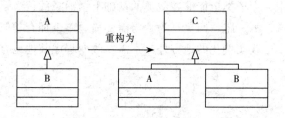

图 8-3　创建一个新类 C

下面以圆形是否是椭圆形的子类的问题为例来说明第一种方案，第二种方案参见合成/聚合复用原则。

一个椭圆形 Ellipse 类的定义如下：

```
class Ellipse{
    private long major_axis;
    private long short_axis;
    public void setMajor_axis(long major_axis){
        this.major_axis=major_axis ;
    }
    public long getMajor_axis(){
        return this.major_axis ;
    }
    public void setShort_axis(long short_axis){
        this.short_axis=short_axis ;
    }
    public long getShort_axis(){
        return this.short_axis ;
    }
}
```

当 major_axis 与 short_axis 相等时，就得到了圆形对象。Circle 类的源代码如下：

```
class Circle{
    private long radius;
    public void setRadius(long radius){
        this.radius=radius;
    }
    public long getRadius(){
        return radius;
    }
}
```

改写圆形 Circle 类，使 Circle 类成为椭圆形 Ellipse 类的子类。

```
class Circle extends Ellipse{
    private long radius;
    public void setMajor_axis(long major_axis){
        setRadius(major_axis);
    }
    public long getMajor_axis(){
        return getRadius();
    }
    public void setShort_axis(long short_axis){
        setRadius(short_axis);
    }
    public long getShort_axis(){
        return getRadius();
    }
    public long getRadius(){
        return radius;
    }
    public void setRadius(long radius){
        this.radius=radius;
    }
}
```

当 major_axis 或 short_axis 被赋值时，实际上是给 radius 赋值。同时，当获取 major_axis 或 short_axis 的值时，返回的是 radius 的值。这样，椭圆形的长轴和短轴总是相等的。

但是，考虑下面的 resize() 方法。当传入的是一个 Ellipse 类的对象时，这个 resize() 方法会将短轴不断增加，直到它超过长轴才停下来。

```
class Test{
    public void resize(Ellipse e){
        while (e.getShort_axis()<=e.getMajor_axis()){
            e.setShort_axis(e.getShort_axis()+1);
            System.out.println("Short_axis="+e.getShort_axis());
            System.out.println("Major_axis="+e.getMajor_axis());
        }
    }
}
```

　　然而，如果传入的是一个 Circle 类的对象时，这个 resize() 方法就会将圆形的半径不断地增加下去，直到溢出为止。

```
class Client{
    public static void main(String[] args){
        Circle c=new Circle();
        c.setRadius(6);
        Test t=new Test();
        t.resize(c);
    }
}
```

里氏代换原则被破坏了，因此 Circle 不应当成为 Ellipse 的子类。里氏代换原则与常规数学法则和生活常识是有区别的。

　　实际上，Ellipse 与 Circle 都应当属于圆锥曲线（Conic）类的子类。

　　这样，通过一个 Conic（圆锥曲线）类，并将 Ellipse 与 Circle 变成它的具体子类，就解决了 Ellipse 与 Circle 的关系不符合里氏代换原则的问题。

```
interface Conic{
    public long getMajor_axis();
    public long getShort_axis();
}
```

这个圆锥曲线类只声明了两个取值方法，没有声明任何赋值方法。

Ellipse 类的源代码如下，给出了相应的赋值方法。

```
class Ellipse implements Conic{
    private long major_axis ;
    private long short_axis ;
    public void setMajor_axis(long major_axis){
        this.major_axis=major_axis ;
    }
    public long getMajor_axis(){
        return this.major_axis;
    }
    public void setShort_axis(long short_axis){
        this.short_axis=short_axis ;
    }
    public long getShort_axis(){
        return this.short_axis;
    }
}
```

圆形类的源代码如下，也给出了相应的赋值方法。

```
class Circle implements Conic{
    private long radius;
    public void setRadius(long radius){
        this.radius=radius;
    }
```

```
public long getRadius(){
    return radius;
}
public long getMajor_axis(){
    return getRadius ();
}
public long getShort_axis(){
    return getRadius();
}
}
```

父类 Conic 类没有赋值方法，因此类似于 Test 类的 resize()方法不可能适用于 Conic 类型，而只能适用于不同的具体子类 Ellipse 和 Circle，因此里氏代换原则没有被破坏。

圆形类不是作为椭圆形的子类，因为圆形类不具有椭圆形类所有的行为。但是，不变圆形类（半径不会发生变化的圆形）是可以成为椭圆形类的子类的。

2. CRM 系统中的客户

在 CRM 系统中，客户（Customer）可以分为 VIP 客户（VIPCustomer）和普通客户（Common Customer）两类，系统需要提供一个发送 E-mail 的功能，原始设计方案如图 8-4 所示。

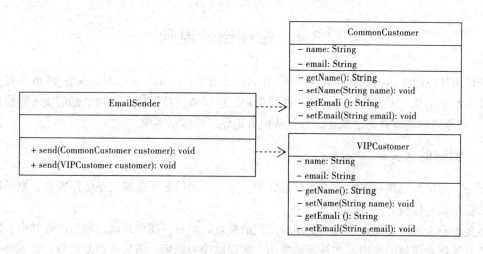

图 8-4　CRM 系统中的客户

在对系统进行进一步分析后发现，无论是普通客户还是 VIP 客户，发送邮件的过程都是相同的，也就是说两个 send()方法中的代码重复，而且在本系统中还将增加新类型的客户。

为了让系统具有更好的扩展性，同时减少代码重复，使用里氏代换原则对其进行重构。

在本实例中，可以考虑增加一个新的抽象客户类 Customer，而将 CommonCustomer 和 VIPCustomer 类作为其子类。邮件发送类 EmailSender 类针对抽象客户类 Customer 编程。

根据里氏代换原则，能够接受基类对象的地方必然能够接受子类对象，因此将 EmailSender 中的 send()方法的参数类型改为 Customer，如果需要增加新类型的客户，只需将其作为 Customer 类的子类即可。重构后的结构如图 8-5 所示。

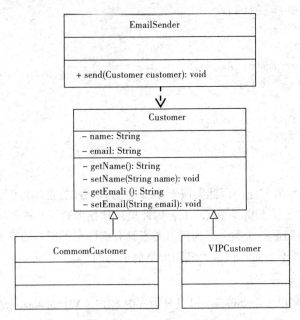

图 8-5 满足里氏代换原则的 CRM 系统中的客户

8.4 依赖倒转原则

依赖倒转原则（Dependence Inversion Principle，DIP）是 Robert C. Martin 在 1996 年提出的，是指要依赖于抽象，不要依赖于具体；高层模块不应该依赖低层模块，两个都应该依赖抽象。而实现开–闭原则的关键就是抽象化，并且从抽象化导出具体化实现。

8.4.1 倒转的含义

每一个逻辑的实现都是由原子逻辑组成的，不可分割的原子逻辑就是低层模块，原子逻辑的再组装就是高层模块。

从复用角度来看，设计者应当复用高层次的模块。但是，在传统的过程性的设计中，复用却侧重于具体层次模块的复用，如算法的复用、数据结构的复用、函数库的复用等，都不可避免是具体层次模块里的复用。在进行面向过程的开发时，为了使常用代码可以复用，一般都会把这些常用代码写成许许多多函数的程序库，这样在做新项目时，去调用这些低层的函数即可。例如，项目大多要访问数据库，所以就把访问数据库的代码写成了函数，每次做新项目时就去调用这些函数，这称为高层模块依赖低层模块。较高层次的结构依赖于较低层次的结构，较低层次的结构又进一步依赖于更低层次的结构，如此继续，直到依赖于每一行的代码。较低层次上的修改，会造成较高层次的修改，直到高层次逻辑的修改。同样，传统的做法也强调具体层次上的可维护性，包括一个函数、数据结构等的可维护性，而不是高级层次上的可维护性。

这么做存在很大的问题。要做新项目时，发现业务逻辑的高层模块都是一样的，但客户却希望使用不同的数据库或存储信息方式，这时就出现了麻烦。在希望能再次利用这些高层模块时，高层模块都是与低层的访问数据库绑定在一起的，结果就没办法复用这些高层模块。

如果不管高层模块还是低层模块，它们都依赖于抽象（接口或抽象类），只要接口是稳定的，那么任何一个更改都不用担心其他受到影响，这就使得无论高层模块还是低层模块都可以很容易地被复用。依赖了抽象的接口或抽象类就不怕更改，这是由里氏代换原则决定的。依赖倒转其实就是谁也不要依靠谁，除了约定的接口，都灵活自如。

从复用的意义上讲，既然抽象层次含有一个应用系统最重要的宏观商务逻辑，是做战略性判断和决定的地方，那么抽象层次就应当是较为稳定的，应当是复用的重点——复用应当将重点放在抽象层次上。如果抽象层次的模块相对独立于具体层次的模块，那么抽象层次的模块的复用就相对较为容易。同样，最重要的宏观商务逻辑也应当是维护的重点。因此，遵守依赖倒转原则会带来复用和可维护性的倒转。

依赖倒转其实可以说是面向对象设计的标志，用哪种语言来编写程序不重要。如果编写程序时考虑的都是如何针对抽象编程而不是针对细节编程，即程序中所有的依赖关系都是终止于抽象类或者接口，那就是面向对象的设计，反之就是过程化的设计。

8.4.2 概念

1. 依赖倒转原则

依赖倒转原则指的是抽象不应当依赖于细节；细节应当依赖于抽象。依赖倒转原则还可以表达为要针对接口编程，不要针对实现编程。

代码要依赖于抽象的类，而不要依赖于具体的类；要针对接口或抽象类编程，而不是针对具体类编程。

在程序设计语言中，抽象就是指接口或抽象类，两者都是不能直接被实例化的；细节就是实现类，实现接口或继承抽象类而产生的类就是细节，其特点就是可以直接被实例化，也就是可以加上一个关键字 new 产生一个对象。

针对接口编程是指应当使用抽象类或接口进行变量的类型声明、参量的类型声明、方法的返还类型声明，以及数据类型的转换等。不要针对实现编程的意思是指不应使用具体类进行这些工作。要达到这个要求，一个具体类应当只实现抽象类或 Java 接口中声明过的方法，而不应给出多余的方法。

依赖倒转原则在程序设计语言中的表现就是：模块间的依赖是通过抽象发生，实现类之间不发生直接的依赖关系，其依赖关系是通过接口或抽象类产生的；接口或抽象类不依赖于实现类；实现类依赖接口或抽象类。

只要一个被引用的对象存在抽象类型，就应当在任何引用此对象的地方使用抽象类型，包括参量的类型声明、方法返还类型的声明、属性变量的类型声明等。

在 Java API 中定义了 AbstractList 类，它继承了 AbstractCollection 类，实现了 List 接口，并有 AbstractSequentialList、ArrayList、Vector 等直接子类。

对于代码：

```
List employees=new Vector();
```

在 employees 对象声明的类型是 List 接口，但却实例化为 Vector 类的对象，这就是针对接口编程的含义。

这句其实是指父类对象 employees 是子类 Vector 对象的上转型对象。上转型对象不能操作子类新增的成员变量（失掉了这部分属性）；不能使用子类新增的方法（失掉了一些功能）。上转型对象可以操作子类继承或者隐藏的成员变量，也可以使用子类继承的或者重写（覆盖）的方法。上转型对象操作子类继承或重写（覆盖）的方法，其作用等价于子类对象去调用这些方法。因此，如果子类重写（覆盖）了父类的某个方法，则当对象的上转型对象调用这个方法时一定是调用了这个重写（覆盖）的方法。

尽量不要使用下面的声明语句：

```
Vector employees=new Vector();
```

二者的区别在于前者使用一个抽象类型（List 是 Java 接口）作为类型，而后者使用一个具体类（Vector）作为变量的类型。前者的优点是在将 Vector 类型转换成 ArrayList 时，需要改动得很少：

```
List employees=new ArrayList();
```

这样的程序具有更好的灵活性，因为除了调用构造函数的部分之外，程序的其余部分没有变化。

2．抽象耦合

在面向对象的系统里，两个类之间有零耦合、具体耦合和抽象耦合 3 种类型的耦合关系。零耦合是指两个类没有耦合关系。具体耦合是指在两个具体类之间的耦合，一个类对另一个具体类直接引用。抽象耦合是指一个具体类和一个抽象类/Java 接口之间的耦合，有最大的灵活性。依赖倒转原则要求客户端依赖于抽象耦合。

以抽象方式耦合是依赖倒转原则的关键。依赖倒转原则的本质就是通过抽象（接口或抽象类）使各个类或模块的实现彼此独立，不互相影响，实现模块间的松耦合。

由于一个抽象耦合关系总要涉及具体类从抽象类继承，并且需要保证在任何引用到父类的地方都可以改换成其子类，因此，里氏代换原则是依赖倒转原则的基础。

3．依赖倒转原则的特点

依赖倒转原则的作用包括减少类间的耦合性，提高系统的可维护性，减少并行开发引起的风险，提高代码的可读性。

依赖倒转原则的优点在小型项目中很难体现出来，例如小于 10 人·月的项目，基本上不费太大力气就可以完成，是否采用依赖倒转原则影响不大。但是，在一个大中型项目中，采用依赖倒转原则可以带来非常多的优点，特别是规避一些非技术因素引起的问题。项目越大，需求变化的概率也越大，通过采用依赖倒转原则设计的接口或抽象类对实现类进行约束，可以减少需求变化引起的工作量剧增的情况。人员的变动在大中型项目中也是时常存在的，如果设计优良、代码结构清晰，人员变化对项目的影响基本为零。大中型项目的维护周期一般都很长，采用依赖倒转原则可以让维护人员轻松地扩展和维护。

依赖倒转原则是面向对象设计的核心原则，设计模式的研究和应用是以依赖倒转原则为指导原则的，如工厂模式、模版模式和迭代模式等。

但是，依赖倒转原则是最不容易实现的。为满足依赖倒转原则，对象的创建一般要使用对象工厂，以避免对具体类的直接引用。

同时，依赖倒转原则还会导致大量的类。在抽象层次上的耦合虽然有灵活性，但也带来了额外的复杂性。在某些情况下，如果一个具体类发生变化的可能性非常小，那么抽象耦合能发挥的优点便十分有限，这时使用具体耦合反而会更好。

此外，依赖倒转原则假定所有的具体类都是会变化的。实际上有一些具体类可能是相当稳定、不会发生变化的，使用这个具体类实例的客户端完全可以依赖于这个具体类型，而不必为此设计一个抽象类型。

8.4.3 实例

1. 账号管理

账号 Account 类中创建了一个表示账号种类的 AccountType 类的对象和一个表示账号状态的 AccountStatus 类的对象，它们是聚合关系。AccountType 类和 AccountStatus 类都是抽象类，每个抽象类都有两个具体的子类。AccountType 类的两个具体子类是代表储蓄账号的 Saving 类和代表结算账号的 Settlement 类；AccountStatus 类的两个具体子类是表示账号处于"开"状态的 Open 类和表示账号处于"冻结"状态的 frozen 类。

```
class Account{
    private AccountType accountType;
    private AccountStatus accountStatus;
    public Account(AccountType acctType){
        //…
    }
    public void deposit(float amount){
        //…
    }
}
abstract class AccountType{
    public abstract void deposit(float amount);
}
abstract class AccountStatus{
    public abstract void sendMessage();
}
class Savings extends AccountType{
    public void deposit(float amount){
        //…
    }
}
class Settlement extends AccountType{
    public void deposit(float amount){
        //…
    }
}
class Open extends AccountStatus{
    public void sendMessage(){
        //…
    }
}
class Frozen extends AccountStatus{
    public void sendMessage(){
```

```
        //…
    }
}
```

Account 类依赖于 AccountType 和 AccountStatus 两个抽象类型，而不是它们的子类型。Account 类不依赖于具体类，因此当有新的具体类型添加到系统中时，Account 类不必改变。

例如，如果系统增加新类型的账号：代表支票账户的 Checking 类、Account 类以及系统中所有其他依赖于 AccountType 抽象类的客户端类都不用修改。如图 8-6 所示。

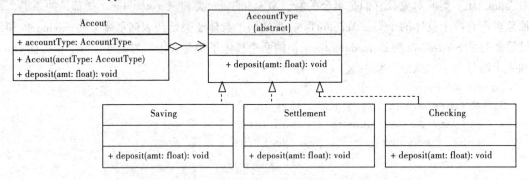

图 8-6　账号管理

```
class Checking extends AccountType{
    public void deposit(float amount){
      //…
    }
}
```

2. 数据转换模块

某系统提供一个数据转换模块，可以将来自不同数据源的数据转换成多种格式，如可以转换来自数据库的数据（DatabaseSource），也可以转换来自文本文件的数据（TextSource）。转换后的格式可以是 XML 文件（XMLTransformer），也可以是 XLS 文件（XLSTransformer）等，如图 8-7 所示。

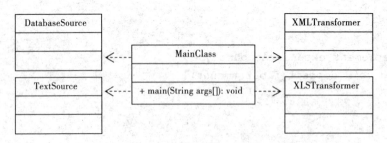

图 8-7　数据转换模块

由于需求的变化，该系统可能需要增加新的数据源或者新的文件格式，每增加一个新的类型的数据源或者新的类型的文件格式，客户类 MainClass 都需要修改源代码，以便使用新的类，但违背了开闭原则。现使用依赖倒转原则对其进行重构，如图 8-8 所示。

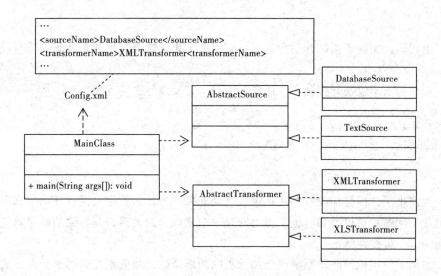

图 8-8　满足依赖倒转原则的数据转换模块

3. 司机开车

司机驾驶奔驰车的类图如图 8-9 所示。

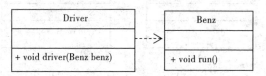

图 8-9　司机驾驶奔驰车

奔驰车可以提供一个方法 run()，代表车辆运行。

```java
public class Benz{ //汽车肯定会跑
    public void run(){
        System.out.println("奔驰汽车开始运行...");
    }
}
```

司机通过调用奔驰车的 run() 方法开动奔驰车。

```java
public class Driver{    //司机的主要职责就是驾驶汽车
    public void drive(Benz benz){
        benz.run();
    }
}
```

有车和司机这两个类，在 Client 端可以创建相应的对象。

```java
public class Client{
    public static void main(String[] args){
        Driver zhangSan=new Driver();
        Benz benz=new Benz();    //张三开奔驰车
        zhangSan.drive(benz);
```

```
    }
  }
```

通过以上代码，实现了司机开动奔驰车。到目前为止，这个司机开奔驰车的项目没有任何问题。

但是，司机张三不仅要开奔驰车，还要开宝马车，又该怎么实现呢？

```
public class BMW {                //宝马车当然也可以开动了
  public void run(){
    System.out.println("宝马汽车开始运行...");
  }
}
```

宝马车也产生了，但是却没有办法让张三开动起来，为什么？张三没有开动宝马车的方法。

设计出现了问题：司机类和奔驰车类之间是一个紧耦合的关系，其导致的结果就是系统的可维护性大幅降低，可读性降低。

可见，如果不使用依赖倒转原则就会加重类间的耦合性，降低系统的可维护性，增加并行开发引起的风险，降低代码的可读性。

上面的例子，引入依赖倒转原则后的类图如图 8-10 所示。

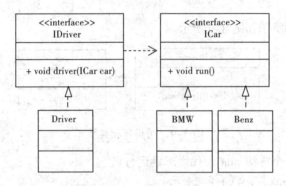

图 8-10　满足依赖倒转原则的司机驾车

建立了两个接口：IDriver 和 ICar，分别定义了司机和汽车的各个职能，司机驾驶汽车，必须实现 drive()方法。

```
public interface IDriver{                //是司机就应该会驾驶汽车
  public void drive(ICar car);
}
public class Driver implements IDriver{
  public void drive(ICar car){           // 司机的主要职责就是驾驶汽车
    car.run();
  }
}
```

在 IDriver 中，通过传入 ICar 接口实现了抽象之间的依赖关系，Driver 实现类也传入了 ICar 接口，至于到底是哪个型号的 Car 需要在高层模块中声明。

```
public interface ICar{ //是汽车就应该能跑
  public void run();
```

```
}
public class Benz implements ICar{ //汽车肯定会跑
    public void run(){
        System.out.println("奔驰汽车开始运行...");
    }
}
public class BMW implements ICar{ //宝马车当然也可以开动了
    public void run(){
        System.out.println("宝马汽车开始运行...");
    }
}
```

抽象（ICar 接口）不依赖 BMW 和 Benz 两个实现类（细节），因此在高层次的模块中应用都是抽象。

Client 的实现过程如下：

```
public class Client{
    public static void main(String[] args){
        IDriver zhangSan=new Driver();
        ICar benz=new Benz();
        //张三开奔驰车
        zhangSan.drive(benz);
    }
```

或者，张三如果要开宝马车，也很容易。

```
public class Client{
    public static void main(String[] args){
        IDriver zhangSan=new Driver();
        ICar bmw=new BMW();      //张三开宝马车
        zhangSan.drive(bmw);
    }
}
```

Client 属于高层业务逻辑，它对低层模块的依赖都建立在抽象上，zhangSan 类的类型是接口 IDriver，benz 类的类型是接口 ICar。

8.5　合成/聚合复用原则

8.5.1　概念

在面向对象设计中，可以通过合成/聚合关系或通过继承在不同的环境中复用已有的设计和实现。

合成（Composition）又称组合，是一种强的拥有关系，体现了严格的部分和整体的关系，部分和整体的生命周期一样。聚合（Aggregation）表示一种弱的拥有关系或者整体与部分的关系，体现的是 A 对象可以包含 B 对象，但 B 对象不是 A 对象的一部分。

合成/聚合复用原则（Composite/Aggregate Reuse Principle，CARP）是指在一个新的对象中使

用 些已有的对象，使之成为新对象的一部分；新的对象可以调用已有对象的功能，从而达到复用已有功能的目的。换句话说，要尽量使用合成/聚合，尽量不使用继承。

合成/聚合复用原则会使类和类继承层次保持较小规模，避免成为不可控制的庞然大物。

8.5.2　合成/聚合复用与继承复用

1．继承复用

继承复用中，父类具有子类共同的属性和方法，而子类通过增加新的属性和方法来扩展父类的实现。继承复用的主要优点是父类的大部分功能可以通过继承关系自动进入子类，所以新的实现比较容易；修改或扩展继承而来的实现也比较容易。

继承复用主要缺点如下：对象的继承关系是在编译时就定义好了，从父类继承而来的实现是静态的，不可能在运行时发生改变，没有足够的灵活性；白箱复用，父类的内部细节对子类是透明的，继承将父类的实现细节暴露给子类，继承复用破坏包装；子类与父类有紧密的依赖关系，如果父类发生改变，子类也要发生改变，而且一级又一级的子类都要发生改变；当想要复用子类时，如果继承下来的实现方法不适合解决新的问题，则父类必须重写或被其他更适合的类替换。这些缺点限制了灵活性和复用性，尽量使用合成/聚合而不是继承来达到对实现方法的复用，是非常重要的设计原则。

里氏代换原则是继承复用的基础。如果在任何使用 B 类型的地方都可以使用 S 类型，那么 S 类型才能称为 B 类型的子类型，而 B 类型才能称为 S 类型的基类型（父类型）。

2．合成/聚合复用

合成或聚合将已有的对象纳入新对象中，使之成为新对象的一部分，因此新对象可以调用已有对象的功能。这种方法的主要优点是耦合度相对较低，选择性地调用成员对象的操作，新对象访问已有对象的唯一方法是通过已有对象的接口；可以在运行时动态进行；黑箱复用，已有对象的内部细节对新对象不可见；作为复用的手段几乎可以应用到任何环境中。合成/聚合复用的主要缺点是通过使用这种复用构建的系统要管理较多的对象。

组合/聚合可以使系统更加灵活，类与类之间的耦合度降低，一个类的变化对其他类造成的影响相对较少，因此一般首选使用组合/聚合来实现复用；其次才考虑继承，在使用继承时，需要严格遵循里氏代换原则，有效使用继承会有助于对问题的理解，降低复杂度，而滥用继承反而会增加系统构建和维护的难度以及系统的复杂度，因此需要慎重使用继承复用。

3．Has-A 与 Is-A

Is-A 是严格的分类学意义上的定义，意思是一个类是另一个类的一种。Has-A 表示某一个角色具有某一项责任，代表一个类是另一个类的一个角色，而不是另一个类的一个特殊种类。继承复用是 Is-A，合成/聚合复用是 Has-A。

根据里氏代换原则，如果两个类的关系是 Has-A 关系而不是 Is-A 关系，这两个类一定违反里氏代换原则；只有两个类满足里氏代换原则，才能是 Is-A 关系。

8.5.3　实例

要正确地使用继承关系，必须透彻地理解里氏代换原则。如果有两个具有继承关系的类违反了里氏代换原则，就要取消继承关系。可以创建一个新的共同的抽象父类，取消继承关系，这一办法已经在"里氏代换原则"中讨论过；还可以将继承关系改写为合成/聚合关系，本小节讨论这种方法。

如果有一个代表人的父类 People，它有 3 个子类，分别代表雇员的 Employee 类、代表经理的 Manager 类和代表学生的 Student 类，这种继承关系是不正确的。

因为 Employee、Manager 和 Student 分别描述一种角色——雇员、经理和学生，而人可以同时有几种不同的角色。例如，一个经理可以同时是在职研究生，也是一个学生。使用继承来实现角色，会使一个人只能具有一种角色。一个人在成为雇员身份后，就永远是雇员，而不能成为经理或学生，这是不合理的。这就是说，当一个类是另一个类的角色时，不应当使用继承描述这种关系。

```
class People{
    //...
}
class Employee extends People{
    //...
}
class Manager extends People{
    //...
}
class Student extends People{
    //...
}
```

这一错误的设计源自于把角色的等级结构与人的等级结构混淆起来，把 Has-A 角色误解为 Is-A 角色。纠正这一错误的关键是区分人与角色的区别。

所以，People 类和 Employee 类、Manager 类、Student 类之间不是继承关系，这里采用将继承关系改写为合成/聚合关系的方法解决这个问题。

增加一个类 Role 表示角色，People 类和 Role 类之间是合成关系，Role 类和 Employee 类、Manager 类、Student 类之间是继承关系。这样，每一个人都可以有一个以上的角色，他可以同时是经理，又是学生。而且由于人与角色是合成关系，所以角色可以动态变化。一个人可以开始是一个雇员，然后晋升为经理；然后他又在职读研究生，又成为了学生。

```
class People{
    Role r=new Manager();
    //...
}
class Role{
    //...
}
class Employee extends Role{
    //...
}
class Manager extends Role{
    //...
}
class Student extends Role{
```

```
    //...
}
```

8.6　迪米特法则

8.6.1　概念

迪米特法则来自于 1987 年秋美国东北大学一个名为 Demeter 的研究项目。

迪米特法则（Law of Demeter，LoD）又称最少知识原则（Least Knowledge Principle，LKP），是指一个对象应当对其他对象有尽可能少的了解。

迪米特法则可以表述为只与你直接的朋友通信；不要跟"陌生人"说话；每一个软件单位对其他的单位都只有最少的知识，而且局限于那些与本单位密切相关的软件单位。

在迪米特法则中，对于一个对象，其朋友包括以下几类：

① 当前对象本身（this）。

② 以参数形式传入到当前对象方法中的对象。

③ 当前对象的成员对象。

④ 如果当前对象的成员对象是一个集合，那么集合中的元素也都是朋友。

⑤ 当前对象所创建的对象。

任何一个对象，如果满足上面的条件之一，就是当前对象的"朋友"，否则就是"陌生人"。

简单地说，迪米特法则就是指一个软件实体应当尽可能少地与其他实体发生相互作用。这样，当一个模块修改时，就会尽量少地影响其他模块，扩展会相对容易，这是对软件实体之间通信的限制，它要求限制软件实体之间通信的宽度和深度。

迪米特法则可分为狭义法则和广义法则。

1．狭义迪米特法则

狭义迪米特法则是指如果两个类不是必须要彼此直接通信，那么这两个类就不应当发生直接的相互作用。这时，如果其中的一个类需要调用另一个类（陌生人）的某一个方法，可通过第三者（朋友）转发这个调用。但这时，第三者需要额外增加相关的方法。

迪米特法则可以降低类之间的耦合，但是它的缺点是会在系统中造出大量的小方法，散落在系统的各个角落。这些方法的作用是传递间接的调用，与系统的商务逻辑无关。从类图看系统的总体架构时，这些小的方法会造成迷惑。

遵循迪米特法则会使一个系统的局部设计简化，因为每一个局部都不会和远距离的对象有直接关联。但这也会造成系统的不同模块之间的通信效率降低，也会使系统的不同模块之间不容易协调。

2．广义迪米特法则

广义迪米特法则指对对象之间的信息流量、流向以及信息的影响的控制，主要是对信息隐藏的控制。一个系统的规模越大，信息的隐藏就越重要。

一个设计得好的模块应该将自己的内部数据和与实现有关的细节隐藏起来，将提供给外界的 API 和自己的实现分隔开。这样，模块与模块之间只通过彼此的 API 相互通信，而不理会模块内部的工作细节。这就是面向对象的封装特性。

通过封装实现的信息的隐藏可以使各个子系统之间脱耦，它们可以独立地开发、优化、使用和修改，从而可以有效地加快系统的开发过程。同时，模块间相互没有影响，可以很容易地进行维护。信息的隐藏可促进软件的复用，每一个模块都不依赖于其他模块，因此每一个模块都可以独立地在其他地方使用。

迪米特法则的主要用途是控制信息的过载。迪米特法则的核心观念就是类间解耦，这样类的复用性就可以提高。

将迪米特法则运用到系统设计特别是类的设计时，要注意以下几点：

① 在类的划分上，应当使创建的类之间的耦合为弱耦合，有利于复用。一个弱耦合中的类被修改不会对有关系的类造成影响。

② 在类的设计上，尽量将一个类设成不变类。如果一个对象的内部状态根本就是不可能改变的，那么它与外界通信的可能性就很小。不可变类就是获得这个类的一个实例引用时，不可以改变这个实例的内容；不可变类的实例一旦创建，其成员变量的值就不能被修改；不变类易于设计、实现和使用。Java 语言的不变类是 final 类，不能被继承，Java API 中 String 类就是不变类。可变类是指获得这个类的一个实例引用时，可以改变这个实例的内容；即使一个类必须是可变类，在不是非常需要的情况下，也不要为一个属性设置赋值方法。

③ 在类的设计上，尽量降低一个类的访问权限。例如，Java 类不加访问控制符时的默认访问权限是只能从当前包访问，而使用 public 访问控制符时没有访问限制；这时，尽量不加访问控制符，这样类发生修改时，受到影响的客户端只限于这个包内部。

④ 在类的设计上，尽量降低成员的访问权限。例如，Java 类的成员变量的访问控制符尽量采用 private，只能从当前类的内部访问，通过提供取值和赋值方法让外界间接访问。设计类的成员方法时首先设置为 private；在当前包中还有别的类调用这个方法时，可将访问权限改为默认，即不加访问控制符；方法需要被另一个包中的子类访问时，再设置为 protected。

```
class Point{              //默认只能本包访问
    private int x;        //只能本类直接访问，通过取值和赋值方法让外界间接访问
    private int y;        //只能本类直接访问，通过取值和赋值方法让外界间接访问
    int getX(){           //默认只能本包访问
        return x;
    }
    int getY(){           //默认只能本包访问
        return y;
    }
    void setX(int x){     //默认只能本包访问
        this.x=x;
    }
    void setY(int y){     //默认只能本包访问
        this.y=y;
    }
    private void operation(){    //只能本类访问
        //...
    }
}
```

8.6.2　实例

1．明星与外界

明星经纪人是明星与外界的桥梁。外界可以是各影视公司、需要明星代言的商家等。经纪人参与活动与演出的洽谈，歌迷粉丝以及各种事情的代办与处理等。也就是说，明星并不需要与外界直接发生相互作用，而是明星经纪人与外界发生直接的相互作用，这样就是符合迪米特法则的。

明星经纪人实际上起到了将明星对外界的调用转发给外界的作用。这种传递叫作调用转发，即隐藏外界的存在，使明星只知道明星经纪人，而不知道外界，明星会认为他所调用的这个方法是明星经纪人的方法。

（1）不满足迪米特法则的系统

系统由 3 个类组成，分别是代表明星的 Star 类、代表明星代理人的 Agent 类和代表外界的 Outside_world 类，如图 8-11 所示。

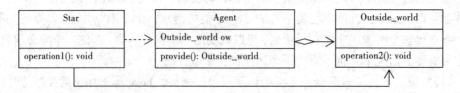

图 8-11　不满足迪米特法则的系统

代表明星代理人的 Agent 类和代表外界的 Outside_world 类直接发生相互作用，所以 Agent 类中有一个 Outside_world 类的对象，Agent 类的 provide()方法提供了自己所创建的 Outside_world 类的实例。

```
class Agent{
   private Outside_world ow=new Outside_world (); //Agent 与 Outside_world 是朋友
   public Outside_world provide(){
      return ow;
   }
}
```

Star 类具有一个方法 operation1()，这个方法的参数是 Agent 类的对象，代表明星的 Star 类和代表明星代理人的 Agent 类直接发生相互作用。

```
class Star{
   public void operation1(Agent agent){//Star 与 Agent 是朋友
      Outside_world ow=agent.provide();//Outside_world 不是 Star 的朋友（陌生人）
      ow.operation2();
   }
}
class Outside_world {
   public void operation2(){
      //…
   }
}
```

注意：这里的 Star 类的方法 operation1()不满足迪米特法则。因为这个方法引用了 Outside_world

类的对象，现实中代表明星的 Star 类不应该与代表外界的 Outside_world 类直接发生相互作用。

（2）使用迪米特法则进行改造

可以使用迪米特法则对上面的例子进行改造，使代表明星的 Star 类是不与代表外界的 Outside_world 类直接发生相互作用。改造的做法就是调用转发，Star 无须知道 Outside_world 的存在就可以做同样的事情，如图 8-12 所示。

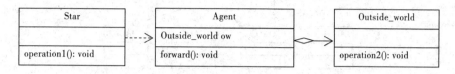

图 8-12　满足迪米特法则的系统

```
class Star{
  public void operation1(Agent agent){
    agent.forward();
  }
}
```

Star 类通过调用 Agent 类的 forward() 方法，做到了原来需要 Star 类调用 Outside_world 类的对象才能够做到的事情。

```
class Agent{
  private Outside_world ow=new Outside_world();
  public void forward(){
    ow.operation2();
  }
}
```

Agent 类的 forward() 方法所做的就是以前 Star 类要做的事，使用了 Outside_world 类的 operation2() 方法，而这种 forward() 方法就叫作转发方法。

由于使用了调用转发，使得调用的具体细节被隐藏在 Agent 类的内部，从而使 Star 类与 Outside_world 类之间的直接联系被省略掉。这样一来，使得系统内部的耦合度降低。在系统的某一个类需要修改时，仅仅会影响到这个类的直接相关类，而不会影响到其余部分。

2．界面类与数据访问类

某系统界面类（如 Form1、Form2 等类）与数据访问类（如 DAO1、DAO2 等类）之间的调用关系较为复杂，如图 8-13 所示。

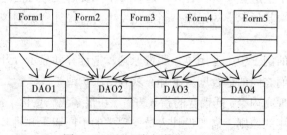

图 8-13　界面类与数据访问类

运用迪米特法则，重构后的类图如图 8-14 所示。

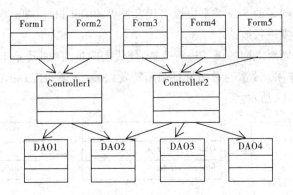

图 8-14　满足迪米特法则的界面类与数据访问类

8.7　单一职责原则

有这样一个问题，类 T 负责两个不同的职责：职责 P1、职责 P2。当由于职责 P1 需求发生改变而需要修改类 T 时，有可能会导致原本运行正常的职责 P2 功能发生故障。解决方案就是遵循单一职责原则。分别建立两个类 T1、T2，使 T1 完成职责 P1 功能，T2 完成职责 P2 功能。这样，当修改类 T1 时，不会使职责 P2 发生故障风险；同理，当修改 T2 时，也不会使职责 P1 发生故障风险。

8.7.1　概念

单一职责原则（Single Responsibility Principle，SRP）就是说功能要单一，一个对象应该只包含单一的职责，并且该职责被完整地封装在一个类中。或者说，就一个类而言，应该仅有一个引起它变化的原因。

类的职责主要包括两方面：数据职责和行为职责。数据职责通过其属性来体现；行为职责通过其方法来体现。

编程时有时会给一个类加各种各样的功能。例如，写一个窗体应用程序，会把各种各样的代码（算法，数据库访问的 SQL 语句）都写到窗体类中。这样，无论任何需求，都要更改这个窗体类，可维护性和可复用性都不好。

一个类（或者大到模块，小到方法）承担的职责越多，它被复用的可能性越小。如果一个类承担的职责过多，就等于把这些职责耦合在一起，一个职责的变化可能会削弱或者抑制这个类完成其他职责的能力，影响其他职责的运作。当变化发生时，设计会遭到破坏。所以，要发现职责并把职责相互分离。

对于前面的计算器的例子中，运用单一职责原则，把计算和显示分开，也就是让业务逻辑与界面逻辑分开，这样它们之间的耦合度就下降，就容易维护或扩展。

单一职责原则是实现高内聚、低耦合的指导方针，在很多代码重构手法中都能找到它的存在。它是最简单但又最难运用的原则，需要设计人员发现类的不同职责并将其分离。而发现类的多重职责，需要设计人员具有较强的分析设计能力和相关重构经验。

8.7.2 实例

某基于 Java 的 C/S 系统的"登录功能"通过登录类（Login）实现，如图 8-15 所示。使用单一职责原则对其进行重构，如图 8-16 所示。

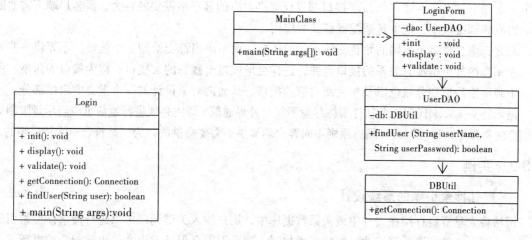

图 8-15 登录类 图 8-16 单一职责原则重构的登录功能

8.8 接口隔离原则

8.8.1 概念

接口隔离原则（Interface Segregation Principle，ISP）的第一种解释是客户端不应该依赖那些它不需要的接口。另一种解释是一旦一个接口太大，则需要将它分割成一些更细小的接口，使用该接口的客户端仅需要知道与之相关的方法即可。

接口隔离原则是指使用多个专门的接口比使用单一的总接口要好。接口仅仅提供客户端需要的行为，即所需的方法，客户端不需要的行为则隐藏起来，应当为客户端提供尽可能小的单独的接口，而不要提供大的总接口。

从客户类的角度看，接口隔离原则是指一个类对另外一个类的依赖性应当建立在最小的接口上。

使用接口隔离原则拆分接口时，首先必须满足单一职责原则，将一组相关的操作定义在一个接口中，且在满足高内聚的前提下，接口中的方法越少越好。可以在进行系统设计时采用定制服务的方式，即为不同的客户端提供宽窄不同的接口，只提供用户需要的行为，而隐藏用户不需要的行为。

接口通常指一个类所提供的所有方法的特征集合，这是一种在逻辑上才存在的概念。这样，接口的划分就直接带来类型的划分。如果把一个接口看成电影中的一种角色，接口的实现就可以看成这个角色由哪一个演员来演。因此，一个接口应当只代表一个角色，承担一种相对独立的角色，而不能代表多个角色。如果有多个角色，那么每一个角色都应当由一个特定的接口代表，每个角色都有其特定的一个接口。这种角色划分的原则叫作角色隔离原则。

另外，可以将接口狭义地理解为 Java 语言中的接口类型 Interface，例如，java.lang.Runnable 就是一个 Java 接口。这样，接口隔离原则就是指针对不同的客户端，为同一个角色提供宽、窄不同的接口。这可以看作定制服务（Customized Service）。例如，如果对于角色 Service，3 个不同的客户端需要不同的服务，系统应该针对 3 个客户端分别提供 3 个不同的 Java 接口——IServicel、IService2 和 IService3。每一个 Java 接口都仅仅提供对应的客户端需要的行为，而客户端不需要的行为没有放到接口中，这也是适配器模式的应用。

总之，应当将多个不同的角色交给不同的接口，而不应当都交给同一个接口。不要将一些看上去差不多的甚至是没有关系的接口合并，这样会形成过于臃肿的大接口，称为接口的污染。所以，准确而恰当地划分角色以及角色所对应的接口，是面向对象设计的一个重要的组成部分。

迪米特法则要求任何一个软件实体尽量不要与外界通信，即使必须进行通信也应当尽量限制通信的广度和深度。显然，接口隔离原则不向客户端提供不需要提供的行为，是符合迪米特法则的。

8.8.2 实例

1. 网站搜索引擎的系统设计

网站将大量资料存储在文件中或关系数据库中，用户输入关键词就可以进行搜索。搜索引擎需要一个索引文件，源数据修改、删除或增加时，搜索引擎会保证索引文件也被相应地更新。

如果设计一个接口负责所有的操作，提供搜索、建立索引和搜索结果集合的功能都在一个接口内提供，这就违反了角色分割原则。原因是不同功能的接口放在一起，一个接口包含了搜索器角色、索引生成器角色以及搜索结果集角色多种角色，如图 8-17 所示。

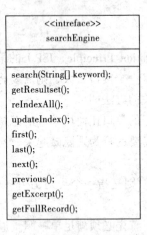

图 8-17 一个接口包含了多种角色

```
interface searchEngine{
    void search(String[] keyword);
    void getResultset();
    void reIndexAll();
    void updateIndex();
    void first();
    void last();
    void next();
```

```
    void previous();
    String getExcerpt();
    String getFullRecord();
}
```

搜索引擎具有搜索器角色、索引生成器角色、搜索结果集角色 3 个角色。正确的做法是设计 3 个接口，分别对应 3 个不同的角色，如图 8-18 所示。

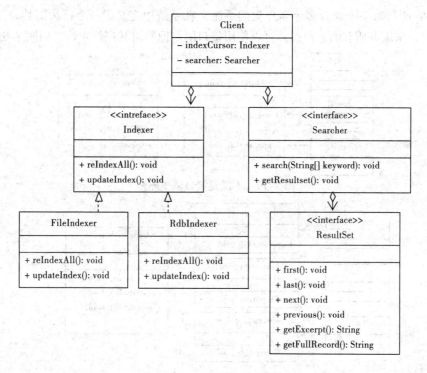

图 8-18　接口隔离原则

设计 Searcher 接口，对应搜索器角色。该接口提供用户全文搜索功能，用户输入关键字，返回一个搜索结果集对象。

```
interface Searcher{
    void search(String[] keyword);
    void getResultset();
}
```

设计 Indexer 接口，对应索引生成器角色。该接口针对文件类型的数据和关系数据库的数据生成全文索引，并可以更新索引。

```
interface Indexer{
    void reIndexAll();
    void updateIndex();
}
```

设计 ResultSet 接口，对应搜索结果集角色，该接口给用户提供访问结果集内容的功能。

```
interface ResultSet{
    void first();               //将光标移到集合的第一个元素
    void last();                //将光标移到集合的最后一个元素
```

```
    void next();              //将光标移到集合的下一个元素
    void previous();          //将光标移到集合的前一个元素
    String getExcerpt();      //返回当前记录的摘要
    String getFullRecord();   //将记录的全文返回
}
```

2. 多个客户类

图 8-19 所示为一个拥有多个客户类的系统，在系统中定义了一个巨大的接口（胖接口）AbstractService 来服务所有的客户类。可以使用接口隔离原则对其进行重构，如图 8-20 所示。

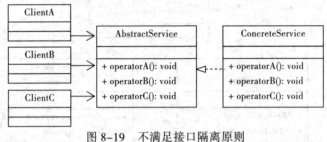

图 8-19　不满足接口隔离原则

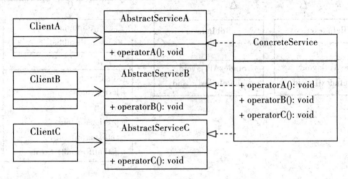

图 8-20　满足接口隔离原则

习　　题

1. 简述可维护性复用的概念。如何实现可维护性复用？

2. 开-闭原则的含义是什么？分析某系统是否符合开-闭原则，如果不满足则进行重构。

3. 里氏代换原则的含义是什么？分析某系统是否符合里氏代换原则，如果不满足则进行重构。

4. 依赖倒转原则的含义是什么？分析某系统是否符合依赖倒转原则，如果不满足则进行重构。

5. 合成/聚合复用原则的含义是什么？按照合成/聚合复用原则重构某系统。

6. 迪米特法则的含义是什么？在迪米特法则中，对于一个对象，其朋友包括哪几种情况？分析某系统是否符合迪米特法则，如果不满足则进行重构。

7. 单一职责原则的含义是什么？分析某系统是否符合单一职责原则，如果不满足则进行重构。

8. 接口隔离原则的含义是什么？分析某系统是否符合接口隔离原则，如果不满足则进行重构。

9. 简单工厂模式和工厂方法模式等设计模式与主要的设计原则的关系是什么？通过实例进行说明。

第9章　设计模式

学习目标

- 理解设计模式基本概念。
- 掌握主要的创建型设计模式。
- 掌握主要的结构型设计模式。
- 掌握主要的行为型设计模式。

软件设计有 4 种级别的模式。体系结构风格是整个程序和子系统的高级模型，中级设计模式是几个模块（类）之间的模型合作，数据结构和算法是存储、检索和操纵数据的模式，程序设计惯用法是利用特定程序设计语言完成某项工作的标准方法。

本章介绍的中级设计模式描述了软件设计中普遍存在、重复出现的若干问题的解决方案，是从许多优秀的软件系统中总结出的成功的可复用的设计方案。设计模式可以说明软件设计人员学习、重用前人的经验和成果。

9.1　概　　述

模式（Pattern）起源于建筑业而非软件业，模式之父——美国加利福尼亚大学环境结构中心研究所所长 Christopher Alexander 博士，给出了关于模式的经典定义：每个模式都描述了一个在我们的环境中不断出现的问题，然后描述了该问题的解决方案的核心，通过这种方式，可以无数次地重用那些已有的解决方案，无须再重复相同的工作。

1990 年，软件工程界开始关注 Christopher Alexander 等在住宅、公共建筑与城市规划领域的这一重大突破，最早将该模式的思想引入软件工程方法学的是以"四人组（Gang of Four，GoF）"自称的四位著名软件工程学者 Erich Gamma、Richard Helm、Ralph Johnson 和 John Vlissides，他们在 1994 年发表了 *Design Patterns: Elements of Reusable Object-Oriented Software*——《设计模式：可复用面向对象软件的基础》，归纳出了 23 种在软件开发中使用频率较高的设计模式。

软件模式可以认为是对软件开发这一特定"问题"的"解法"的某种统一表示，它和 Alexander 所描述的模式定义完全相同，即软件模式等于一定条件下出现的问题及解法。

软件模式是将模式的一般概念应用于软件开发领域，即软件开发的总体指导思路或参照样板。软件模式并非仅限于设计模式，实际上，在软件生存期的每一个阶段都存在着一些被认同的模式。一般所说的 24 种设计模式包括简单工厂模式及 GoF 归纳出的 23 种设计模式。

从 1995 年至今，设计模式在软件开发中得以广泛应用，在 Sun 的 Java SE/Java EE 平台和 Microsoft 的.net 平台设计中就应用了大量的设计模式。设计模式也作为一门独立的课程或作为软件体系结构等课程的重要组成部分出现在国内外研究生和大学教育的课堂上。

设计模式一般有如下几个基本要素：模式名称、问题、目的、解决方案、效果、实例代码和相关设计模式。本章限于篇幅只对设计模式的部分内容进行讲解，包括：模式的动机与定义、模式的结构与角色、模式的示意代码、模式分析。

此处需要说明的是，在本章的具体示意代码尽量与模式结构类图对应，但不完全一致。模式的类图结构为了表达清晰及通用性，尽量采用 GoF 归纳出的设计模式结构形式。为了直观，类图上部分类的关键方法实现以伪代码的形式在方法声明下直接做了注解。示意代码中为了说明细节可能用到相关类图上不存在的方法及多个具体实现类。抽象角色在类图中统一采用抽象类形式表示，而示意代码则根据编程语言及应用情景采用接口或抽象类编写。

设计模式根据其目的，即模式是用来做什么的，可分为创建型（Creational）、结构型（Structural）和行为型（Behavioral）3 种。创建型模式主要用于创建对象；结构型模式主要用于处理类或对象的组合；行为型模式主要用于描述对类或对象怎样交互和怎样分配职责。

根据其作用关系，即模式主要是用于处理类之间关系还是处理对象之间的关系，可分为类模式和对象模式两种：类模式处理类和子类之间的关系，这些关系通过继承建立，在编译时就被确定下来，属于静态的。对象模式处理对象间的关系，这些关系在运行时刻变化，更具动态性。

设计模式分类表如表 9-1 所示。

表 9-1　设计模式分类表

范围 / 目的	创建型模式	结构型模式	行为型模式
类模式	工厂方法模式	（类）适配器模式	模板方法模式 解释器模式
对象模式	抽象工厂模式 建造者模式 原型模式 单例模式	（对象）适配器模式 桥接模式 组合模式 装饰模式 外观模式 享元模式 代理模式	职责链模式 命令模式 迭代器模式 中介者模式 备忘录模式 观察者模式 状态模式 策略模式 访问者模式

设计模式有助于初学者更深入地理解面向对象思想，一方面可以帮助初学者更加方便地阅读和学习现有类库与其他系统中的源代码，另一方面还可以提高软件的设计水平和代码质量。设计模式已经成为软件开发人员交流的"标准词汇"，就像人们交流时使用的成语一样。

学习设计模式使人们可以更加简单方便地复用成功的设计和体系结构，使得设计方案更加灵活，且易于修改；可以提高软件系统的开发效率和软件质量，且在一定程度上节约设计成本。然而，设计模式的学习和掌握不能一蹴而就，需要一个不断学习、思考、实践的反复过程。

9.2　创建型模式

创建型模式（Creational Pattern）对类的实例化过程进行了抽象，能够对软件模块中对象的创建和对象的使用进行分离。为了使软件的结构更加清晰，外界对于这些对象只需要知道它们共同的接口，而不需要清楚其具体的实现细节，使整个系统的设计更加符合单一职责原则。

创建型模式在创建什么（What）、由谁创建（Who）、何时创建（When）等方面都为软件设计者提供了尽可能大的灵活性。创建型模式隐藏了类的实例的创建细节，通过隐藏对象如何被创建和组合在一起达到使整个系统独立的目的。

创建型模式分为类的创建模式和对象的创建模式两种：

① 类的创建模式使用继承改变被实例化的类；使用继承关系，把类的创建延迟到子类，从而封装了客户端得到哪些具体类的信息，并隐藏了这些类的实例是如何被创建和放在一起的。类的创建模式包括工厂方法模式。

② 对象的创建模式把对象的创建过程动态地委派给另一个对象；可以动态地决定客户端得到哪些具体类的实例，以及这些类的实例是如何被创建和组合在一起的。对象的创建型模式包括抽象工厂模式、单例模式、建造模式、原型模式。

9.2.1　简单工厂模式

1．动机与定义

简单工厂模式虽然不属于 23 种 GOF 设计模式之一，但非常简单常用，所以一般也把它归纳成一种设计模式，以便于学习掌握。

简单工厂模式（Simple Factory Pattern）：又称为静态工厂方法（Static Factory Method）模式，它属于类创建型模式。在简单工厂模式中，可以根据参数的不同返回不同类的实例。简单工厂模式专门定义一个类来负责创建其他类的实例，被创建的实例通常都具有共同的父类。

2．结构与角色

简单工厂模式的实质是由一个工厂类根据传入的参数，动态决定应该创建哪一个产品类的实例，这些产品类继承自一个父类或接口。

简单工厂模式包含 3 个角色，如图 9-1 所示。

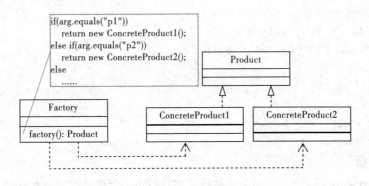

图 9-1　简单工厂模式结构类图

① Factory：工厂。简单工厂模式的核心，负责实现创建所有实例的内部逻辑。工厂类可以被外界直接调用，创建所需的产品对象。

② Product：抽象产品。简单工厂模式所创建的所有对象的父类型，它负责描述所有实例所共有的公共接口。

③ Concrete Product：具体产品。简单工厂模式的创建目标，所有创建的对象都是充当这个角色的某个具体类的实例。

3. 示意代码

```java
interface Product{
}
class ConcreteProduct1 implements Product {
    public ConcreteProduct1(){
        System.out.println("ConcreteProduct1");
    }
}
class ConcreteProduct2 implements Product{
    public ConcreteProduct2(){
        System.out.println("ConcreteProduct2");
    }
}
class Factory {
    public static Product factory(String arg){
        if (arg.equals("p1"))
            return new ConcreteProduct1();
        else if (arg.equals("p2"))
            return new ConcreteProduct2();
        else
            throw new RuntimeException("没有此产品！");
    }
}
class Test { // 测试程序
    public static void main(String args[]){
        Product product1, product2;
        product1=Factory.factory("p1");
        product2=Factory.factory("p2");
    }
}
```

程序运行结果：

```
ConcreteProduct1
ConcreteProduct2
```

4. 模式分析

在简单工厂模式中，新的产品加入系统时，产品角色无须修改就可接纳新的产品，但对于工厂角色来说，增加新产品要修改源程序；工厂角色必须知道每一种产品，如何创建产品，以及何时向客户端提供产品。所以，简单工厂模式对于产品角色开-闭原则是成立的，而对于工厂角色开-闭原则是不成立的，简单工厂角色只在有限的程度上支持开-闭原则。

简单工厂模式的要点是当用户需要什么时，只需要传入一个正确的参数，就可以获取所需要的对象，而无须知道其创建细节。

简单工厂模式的优点：工厂类含有必要的判断逻辑，可以决定在什么时候创建哪一个产品类的实例，客户端可以免除直接创建产品对象的责任，而仅仅"消费"产品；简单工厂模式通过这种做法实现了对责任的分割，它提供了专门的工厂类用于创建对象。客户端无须知道所创建的具体产品类的类名，只需要知道具体产品类所对应的参数即可，对于一些复杂的类名，通过简单工厂模式就可以减少用户的记忆量。新的产品加入系统时，产品角色无须修改就可被接纳。

简单工厂模式的缺点：系统扩展困难，一旦添加新产品就不得不修改工厂逻辑，在产品类型较多时，有可能造成工厂逻辑过于复杂，不利于系统的扩展和维护。简单工厂模式由于使用了静态工厂方法，造成工厂角色无法形成基于继承的等级结构。

简单工厂模式的适用环境：① 工厂类负责创建的对象比较少。由于创建的对象较少，不会造成工厂方法中的业务逻辑太过复杂。② 客户端只知道传入工厂类的参数，对于如何创建对象不关心。客户端既不需要关心创建细节，甚至连类名都不需要记住，只需要知道类型所对应的参数。

9.2.2　工厂方法模式

1．动机与定义

在简单工厂模式中，只提供了一个工厂类，该工厂类处于对产品类进行实例化的中心位置，它知道每一个产品对象的创建细节，并决定何时实例化哪一个产品类。简单工厂模式最大的缺点是当有新产品要加入到系统中时，必须修改工厂类，加入必要的处理逻辑，这违背了"开闭原则"。在简单工厂模式中，所有的产品都是由同一个工厂创建，工厂类职责较重，业务逻辑较为复杂，具体产品与工厂类之间的耦合度高，严重影响了系统的灵活性和扩展性，而工厂方法模式则可以很好地解决这一问题。

工厂方法模式（Factory Method Pattern）又称为工厂模式，又称虚拟构造器（Virtual Constructor）模式或者多态工厂（Polymorphic Factory）模式，它属于类创建型模式。在工厂方法模式中，工厂父类负责定义创建产品对象的公共接口，而工厂子类则负责生成具体的产品对象，这样做的目的是将产品类的实例化操作延迟到工厂子类中完成，即通过工厂子类来确定究竟应该实例化哪一个具体产品类。

2．结构与角色

工厂方法模式包含 4 个角色，如图 9-2 所示。

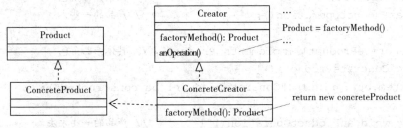

图 9-2　工厂方法模式结构类图

① Creator：抽象创建器。其核心是声明工厂方法（FactoryMethod），该方法返回一个产品。任何在模式中创建对象的具体创建器类必须实现这个接口。

② Concrete Creator：具体创建器。实现抽象创建器的具体类，实现了工厂方法，含有与应用密切相关的逻辑，由客户调用返回一个产品实例。

③ Product：抽象产品，定义产品接口。工厂方法模式所创建的对象的父类型，产品对象共同拥有的接口。

④ Concrete Product：具体产品。实现抽象产品角色接口的类，工厂方法模式所创建的每一个对象都是某个具体产品角色的实例。某种类型的具体产品由专门的具体创建器创建，它们之间往往一一对应。

3. 示意代码

```java
abstract class Creator{                          // 创建器角色
    public Creator(){
    }
    public abstract Product factoryMethod();     // 工厂方法
    public void anOperation(){                    // 其他的一些方法
        Product product;
        product=factoryMethod();
        product.anProductOperation();
    }
}
class ConcreteCreator1 extends Creator{           // 具体创建器角色
    public ConcreteCreator1(){
    }
    public Product factoryMethod(){
        return new ConcreteProduct1();
    }
}
class ConcreteCreator2 extends Creator{           // 具体创建器角色
    public ConcreteCreator2(){
    }
    public Product factoryMethod(){
        return new ConcreteProduct2();
    }
}
interface Product{                                // 抽象产品角色
    void anProductOperation();                    // 产品的一些方法
}
class ConcreteProduct1 implements Product {       // 具体产品角色
    public ConcreteProduct1(){
        System.out.println("ConcreteProduct1 be constructed");
    }
    public void anProductOperation() {            // 产品的一些方法
        System.out.println("ConcreteProduct1's operation");
    }
}
class ConcreteProduct2 implements Product {       // 具体产品角色
    public ConcreteProduct2(){
```

```
        System.out.println("ConcreteProduct2 be constructed");
    }
    public void anProductOperation(){      // 产品的一些方法
        System.out.println("ConcreteProduct2's operation");
    }
}
class Test{                                // 测试程序
    public static void main(String[] args) {
        Creator creator1, creator2;
        creator1=new ConcreteCreator1();
        creator2=new ConcreteCreator2();
        Product product1, product2;        // 创建产品供客户端使用
        product1=creator1.factoryMethod();
        product2=creator2.factoryMethod();
        product1.anProductOperation();
        product2.anProductOperation();
        creator1.anOperation();            // 创建的产品只供创建器本身使用
        creator2.anOperation();
    }
}
```

程序运行结果：

```
ConcreteProduct1 be constructed
ConcreteProduct2 be constructed
ConcreteProduct1's operation
ConcreteProduct2's operation
ConcreteProduct1 be constructed
ConcreteProduct1's operation
ConcreteProduct2 be constructed
ConcreteProduct2's operation
```

4. 模式分析

工厂方法模式是简单工厂模式的进一步抽象和推广。基于创建器角色和产品角色的多态性设计是工厂方法模式的关键。它使具体创建器可以自主确定创建何种产品对象，而如何创建这个对象的细节则完全封装在具体创建器内部。工厂方法模式之所以又被称为多态工厂模式，是因为所有的具体创建器类都具有同一抽象父类。由于使用了面向对象的多态性，工厂方法模式保持了简单工厂模式的优点，而且克服了它的缺点。在工厂方法模式中，核心的创建器类不再负责所有产品的创建，而是将具体创建工作交给子类去做。这个核心类仅仅负责给出具体创建器必须实现的接口，而不负责哪一个产品类被实例化这种细节，这使得工厂方法模式可以允许系统在不修改工厂角色的情况下引进新产品。

当系统扩展需要添加新的产品对象时，仅仅需要添加一个具体产品对象以及一个具体创建器对象，原有创建器对象不需要进行任何修改，也不需要修改客户端，很好地符合了"开闭原则"。而简单工厂模式在添加新产品对象后不得不修改工厂方法，扩展性不好。工厂方法模式退化后可以演变成简单工厂模式。

为了提高系统的可扩展性和灵活性，在定义创建器和产品时都必须使用抽象层，如果需要更换产品类，只需要更换对应的创建器即可，其他代码不需要进行任何修改。

工厂方法模式的优点：工厂方法用来创建客户所需要的产品，同时还向客户隐藏了哪种具体产品类将被实例化这一细节。使用工厂方法模式的另一个优点是系统的可扩展性变得非常好，完全符合"开闭原则"。

工厂方法模式的缺点：在添加新产品时，需要编写新的具体产品类，而且还要提供与之对应的具体创建器类，系统中类的个数将成对增加，在一定程度上增加了系统的复杂度，有更多的类需要编译和运行，会给系统带来一些额外的开销。由于考虑到系统的可扩展性，需要引入抽象层，在客户端代码中均使用抽象层进行定义，增加了系统的抽象性和理解难度。

工厂方法模式的适用环境：如果一个类需要创建某个接口的对象，但是又不知道具体的实现，这种情况可以选用工厂方法模式，把创建对象的工作延迟到子类中去实现。如果一个类本身就希望由它的子类来创建所需的对象，应该使用工厂方法模式。将创建对象的任务委托给多个创建器子类中的某一个，客户端在使用时无须关心是哪一个工厂子类创建产品子类，需要时再动态指定。

9.2.3 抽象工厂模式

1. 动机与定义

在工厂方法模式中具体工厂负责生产具体的产品，每一个具体工厂对应一种具体产品，工厂方法也具有唯一性。一般情况下，一个具体工厂中只有一个工厂方法或者一组重载的工厂方法。但有时需要一个工厂可以提供多个产品对象，而不是单一的产品对象。

为了更清晰地理解抽象工厂模式，需要先引入两个概念：

① 产品等级结构：产品等级结构即产品的继承结构，如一个抽象类是手机，其子类有华为手机、小米手机，则抽象手机与具体品牌的手机之间构成了一个产品等级结构，抽象手机是父类，而具体品牌的手机是其子类。

② 产品族：在抽象工厂模式中，产品族是指由同一个工厂生产的，位于不同产品等级结构中的一组产品，如华为生产的华为手机、华为路由器。华为手机位于手机产品等级结构中，华为路由器位于路由器等级结构中。

当系统所提供的工厂所需生产的具体产品并不是一个简单的对象，而是多个位于不同产品等级结构中属于不同类型的具体产品时需要使用抽象工厂模式。

抽象工厂模式（Abstract Factory Pattern）提供一个创建一系列相关或相互依赖对象的接口，而无须指定它们具体的类。抽象工厂模式又称为 Kit 模式，属于对象创建型模式。

2. 结构与角色

抽象工厂模式包含 5 个角色，如图 9-3 所示。

① AbstractFactory：抽象工厂，声明生成抽象产品的方法。

② ConcreteFactory：具体工厂，定义生成抽象产品的具体方法，生成一个具体的产品。

③ AbstractProduct：抽象产品，为一种产品声明接口。

④ Product：具体产品。定义具体工厂生成的具体产品对象，实现抽象产品接口。

⑤ Client：客户，仅使用由抽象工厂类和抽象产品类声明的接口。

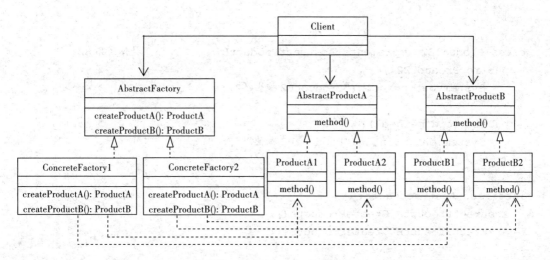

图 9-3　抽象工厂模式结构类图

3. 示意代码

```
interface AbstractProductA{                    // 抽象产品 A
    void method();                             // 提取出不同产品的共性
}
class ProductA1 implements AbstractProductA{   // 具体产品 A1
    public ProductA1(){
        System.out.println("ProductA1 被生产");
    }
    public void method(){
        System.out.println("ProductA1 被使用 ...");
    }
}
class ProductA2 implements AbstractProductA{   // 具体产品 A2
    public ProductA2(){
        System.out.println("ProductA2 被生产");
    }
    public void method(){
        System.out.println("ProductA2 被使用 ...");
    }
}
interface AbstractProductB{                     // 抽象产品 B
    void method();
}
class ProductB1 implements AbstractProductB{    // 具体产品 B1
    public ProductB1(){
        System.out.println("ProductB1 被生产");
    }
    public void method(){
        System.out.println("ProductB1 被使用 ...");
```

```
        }
    }
    class ProductB2 implements AbstractProductB{          // 具体产品 B2
        public ProductB2(){
            System.out.println("ProductB2 被生产");
        }
        public void method(){
            System.out.println("ProductB2 被使用 ...");
        }
    }
    interface AbstractFactory{                            // 抽象工厂
        AbstractProductA CreateProductA();
        AbstractProductB CreateProductB();
    }
    // 具体的工厂用来生产相关的产品
    class ConcreteFactory1 implements AbstractFactory { // 具体工厂 1
        public AbstractProductA CreateProductA(){
            return new ProductA1();
        }
        public AbstractProductB CreateProductB(){
            return new ProductB1();
        }
    }
    class ConcreteFactory2 implements AbstractFactory { // 具体工厂 2
        public AbstractProductA CreateProductA(){
            return new ProductA2();
        }
        public AbstractProductB CreateProductB(){
            return new ProductB2();
        }
    }
    class Client {// 客户角色, 仅使用由抽象工厂类和抽象产品类声明的接口
        AbstractFactory factory;
        AbstractProductA productA;
        AbstractProductB productB;
        public void setFactory(AbstractFactory f){
            this.factory=f;
            System.out.println("现在的工厂是"+this.factory);
        }
        public void createProduct(){
            productA=factory.CreateProductA();
            productB=factory.CreateProductB();
        }
        public void useProduct(){
            productA.method();
```

```
        productB.method();
    }
}
class Test { // 测试程序
    public static void main(String[] args){
        Client c=new Client();
        c.setFactory(new ConcreteFactory1());
        c.createProduct();
        c.useProduct();
        c.setFactory(new ConcreteFactory2());
        c.createProduct();
        c.useProduct();
    }
}
```

程序运行结果：

现在的工厂是ConcreteFactory1@530cf2

ProductA1 被生产

ProductB1 被生产

ProductA1 被使用 ...

ProductB1 被使用 ...

现在的工厂是ConcreteFactory2@16dadf9

ProductA2 被生产

ProductB2 被生产

ProductA2 被使用 ...

ProductB2 被使用 ...

4．模式分析

抽象工厂模式是所有形式的工厂模式中最为抽象和最具一般性的一种形态。

抽象工厂模式与工厂方法模式最大的区别在于，工厂方法模式针对的是一个产品等级结构，而抽象工厂模式则需要面对多个产品等级结构，一个工厂等级结构可以负责多个不同产品等级结构中的产品对象的创建。当一个工厂等级结构可以创建出分属于不同产品等级结构的一个产品族中的所有对象时，抽象工厂模式比工厂方法模式更为简单、有效率。

（1）抽象工厂模式的优点

抽象工厂模式隔离了具体类的生成，使得客户并不需要知道什么被创建。由于这种隔离，更换一个具体工厂就变得相对容易。所有的具体工厂都实现了抽象工厂中定义的那些公共接口，因此只需改变具体工厂的实例，就可以在某种程度上改变整个软件系统的行为。当一个产品族中的多个对象被设计成一起工作时，它能够保证客户端始终只使用同一个产品族中的对象。这对一些需要根据当前环境来决定其行为的软件系统来说，是一种非常实用的设计模式。增加新的具体工厂和产品族很方便，无须修改已有系统，符合"开闭原则"。

（2）抽象工厂模式的缺点

在添加新的产品对象时，难以扩展抽象工厂来生产新种类的产品，这是因为在抽象工厂角色中规定了所有可能被创建的产品集合，要支持新种类的产品就意味着要对该接口进行扩展，而这将涉及对抽象工厂角色及其所有子类的修改，显然会带来较大的不便。也就是说，抽象工厂模式对增加新的工厂和产品族容易，但对增加新的产品等级结构麻烦（开闭原则的倾斜性）。

（3）抽象工厂模式的适用环境

一个系统不应当依赖于产品类实例如何被创建、组合和表达的细节，这对于所有类型的工厂模式都是重要的。系统中有多于一个的产品族，而每次只使用其中某一产品族。属于同一个产品族的产品将在一起使用，这一约束必须在系统的设计中体现出来。系统提供一个产品类的库，所有的产品以同样的接口出现，从而使客户端不依赖于具体实现。

9.2.4 单例模式

1. 动机与定义

对于系统中的某些类来说，只有一个实例很重要。如何保证一个类在系统中只有一个实例并且这个实例易于被访问呢？定义一个全局变量可以确保对象随时都可以被访问，但不能防止用户实例化多个对象。一个更好的解决办法是让类自身负责保存它的唯一实例。这个类可以保证没有其他实例被创建，并且它可以提供一个访问该实例的方法。这就是单例模式的模式动机。

单例模式（Singleton Pattern）：单例模式确保某一个类只有一个实例，而且自行实例化并向整个系统提供这个实例，这个类称为单例类，它提供全局访问的方法。

单例模式的要点有3个：某个类只能有一个实例；必须自行创建这个实例；必须自行向整个系统提供这个实例。单例模式是一种对象创建型模式。单例模式又名单件模式或单态模式。

2. 结构与角色

单例模式只包含一个单例角色，如图 9-4 所示。在单例类的内部实现只生成一个实例，同时它提供一个静态的工厂方法，让客户可以使用它的唯一实例；为了防止在外部对其实例化，将其构造函数设计为私有。

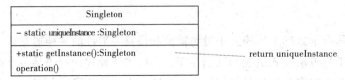

图 9-4　单例模式结构类图

3. 示意代码

```java
class Singleton{
    private static final Singleton uniqueInstance=new Singleton();    //饿汉式
    private Singleton(){ // 通过使用private的构造函数，限制产生多个对象
        System.out.println("已产生对象实例");
    }
    public static Singleton getInstance(){    // 通过该方法获得实例对象
        return uniqueInstance;
    }
    public static void operation(){            // 类中其他方法，尽量是static
    }
}
class Test { // 测试程序
    public static void main(String[] args){
```

```
        System.out.println("Start.");
        Singleton obj1=Singleton.getInstance();
        Singleton obj2=Singleton.getInstance();
        if (obj1==obj2) {
            System.out.println("obj1 和 obj2 是同一对象实例");
        } else {
            System.out.println("obj1 和 obj2 并非同一对象实例");
        }
        System.out.println("End.");
    }
}
```

程序运行结果：

```
Start.
已产生对象实例
obj1 和 obj2 是同一对象实例
End.
```

4. 模式分析

单例模式的目的是保证一个类仅有一个实例，并提供一个访问它的全局访问点。单例类拥有一个私有构造函数，确保用户无法通过 new 关键词直接实例化它。除此之外，该模式中还包含一个静态私有成员变量与静态公有的工厂方法。该工厂方法负责检验实例的存在性并实例化自己，然后存储在静态成员变量中，以确保只有一个实例被创建。

饿汉式单例类在自己被载入时就将自己实例化。单从资源利用效率角度来讲，这个比懒汉式单例类稍差些。从速度和反应时间角度来讲，则比懒汉式单例类稍好些。

懒汉式单例类在实例化时，必须处理好在多个线程同时首次引用此类时的访问限制问题，特别是当单例类作为资源控制器，在实例化时必然涉及资源初始化，而资源初始化很有可能耗费大量时间，这意味着出现多线程同时首次引用此类的机率变得较大，需要通过同步化机制进行控制。

单例模式的优点：提供了对唯一实例的受控访问。因为单例类封装了它的唯一实例，所以它可以严格控制客户怎样以及何时访问它。由于在系统内存中只存在一个对象，因此可以节约系统资源，对于一些需要频繁创建和销毁的对象，单例模式无疑可以提高系统的性能。

单例模式的缺点：由于单例模式中没有抽象层，因此单例类的扩展有很大的困难。单例类的职责过重，在一定程度上违背了"单一职责原则"。因为单例类既充当了工厂角色，提供了工厂方法，同时又充当了产品角色，包含一些业务方法，将产品的创建和产品本身的功能融合到一起。

单例模式的适用环境：系统只需要一个实例对象。例如，系统要求提供一个唯一的序号生成器，或者需要考虑资源消耗太大而只允许创建一个对象。客户调用类的单个实例只允许使用一个公共访问点，除了该公共访问点，不能通过其他途径访问该实例。在一个系统中要求一个类只有一个实例时才应当使用单例模式。反过来，如果一个类可以有几个实例共存，就需要对单例模式进行改进，使之成为多例模式。

9.2.5 原型模式

1. 动机与定义

在软件系统中，有些对象的创建过程较为复杂，而且有时需要频繁创建，原型模式通过给出一个原型对象来指明所要创建的对象的类型，然后用复制这个原型对象的办法创建出更多同类型的对象，这样可以通过复合而避免通过创建子类来完成不同的对象创建过程，这就是原型模式的意图所在。

原型模式（Prototype Pattern）是一种对象创建型模式，用原型实例指定创建对象的种类，并且通过复制这些原型创建新的对象。原型模式允许一个对象再创建另外一个可定制的对象，无须知道任何创建的细节。

原型模式的基本工作原理是通过将一个原型对象传给那个要发动创建的对象，这个要发动创建的对象通过请求原型对象复制原型来实现创建过程。

2．结构与角色

原型模式包含 3 个角色，如图 9-5 所示。

① Prototype：抽象原型，给出所有的具体原型类所需的接口，定义克隆自己的方法。

② ConcretePrototype：具体原型，被克隆的对象。实现抽象原型接口，实现具体克隆方法。

③ Client：客户，让一个原型克隆自身从而创建一个新的对象。

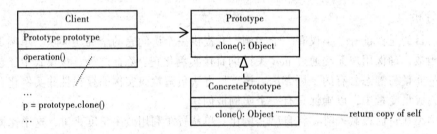

图 9-5　原型模式结构类图

3．示意代码

```java
interface Prototype extends Cloneable{                    // 抽象原型
    public Object clone(); // 声明了一个clone()克隆方法
}
class ConcretePrototype1 implements Prototype{          // 具体原型1
    String m_attribute1;
    String m_attribute2;
    public ConcretePrototype1(String a1, String a2){
        m_attribute1=a1;
        m_attribute2=a2;
    }
    public Object clone(){                    // 实现了 clone()克隆方法
        Object object=null;
        try {
            object=super.clone();                  // 浅克隆
            ((ConcretePrototype1) object).m_attribute2=new String(this.m_
                attribute2);
                                                   // 深克隆
        return object;
```

```
            } catch (CloneNotSupportedException e){
                return null;
            }
        }
    public boolean equals(Object obj) { // 用于判断对象是否相等
        if (this==obj)
            return true;
        if (obj instanceof ConcretePrototype1){
            ConcretePrototype1 p = (ConcretePrototype1) obj;
            System.out.print("浅克隆 m_attribute1 ");
            System.out.println(p.m_attribute1==this.m_attribute1);
            System.out.print("深克隆 m_attribute2 ");
            System.out.println(p.m_attribute2==this.m_attribute2);
            return (this.m_attribute1.equals(p.m_attribute1)&&
                this.m_attribute2.equals(p.m_ attribute2));
        }
        return false;
    }
}
class ConcretePrototype2 implements Prototype{ // 具体原型 2
    int m_attribute1;
    boolean m_attribute2;
    public ConcretePrototype2(int a1, boolean a2){
        m_attribute1=a1;
        m_attribute2=a2;
    }
    public Object clone(){                          // 实现了 clone()克隆方法
        Object object=null;
        try {
            object=super.clone();
            return object;
        } catch (CloneNotSupportedException e){
            return null;
        }
    }
    public boolean equals(Object obj){              // 用于判断对象是否相等
        if (this==obj)
            return true;
        if (obj instanceof ConcretePrototype2){
            ConcretePrototype2 p=(ConcretePrototype2) obj;
            return (this.m_attribute1==p.m_attribute1 &&
             this.m_attribute2==p.m_at tribute2);
        }
        return false;
    }
```

```
    }
class Client{ // 客户
    private Prototype prototype;
    public void setPrototype(Prototype p){
        prototype=p;
        System.out.println(prototype);
    }
    public void operation(){
        Prototype p=(Prototype)prototype.clone();
        System.out.println(p);
        System.out.println(prototype==p);              // false
        System.out.println(prototype.equals(p));  // true
    }
}
//一个原型对象传给那个要发动创建的对象 c, 通过复合实现了不同对象的创建
class Test{ // 测试程序
    public static void main(String[] args){
        Client c=new Client();
        c.setPrototype(new ConcretePrototype1("abc", "123"));
        c.operation();
        c.operation();
        c.setPrototype(new ConcretePrototype2(20, false));
        c.operation();
        c.operation();
    }
}
```

程序运行结果:

```
ConcretePrototype1@c791b9
ConcretePrototype1@3020ad
false
浅克隆 m_attribute1 true
深克隆 m_attribute2 false
true
ConcretePrototype1@1b15692
false
浅克隆 m_attribute1 true
深克隆 m_attribute2 false
true
ConcretePrototype2@1aa9f99
ConcretePrototype2@d42d08
false
true
ConcretePrototype2@1d86fd3
false
true
```

4．模式分析

在原型模式结构中定义了一个抽象原型类，所有的 Java 类都继承自 java.lang.Object，而 Object 类提供一个 clone()方法，可以将一个 Java 对象复制一份。因此，在 Java 中可以直接使用 Object 提供的 clone()方法来实现对象的克隆，Java 语言中的原型模式实现很简单。

能够实现克隆的 Java 类必须实现一个标识接口 Cloneable，表示这个 Java 类支持复制。如果一个类没有实现这个接口但是调用了 clone()方法，Java 编译程序将抛出一个 CloneNotSupportedException 异常。

通常情况下，一个类包含一些成员对象，在使用原型模式克隆对象时，根据其成员对象是否也克隆，原型模式可以分为两种形式：深克隆和浅克隆。

Java 语言提供的 clone()方法将对象复制了一份并返回给调用者。一般而言，clone()方法满足：

① 对任何对象 x，都有 x.clone() !=x，即克隆对象与原对象不是同一个对象。

② 对任何对象 x，都有 x.clone().getClass()==x.getClass()，即克隆对象与原对象的类型一样。

③ 如果对象 x 的 equals()方法定义恰当，那么 x.clone().equals(x)应该成立。

原型模式的优点：当创建新的对象实例较为复杂时，使用原型模式可以简化对象的创建过程；通过一个已有实例可以提高新实例的创建效率；可以动态增加或减少产品类；提供了简化的创建结构；可以使用深克隆的方式保存对象的状态。

原型模式的缺点：需要为每一个类配备一个克隆方法，而且这个克隆方法需要对类的功能进行通盘考虑，这对全新的类来说不是很难。但对已有的类进行改造时，不一定是件容易的事，必须修改其源代码，违背了"开闭原则"。在实现深克隆时需要编写较为复杂的代码。

原型模式的适用环境：创建新对象成本较高，新的对象可以通过原型模式对已有对象进行复制来获得，如果是相似对象，则可以对其属性稍作修改。如果系统要保存对象的状态，而对象的状态变化很小，或者对象本身占内存不大的时候，也可以使用原型模式配合备忘录模式来应用。相反，如果对象的状态变化很大，或者对象占用的内存很大，那么采用状态模式会比原型模式更好。需要避免使用分层次的工厂类来创建分层次的对象，并且类的实例对象只有一个或很少的几个组合状态，通过复制原型对象得到新实例可能比使用构造函数创建一个新实例更加方便。

9.2.6　建造者模式

1．动机与定义

在软件开发中，存在大量复杂对象，它们拥有一系列成员属性，这些成员属性中有些是引用类型的成员对象。而且在这些复杂对象中，还可能存在一些限制条件。例如，若某些属性没有赋值，则复杂对象不能作为一个完整的产品使用；有些属性的赋值必须按照某个顺序，一个属性没有赋值之前，另一个属性可能无法赋值等。

复杂对象相当于一辆有待建造的汽车，而对象的属性相当于汽车的部件，建造产品的过程就相当于组合部件的过程。由于组合部件的过程很复杂，因此，这些部件的组合过程往往被"外部化"到一个称作建造者的对象中，建造者返还给客户端的是一个已经建造完毕的完整产品对象，而用户无须关心该对象所包含的属性以及它们的组装方式，这就是建造者模式的模式动机。

建造者模式（Builder Pattern）：将一个复杂对象的构建与它的表示分离，使得同样的构建过程可以创建不同的表示。

建造者模式用于一步一步创建一个复杂的对象，它允许用户只通过指定复杂对象的类型和内容进行构建，用户不需要知道内部的具体构建细节。建造者模式属于对象创建型模式，根据中文翻译的不同，建造者模式又可称为生成器模式。

2. 结构与角色

建造者模式包含 4 个角色，如图 9-6 所示。

① Builder：抽象建造者。为创建一个 Product 对象的各个部件指定的抽象接口。

② ConcreteBuilder：具体建造者。实现抽象建造者 Builder，构建和装配产品的各个部件。做具体建造工作，但却不为客户端所知。

③ Product：产品，被构建的复杂对象。具体建造者创建该产品的内部表示并定义它的装配过程。包含定义组成部件的类，包括将这些部件装配成最终的产品的接口。

④ Director：指挥者。构建一个使用抽象建造者 Builder 的对象。它与客户端打交道，将客户端创建产品的请求划分为对各个零件的建造请求，再将这些请求委派给 ConcreteBuilder。

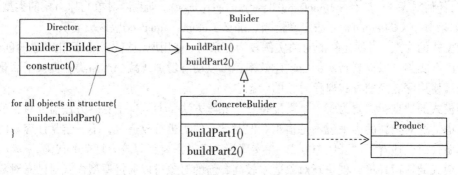

图 9-6　建造者模式结构类图

3. 示意代码

```
interface Builder{                          // 抽象建造者
    void buildPart1();                      // 产品零件建造方法
    void buildPart2();                      // 产品零件建造方法
}
class ConcreteBuilder1 implements Builder { // 具体建造者 1
    private Product product=new Product();
    public void buildPart1(){               // 产品零件建造方法 1
        product.setPart1("软件体系结构");      //构建产品第 1 个零件
    }
    public void buildPart2(){               // 产品零件建造方法 2
        product.setPart2("软件设计");          // 构建产品的第 2 个零件
    }
    public Product retrieveResult(){        // 产品返还方法
        return product;
    }
}
class ConcreteBuilder2 implements Builder { // 具体建造者 2
    private int s=0;
    public void buildPart1(){               // 产品零件建造方法 1
```

```
        s++;//构建产品第1个零件
    }
    public void buildPart2(){              // 产品零件建造方法2
        s++;// 构建产品的第2个零件
    }
    public int getResult(){                // 产品返还方法
        return s;
    }
}
class Director{                            // 指挥者
    private Builder builder;               // 持有当前需要使用的建造器对象
    public Director(Builder builder) {     // 构造方法
        this.builder=builder;
    }
    public void setBuilder(Builder builder) {
        this.builder=builder;
    }
    // 建造方法construct()负责调用ConcreteBuilder对象的零件建造方法
    public void construct(){ // 产品构造方法，负责调用各个零件建造方法
        builder.buildPart1();
        builder.buildPart2();
    }
}
class Product { // 产品类，定义一些关于产品的操作
    private String part1;
    private String part2;
    public String getPart1(){
        return part1;
    }
    public void setPart1(String part1){
        this.part1=part1;
    }
    public String getPart2(){
        return part2;
    }
    public void setPart2(String part2){
        this.part2=part2;
    }
}
class Test{ // 测试程序
    public static void main(String[] args){
        // 相同的指挥者,不同的具体建造者,建造不同的产品
        ConcreteBuilder1 builder1=new ConcreteBuilder1();
        Director director=new Director(builder1);
        director.construct();
```

```
        Product product=builder1.retrieveResult();
        System.out.println(product.getPart1()+'+'+product.getPart2());
        ConcreteBuilder2 builder2=new ConcreteBuilder2();
        director.setBuilder(builder2);
        director.construct();
        System.out.println(builder2.getResult());
    }
}
```

程序运行结果：

软件体系结构+软件设计

2

4．模式分析

建造者模式与抽象工厂模式相比，建造者模式返回一个组装好的完整产品，而抽象工厂模式返回一系列相关的产品，这些产品位于不同的产品等级结构，构成了一个产品族。如果将抽象工厂模式看成汽车配件生产工厂，生产一个产品族的产品，那么建造者模式就是一个汽车组装工厂，通过对部件的组装可以返回一辆完整的汽车。

在建造者模式的结构中引入了一个指挥者类，该类的作用主要有两个：一方面它隔离了客户与生产过程；另一方面它负责控制产品的生成过程。指挥者针对抽象建造者程序设计，客户端只需要知道具体建造者的类型，即可通过指挥者类调用建造者的相关方法，返回一个完整的产品对象。

如果系统中只需要一个具体建造者，可以省略掉抽象建造者。在具体建造者只有一个的情况下，如果抽象建造者角色已经被省略，还可以省略指挥者角色，让建造者角色扮演指挥者与建造者双重角色。

建造者模式的优点：客户端不必知道产品内部组成的细节，将产品本身与产品的创建过程解耦，使得相同的创建过程可以创建不同的产品对象，每一个具体建造者都相对独立，而与其他的具体建造者无关，因此可以很方便地替换具体建造者或增加新的具体建造者，符合“开闭原则”，还可以更加精细地控制产品的创建过程。

建造者模式的缺点：由于建造者模式所创建的产品一般具有较多的共同点，其组成部分相似，因此其使用范围受到一定的限制。如果产品的内部变化复杂，可能会导致需要定义很多具体建造者类来实现这种变化，导致系统变得很庞大。

建造者模式的适用环境：需要生成的产品对象有复杂的内部结构，这些产品对象通常包含多个成员属性；需要生成的产品对象的属性相互依赖，需要指定其生成顺序；对象的创建过程独立于创建该对象的类；隔离复杂对象的创建和使用，并使得相同的创建过程可以创建不同类型的产品。

9.3　结构型模式

结构型模式（Structural Pattern）描述如何将类或者对象结合在一起形成更大的结构，就像搭积木，可以通过简单积木的组合形成复杂的、功能更为强大的结构。

结构型模式可以分为类结构型模式和对象结构型模式。

类结构型模式关心类的组合，由多个类可以组合成一个更大的系统，在类结构型模式中一般只存在继承关系和实现关系。

对象结构型模式关心类与对象的组合，通过关联关系使得在一个类中定义另一个类的实例对象，然后通过该对象调用其方法。根据"合成复用原则"，在系统中尽量使用关联关系来替代继承关系，因此大部分结构型模式都是对象结构型模式。

9.3.1　外观模式

1. 动机与定义

引入外观角色之后，用户只需要直接与外观角色交互，用户与子系统之间的复杂关系由外观角色来实现，从而降低了系统的耦合度，如图 9-7 所示。

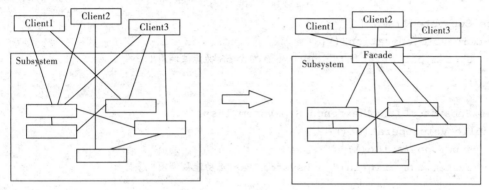

图 9-7　外观模式动机示意图

外观模式（Facade Pattern）：外部与一个子系统的通信必须通过一个统一的外观对象进行，为子系统中的一组接口提供一个一致的接口，外观模式定义了一个高层接口，这个接口使得这一子系统更加容易使用。外观模式又称门面模式，它是一种对象结构型模式。

2. 结构与角色

外观模式包含两个角色，如图 9-8 所示。

① Facade：外观：用于确认哪些子系统负责处理哪些请求，将客户的请求传递给相应的子系统对象处理。

② Subsystem classes：子系统类群。实现子系统的功能，处理由 Facade 传过来的任务。

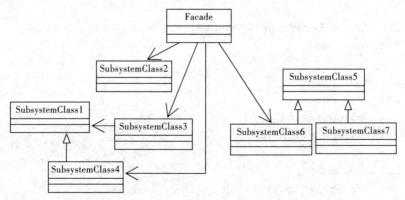

图 9-8　外观模式结构类图

3．示意代码

```
class SubsystemClass1{
   public void operation(){
      System.out.println(" SubsystemClass1 功能被调用");
   }
}
class SubsystemClass2{
   public void operation2(){
      System.out.println(" SubsystemClass2 功能被调用");
   }
}
class SubsystemClass3{
   public void operation3(){
      System.out.println(" SubsystemClass3 功能被调用");
   }
}
class SubsystemClass4 extends SubsystemClass1{
   public void operation(){
      super.operation();
      System.out.println(" SubsystemClass4 功能被调用");
   }
}
// 采用了单例模式的 Facade
class Facade{
   private static Facade facade=new Facade();
   private SubsystemClass2 c2;
   private SubsystemClass3 c3;
   private SubsystemClass4 c4;
   private Facade(){
      c2=new SubsystemClass2();
      c3=new SubsystemClass3();
      c4=new SubsystemClass4();
   }
   public static Facade getInstance(){
      return facade;
   }
   public void doA(){
      this.c2.operation2();
      this.c3.operation3();
      this.c4.operation();
   }
   public void doB(){
      this.c2.operation2();
   }
```

```
}
class Test { // 测试程序
    public static void main(String[] args){
        Facade facade=Facade.getInstance();
        System.out.println("调用 facade.doA");
        facade.doA();
        System.out.println("调用 facade.doB");
        facade.doB();
    }
}
```

程序运行结果：

调用 facade.doA

SubsystemClass2 功能被调用

SubsystemClass3 功能被调用

SubsystemClass1 功能被调用

SubsystemClass4 功能被调用

调用 facade.doB

SubsystemClass2 功能被调用

4．模式分析

外观模式的目的在于降低系统的复杂程度。外观模式要求一个子系统的外部与其内部的通信通过一个统一的外观对象进行，外观类将客户端与子系统的内部复杂性分隔开，使得客户端只需要与外观对象打交道，而不需要与子系统内部的很多对象打交道。外观模式从很大程度上提高了客户端使用的便捷性，使得客户端无须关心子系统的工作细节，通过外观角色即可调用相关功能。

根据"单一职责原则"，在软件中将一个系统划分为若干个子系统有利于降低整个系统的复杂性，一个常见的设计目标是使子系统间的通信和相互依赖关系达到最小，而达到该目标的途径之一就是引入一个外观对象，它为子系统的访问提供了一个简单而单一的入口。外观模式也是"迪米特法则"的体现，通过引入一个新的外观类可以降低原有系统的复杂度，同时降低客户类与子系统类的耦合度。

外观模式的优点：对客户屏蔽子系统组件，减少了客户处理的对象数目并使得子系统使用起来更加容易。通过引入外观模式，客户代码将变得很简单，与之关联的对象也很少。实现了子系统与客户之间的松耦合关系，这使得子系统的组件变化不会影响到调用它的客户类，只需要调整外观类即可。降低了大型软件系统中的编译依赖性，并简化了系统在不同平台之间的移植过程，因为编译一个子系统一般不需要编译所有其他的子系统。一个子系统的修改对其他子系统没有任何影响，而且子系统内部变化也不会影响到外观对象。只是提供了一个访问子系统的统一入口，并不影响用户直接使用子系统类。

外观模式的缺点：不能很好地限制客户使用子系统类，如果对客户访问子系统类做太多的限制则减少了可变性和灵活性。在不引入抽象外观类的情况下，增加新的子系统可能需要修改外观类或客户端的源代码，违背了"开闭原则"。

外观模式的适用环境：当要为一个复杂子系统提供一个简单接口时可以使用外观模式。该接口可以满足大多数用户的需求，而且用户也可以越过外观类直接访问子系统。客户程序与多个子系统之间存在很大的依赖性。引入外观类将子系统与客户以及其他子系统解耦，可以提高子系统的独立性和可移植性。在层次化结构中，可以使用外观模式定义系统中每一层的入口，层与层之间不直接产生联系，而通过外观类建立联系，降低层之间的耦合度。

在外观模式中，通常只需要一个外观类，并且此外观类只有一个实例，换言之它是一个单例类。在很多情况下为了节约系统资源，一般将外观类设计为单例类。当然，这并不意味着在整个系统中只能有一个外观类，在一个系统中可以设计多个外观类，每个外观类都负责和一些特定的子系统交互，向用户提供相应的业务功能。

不要通过继承一个外观类在子系统中加入新的行为，这种做法是错误的。外观模式的用意是为子系统提供一个集中化和简化的沟通管道，而不是向子系统加入新的行为，新的行为的增加应该通过修改原有子系统类或增加新的子系统类来实现，不能通过外观类来实现。

9.3.2 适配器模式

1. 动机与定义

通常情况下，客户端可以通过目标类的接口访问它所提供的服务。有时，现有的类可以满足客户类的功能需要，但是它所提供的接口不一定是客户类所期望的，这可能是因为现有类中方法名与目标类中定义的方法名不一致等原因所导致的。在这种情况下，现有的接口需要转化为客户类期望的接口，这样就保证了对现有类的重用。适配器模式可以完成这样的转化。

在适配器模式中可以定义一个包装类，包装不兼容接口的对象，这个包装类指的就是适配器（Adapter），它所包装的对象就是适配者（Adaptee），即被适配的类。适配器提供客户类需要的接口，适配器的实现就是把客户类的请求转化为对适配者的相应界面的调用。也就是说：当客户类调用适配器的方法时，在适配器类的内部将调用适配者类的方法，而这个过程对客户类是透明的，客户类并不直接访问适配者类。因此，适配器可以使由于接口不兼容而不能交互的类可以一起工作。这就是适配器模式的模式动机。

适配器模式（Adapter Pattern）：将一个接口转换成客户希望的另一个接口。适配器模式使接口不兼容的那些类可以一起工作，其别名为包装器（Wrapper）。适配器模式既可作为类结构型模式，也可作为对象结构型模式。

2. 结构与角色

适配器模式包含 4 个角色，如图 9-9、图 9-10 所示。

① Target：抽象目标，定义客户要用的特定领域的接口。

② Adaptee：适配者，需要适配的接口。

③ Adapter：适配器。把源接口转换成目标接口，分为类适配器和对象适配器。

④ Client：客户，针对目标类进行程序设计，调用在目标类中定义的业务方法。

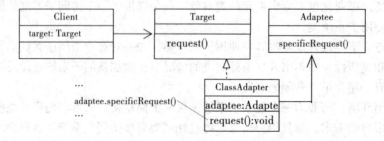

图 9-9　对象适配器模式结构类图

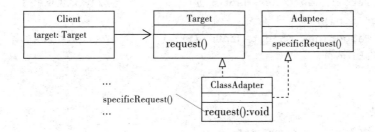

图 9-10　类适配器模式结构类图

3．示意代码

```java
interface Target{
   public void request();
}
class Adaptee{ // 适配者
   public void specificRequest(){
      System.out.println("this is adaptee's specificRequest.");
   }
}
class ClassAdapter extends Adaptee implements Target { // 类适配器
   public void request(){
      System.out.println("this is ClassAdapter's request.");
      specificRequest();
   }
}
class ObjectAdapter implements Target { // 对象适配器
   private Adaptee adaptee=new Adaptee();
   public void request(){
      System.out.println("this is ObjectAdapter's request.");
      adaptee.specificRequest();
   }
}
class Client{
   private Target target;
   public void setTarget(Target t){
      this.target=t;
   }
   public void opertion(){
      target.request();
      // 其他业务逻辑
   }
}
class Test { // 测试程序
   public static void main(String args[]){
      Client c=new Client();
```

```
        c.setTarget(new ClassAdapter());            // 测试类适配器
        c.opertion();
        c.setTarget(new ObjectAdapter());           // 测试对象适配器
        c.opertion();
    }
}
```

程序运行结果：

```
this is ClassAdapter's request.
this is adaptee's specificRequest.
this is ObjectAdapter's request.
this is adaptee's specificRequest.
```

4．模式分析

在类适配器模式中，适配器类实现了目标抽象类接口并继承了适配者类，并在目标抽象类的实现方法中调用所继承的适配者类的方法；在对象适配器模式中，适配器类继承了目标抽象类并定义了一个适配者类的对象实例，在所继承的目标抽象类方法中调用适配者类的相应业务方法。

类适配器模式由于适配器类是适配者类的子类，因此可以在适配器类中置换一些适配者的方法，使得适配器的灵活性更强。对于 Java、C#等不支持多重继承的语言，一次最多只能适配一个适配者类，而且目标抽象类只能为抽象类，不能为具体类，其使用有一定的局限性，不能将一个适配者类和它的子类都适配到目标接口。

对象适配器模式由于一个对象适配器可以把多个不同的适配者适配到同一个目标，也就是说，同一个适配器可以把适配者类和它的子类都适配到目标接口。对象适配器模式与类适配器模式相比，要想置换适配者类的方法就不容易。如果一定要置换掉适配者类的一个或多个方法，就只好先做一个适配者类的子类，将适配者类的方法置换掉，然后再把适配者类的子类当作真正的适配者进行适配，实现过程较为复杂。

适配器模式的优点：将目标类和适配者类解耦，通过引入一个适配器类来重用现有的适配者类，而无须修改原有代码。增加了类的透明性和复用性，将具体的实现封装在适配者类中，对于客户端类来说是透明的，而且提高了适配者的复用性。

适配器模式的缺点：类适配器模式的适配器类在很多编程语言中不能同时适配多个适配者类，对象适配器模式很难置换适配者类的方法。

适配器模式的适用环境：系统需要使用现有的类，而这些类的接口不符合系统的需要。想要建立一个可以重复使用的类，用于与一些彼此之间没有太大关联的一些类，包括一些可能在将来引进的类一起工作。

9.3.3 桥接模式

1．动机与定义

当一个抽象对象可能有多个实现时，通常用继承来协调它们。抽象类定义对该抽象的接口，而具体的子类则用不同方式加以实现。但是，此方法有时不够灵活，继承机制将抽象部分与它的实现部分固定在一起，难以对抽象部分和实现部分独立地进行修改、扩充和重用。

设想如果要绘制矩形、圆形、椭圆、正方形，至少需要 4 个形状类，但是如果绘制的图形需要具有不同的颜色，如红色、绿色、蓝色等，一种设计方案是定义一个抽象类，然后为每一种形状都实现一套颜色。但是，如果扩展一个形状或颜色，系统扩展都很不方便。另一种设计方案是根据实际需要对形状和颜色进行组合（桥接模式）。这样设计，类的个数更少，且系统扩展更为方便。桥接模式将继承关系转换为关联关系，从而降低了类与类之间的耦合，减少了代码编写量。

桥接模式（Bridge Pattern）：将抽象部分与它的实现部分分离，使它们都可以独立地变化。它是一种对象结构型模式，又称柄体（Handle and Body）模式或接口（Interface）模式。

2. 结构与角色

桥接模式包含 4 个角色，如图 9-11 所示。

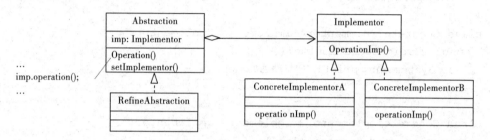

图 9-11　桥接模式结构类图

① Abstraction：抽象部分。抽象类，维护一个 Implementor 的对象。

② RefinedAbstraction：修正抽象部分，实现了由 Abstraction 定义的接口。

③ Implementor：抽象实现。定义实现类的接口，这个接口不一定要与 Abstraction 完全一致。一般来讲，Implementor 仅提供基本操作，Abstraction 则定义了基于这些基本操作的较高层次操作。

ConcreteImplementor：具体实现。具体实现类，给出 Implementor 的具体实现方法。

3. 示意代码

```
abstract class Abstraction { // 抽象化角色
    protected Implementor imp;
    public void setImplementor(Implementor imp){
        this.imp=imp;
    }
    public void operation(){
        this.imp.operationImp();
    }
}
class RefinedAbstraction1 extends Abstraction{ // 修正抽象化角色
    public void operation(){
        System.out.print("正方形");
        super.operation();
    }
    public void otherOperation() {// 实现一定的功能。但是更大的可能是使用 Abstraction
            //中定义的方法，通过组合使用 Abstraction 中定义的方法来完成更多的功能
    }
}
```

```java
class RefinedAbstraction2 extends Abstraction {        // 修正抽象化角色
    public void operation(){
        System.out.print("圆形");
        super.operation();
    }
    public void otherOperation(){
    }
}
interface Implementor{                                  // 实现化角色
    void operationImp();                                // 某个方法的实现化声明
}
class ConcreteImplementorA implements Implementor{
    public void operationImp(){
        System.out.println("红颜色");
    }
}
class ConcreteImplementorB implements Implementor{
    public void operationImp(){
        System.out.println("蓝颜色");
    }
}
class Test{ // 测试程序
    public static void main(String[] args){
        Implementor cia=new ConcreteImplementorA();
        Implementor cib=new ConcreteImplementorB();
        Abstraction abstraction1=new RefinedAbstraction1();
        abstraction1.setImplementor(cia);
        abstraction1.operation();
        abstraction1.setImplementor(cib);
        abstraction1.operation();
        Abstraction abstraction2=new RefinedAbstraction2();
        abstraction2.setImplementor(cia);
        abstraction2.operation();
    }
}
```

程序运行结果：

正方形红颜色

正方形蓝颜色

圆形红颜色

4. 模式分析

理解桥接模式，重点需要理解如何将抽象化（Abstraction）与实现化（Implementation）脱耦，使得二者可以独立地变化。抽象化就是忽略一些信息，把不同的实体当作同样的实体对待。在面向对象中，将对象的共同性质抽取出来形成类的过程即为抽象化过程。实现化就是针对抽象化给出的具体实现。抽象化与实现化是一对互逆的概念，实现化产生的对象比抽象化更具体，是对抽象化事物的进一步具体化的产物。脱耦就是将抽象化和实现化之间的耦合解脱开，或者说是将它们之间的强关联改换成弱关联，将两个角色之间的继承关系改为关联关系。桥接模式中的所谓脱耦，就是指在一个软件系统的抽象化和实现化之间使用关联关系（组合或者聚合关系）而不是继承关系，从而使两者可以相对独立地变化，这就是桥接模式的用意。

桥接模式的优点：分离抽象部分及其实现部分。桥接模式有时类似于多继承方案，但是多继承方案违背了类的单一职责原则（即一个类只有一个变化的原因），复用性比较差，而且多继承结构中类的个数非常庞大，桥接模式是比多继承方案更好的解决方法。桥接模式提高了系统的可扩充性，在两个变化维度中任意扩展一个维度，都不需要修改原有系统。实现细节对客户透明，可以对使用者隐藏实现细节。

桥接模式的缺点：桥接模式的引入会增加系统的理解与设计难度，由于聚合关联关系建立在抽象层，要求开发者针对抽象进行设计。桥接模式要求正确识别出系统中两个独立变化的维度，因此其使用范围具有一定的局限性。

桥接模式的适用环境：如果一个系统需要在构件的抽象化角色和具体化角色之间增加更多的灵活性，避免在两个层次之间建立静态的继承联系，通过桥接模式可以使它们在抽象层建立一个关联关系。抽象化角色和实现化角色可以继承的方式独立扩展而互不影响，在程序运行时可以动态将一个抽象化子类的对象和一个实现化子类的对象进行组合，即系统需要对抽象化角色和实现化角色进行动态耦合。一个类存在两个独立变化的维度，且这两个维度都需要进行扩展。虽然在系统中使用继承是没有问题的，但是由于抽象化角色和具体化角色需要独立变化，设计要求需要独立管理这两者。对于那些不希望使用继承或因为多层次继承导致系统类的个数急剧增加的系统，桥接模式尤为适用。

9.3.4　组合模式

1. 动机与定义

对于树形结构，当容器对象（如文件夹）的某一个方法被调用时，将遍历整个树形结构，寻找也包含这个方法的成员对象（可以是容器对象，也可以是叶子对象，如子文件夹和文件）并递归调用执行。但由于容器对象和叶子对象在功能上的区别，在使用这些对象的客户端代码中必须有区别地对待容器对象和叶子对象，而实际上大多数情况下客户端希望一致地处理它们，因为对于这些对象的区别对待将会使得程序非常复杂。组合模式描述了如何将容器对象和叶子对象进行递归组合，使得用户在使用时无须对它们进行区分，可以一致地对待容器对象和叶子对象，这就是组合模式的模式动机。

组合模式(Composite Pattern)：组合多个对象形成树形结构以表示"整体-部分"的结构层次。组合模式对单个对象（即叶子对象）和组合对象（即容器对象）的使用具有一致性。

组合模式也又称为"整体-部分"（Part-Whole）模式，属于对象的结构模式，它将对象组织到树结构中，可以用来描述整体与部分的关系。

2. 结构与角色

组合模式包含 4 个角色，如图 9-12 所示。

① Component：抽象构件，定义参加组合对象的共有方法和属性。

② Leaf：叶子构件，在组合中表示叶结点对象，其下没有其他的分支，是遍历的最小单位。

③ Composite：树枝构件，组合类，组合树枝结点和叶子结点形成一个树形结构。

④ Client：客户，通过抽象构件接口操纵组合部件的对象。

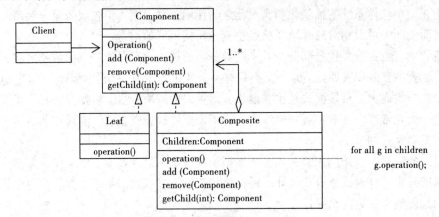

图 9-12　组合模式结构类图

3. 示意代码

```java
import java.util.ArrayList;
interface Component{
    void add(Component c);
    void remove(Component c);
    Component getChild(int i);
    void operation(String i);
}
class Composite implements Component{
    private ArrayList<Component> list=new ArrayList<Component>();
    public void add(Component c){
        list.add(c);
    }
    public void remove(Component c){
        list.remove(c);
    }
    public Component getChild(int i){
        return (Component) list.get(i);
    }
    public void operation(String i){
        System.out.println(i+"a Folder");
        i="| "+i;
        for (Object obj:list){
            ((Component) obj).operation(i);
        }
    }
}
class Leaf implements Component{                 // 叶结点，没有子下级对象
```

```
    public void add(Component c){              // 异常处理或错误提示
        throw new RuntimeException("ERROR! ");
    }
    public void remove(Component c){           // 异常处理或错误提示
        System.out.println("ERROR!");
    }
    public Component getChild(int i){          // 异常处理或错误提示
        return null;
    }
    public void operation(String i){           // 可以覆写父类方法
        System.out.println(i+"a File");
    }
}
class Factory{   //简单工厂
    public static Component factory(int arg){
        if (arg==1)
            return new Composite();
        else
            return new Leaf();
    }
}
class Client {// 客户，通过Component接口控制组合部件的对象。
    Component root=Factory.factory(1);
    public void builder(){// 简单在根下建一个分枝,分枝下建两个叶子
        Component branch=Factory.factory(1);       // 创建一个树枝构件
        branch.add(Factory.factory(0));
        branch.add(Factory.factory(0));
        root.add(branch);
    }
    public void scan(){
        root.operation("|-");                      // 遍历整个树
    }
}
class Test { // 测试程序
    public static void main(String[] args){
        Client c=new Client();
        c.builder();
        c.builder();
        c.scan();
    }
}
```

程序运行结果：

```
|-a Folder
| |-a Folder
| | |-a File
```

```
| | |-a File
| |-a Folder
| | |-a File
| | |-a File
```

4. 模式分析

组合模式的关键是定义了一个抽象构件类，它既可以代表叶子，又可以代表容器，而客户端针对该抽象构件类进行程序设计，无须知道它到底表示的是叶子还是容器，可以对其进行统一处理。同时，容器对象与抽象构件类之间还建立一个聚合关联关系，在容器对象中既可以包含叶子，也可以包含容器。

组合模式的优点：可以清楚地定义分层次的复杂对象，表示对象的全部或部分层次，使得增加新构件也更容易。客户端调用简单，客户端可以一致地使用组合结构或其中单个对象。定义了包含叶子对象和容器对象的类层次结构，叶子对象可以被组合成更复杂的容器对象，而这个容器对象又可以被组合，这样不断递归下去，可以形成复杂的树形结构。更容易在组合体内加入对象构件，客户端不必因为加入了新的对象构件而更改原有代码。

组合模式的缺点：使设计变得更加抽象，对象的业务规则如果很复杂，则实现组合模式具有很大挑战性，而且不是所有的方法都与叶子对象子类有关联。增加新构件时可能会产生一些问题，很难对容器中的构件类型进行限制。

组合模式的适用环境：需要表示一个对象整体或部分层次，在具有整体和部分的层次结构中，希望通过一种方式忽略整体与部分的差异，可以一致地对待它们。让客户能够忽略不同对象层次的变化，客户端可以针对抽象构件程序设计，无须关心对象层次结构的细节。对象的结构是动态的并且复杂程度不一样，但客户需要一致地处理它们。

9.3.5 装饰模式

1. 动机与定义

一般有两种方式可以实现给一个类或对象增加行为。① 继承机制。使用继承机制是给现有类添加功能的一种有效途径，通过继承一个现有类可以使得子类在拥有自身方法的同时还拥有父类的方法。但是这种方法是静态的，用户不能控制增加行为的方式和时机。② 关联机制。即将一个类的对象嵌入另一个对象中，由另一个对象来决定是否调用嵌入对象的行为以便扩展自己的行为，我们称这个嵌入的对象为装饰器（Decorator）。

装饰模式以对客户透明的方式动态地给一个对象附加上更多的责任，换言之，客户端并不会觉得对象在装饰前和装饰后有什么不同。装饰模式可以在不需要创造更多子类的情况下，将对象的功能加以扩展。这就是装饰模式的模式动机。

装饰模式（Decorator Pattern）：动态地给一个对象增加一些额外的职责，就增加对象功能来说，装饰模式比生成子类实现更为灵活。其别名也可以称为包装器（Wrapper），与适配器模式的别名相同，但它们适用于不同的场合。根据翻译的不同，装饰模式也有人称为"油漆工模式"，它是一种对象结构型模式。

2. 结构与角色

装饰模式包含 4 个角色，如图 9-13 所示。

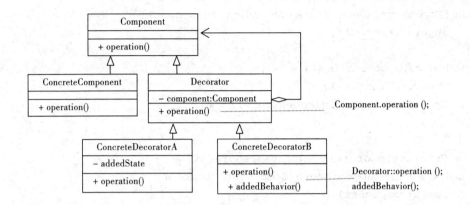

图 9-13 装饰模式结构类图

① Component：抽象组件，规范准备接收附加责任的对象，具体组件和装饰的公共父类型。

② Concrete Component：具体组件，定义一个将要接收附加责任的类，可以通过给它添加装饰来增加新的功能。

③ Decorator：装饰者，是所有装饰的公共父类，它定义了所有装饰必须实现的方法。同时，它还保存了一个对于 Component 的引用，以便将用户的请求转发给 Component，并可能在转发请求前后执行一些附加的动作。

④ Concrete Decorator：具体装饰者，负责给组件对象增加具体的附加责任。

3. 示意代码

```
interface Component{                              // 抽象组件接口
   void operation();                              // 功能方法
}
class ConcreteComponent implements Component {  // 具体组件类
   public ConcreteComponent(){
   }
   public void operation(){                       // 功能方法
      System.out.println("Hello in ConcreteComponent");
   }
}
class Decorator implements Component{            // 装饰类,实现了 Component 界面
   private Component component;
   public Decorator(Component component){
      this.component=component;
   }
   public void operation(){
      component.operation();
   }
}
class ConcreteDecoratorA extends Decorator{
```

```
    String addedState="My name is ConcreteDecoratorA";
    public ConcreteDecoratorA(Component component){
        super(component);
    }
    public void operation(){
        super.operation();
        System.out.println(addedState);
    }
}
class ConcreteDecoratorB extends Decorator{
    public ConcreteDecoratorB(Component component){
        super(component);
    }
    public void operation(){
        super.operation();
        this.addedBehavior();
    }
    public void addedBehavior(){
        System.out.println("added Hello in ConcreteDecoratorB");
    }
}
class Test { // 测试程序
    public static void main(String[] args){
        Decorator decorator=new ConcreteDecoratorB(
            new ConcreteDecoratorA(new ConcreteComponent()));
        decorator.operation(); // 调用不变，但已增加了功能
    }
}
```

程序运行结果：

```
Hello in ConcreteComponent
My name is ConcreteDecoratorA
added Hello in ConcreteDecoratorB
```

4．模式分析

一个装饰类的接口必须与被装饰类的接口保持相同，对于客户端来说无论是装饰之前的对象还是装饰之后的对象都可以一致对待。尽量保持具体构件类 Component 作为一个"轻"类，也就是说不要把太多的逻辑和状态放在具体构件类中，可以通过装饰类对其进行扩展。如果只有一个具体构件类而没有抽象构件类，那么抽象装饰类可以作为具体构件类的直接子类。

与继承关系相比，关联关系的主要优势在于不会破坏类的封装性，而且继承是一种耦合度较大的静态关系，无法在程序运行时动态扩展。在软件开发阶段，关联关系虽然不会比继承关系减少编码量，但是到了软件维护阶段，由于关联关系使系统具有较好的松耦合性，因此使得系统更加容易维护。当然，关联关系的缺点是比继承关系要创建更多的对象。

使用装饰模式来实现扩展比继承更加灵活，它以对客户透明的方式动态地给一个对象附加更

多的责任。装饰模式可以在不需要创造更多子类的情况下，将对象的功能加以扩展。

装饰模式的优点：装饰模式与继承关系的目的都是要扩展对象的功能，但是装饰模式可以提供比继承更多的灵活性。可以通过一种动态的方式来扩展一个对象的功能，通过配置文件可以在运行时选择不同的装饰器，从而实现不同的行为。通过使用不同的具体装饰类以及这些装饰类的排列组合，可以创造出很多不同行为的组合。可以使用多个具体装饰类来装饰同一对象，得到功能更为强大的对象。具体构件类与具体装饰类可以独立变化，使用者可以根据需要增加新的具体构件类和具体装饰类，在使用时再对其进行组合，原有代码无须改变，符合"开闭原则"。

装饰模式的缺点：使用装饰模式进行系统设计时将产生很多小对象，这些对象的区别在于它们之间相互连接的方式有所不同，而不是它们的类或者属性值有所不同，同时还将产生很多具体装饰类。这些装饰类和小对象的产生将增加系统的复杂度，加大学习与理解的难度。这种比继承更加灵活机动的特性，也同时意味着装饰模式比继承更加易于出错，排错也很困难。对于多次装饰的对象，调试时寻找错误可能需要逐级排查，较为烦琐。

装饰模式的适用环境：在不影响其他对象的情况下，以动态、透明的方式给单个对象添加职责。需要动态地给一个对象增加功能，这些功能也可以动态地被撤销。不能采用继承的方式对系统进行扩充或者采用继承不利于系统扩展和维护的时候。不能采用继承的情况主要有两类：第一类是系统中存在大量独立的扩展，为支持每一种组合将产生大量的子类，使得子类数目呈爆炸性增长；第二类是因为类定义不能继承（如 final 类）。

9.3.6　代理模式

1．动机与定义

在某些情况下，一个客户不想或者不能直接引用一个对象，此时可以通过一个称为"代理"的第三者来实现间接引用。代理对象可以在客户端和目标对象之间起到中介的作用，并且可以通过代理对象去掉客户不能看到的内容和服务或者添加客户需要的额外服务。

通过引入一个新的对象来实现对真实对象的操作或者将新的对象作为真实对象的一个替身，这种实现机制即为代理模式，通过引入代理对象来间接访问一个对象，这就是代理模式的模式动机。

代理模式（Proxy Pattern）：给某一个对象提供一个代理，并由代理对象控制对原对象的引用。代理模式的英文为 Proxy 或 Surrogate，它是一种对象结构型模式。

2．结构与角色

代理模式包含 3 个角色，如图 9-14 所示。

① Subject：抽象主题。声明了真实主题和代理的共同接口，这样一来在任何可以使用真实主题的地方都可以使用代理。

② Proxy：代理。内部含有对真实主题的引用，从而可以在任何时候操作真实主题对象；提供一个与真实主题角色相同的接口，以便可以在任何时候都可以替代真实主题；控制对真实主题的引用，负责在需要的时候创建真实主题对象（和删除真实主题对象）；通常在将客户端调用传递给真实的主题之前或者之后，都要执行某个操作，而不是单纯地将调用传递给真实主题对象。

③ RealSubject：真实主题。定义了 Proxy 所代表的真实对象。

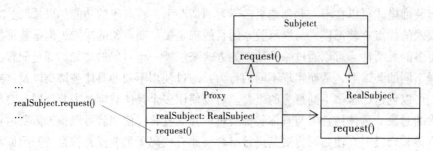

图 9-14　代理模式结构类图

3. 示意代码

```
interface Subject{                                    // 抽象主题
   void request();                                    // 声明一个抽象的请求方法
}
class RealSubject implements Subject{                  // 具体主题
   public void request(){                             // 实现请求方法
      System.out.println("From real subject.");
   }
}
class Proxy implements Subject{                        // 代理主题
   private RealSubject realSubject;
   public void request(){                             // 实现请求方法
      preRequest();
      if (realSubject==null)
         realSubject=new RealSubject();
      realSubject.request();
      postRequest();
   }
   private void preRequest(){
      System.out.println("proxy preRequest.");  // 请求前的操作
   }
   private void postRequest(){
      System.out.println("proxy postRequest."); // 请求后的操作
   }
}
class Test { // 测试程序
   public static void main(String[] args){
      Subject subject=new Proxy();
      subject.request();
   }
}
```

程序运行结果：

```
proxy preRequest.
From real subject.
proxy postRequest.
```

4. 模式分析

代理模式的优点：能够协调调用者和被调用者，在一定程度上降低了系统的耦合度。远程代理使得客户端可以访问在远程机器上的对象，远程机器可能具有更好的计算性能与处理速度，可以快速响应并处理客户端请求。虚拟代理通过使用一个小对象来代表一个大对象，可以减少系统资源的消耗，对系统进行优化并提高运行速度。保护代理可以控制对真实对象的权限。

代理模式的缺点：由于在客户端和真实主题之间增加了代理对象，因此有些类型的代理模式可能会造成请求的处理速度变慢。实现代理模式需要额外的工作，有些代理模式的实现非常复杂。

代理模式的适用环境包含下面几种情况：

① 远程（Remote）代理：为一个位于不同的地址空间的对象提供一个本地的代理对象，这个不同的地址空间可以是在同一台主机中，也可是在另一台主机中，远程代理又称为大使(Ambassador)。

② 虚拟（Virtual）代理：如果需要创建一个资源消耗较大的对象，先创建一个消耗相对较小的对象来表示，真实对象只在需要时才会被真正创建。

③ Copy-on-Write 代理：它是虚拟代理的一种，把复制（克隆）操作延迟到只有在客户端真正需要时才执行。一般来说，对象的深克隆是一个开销较大的操作，Copy-on-Write 代理可以让这个操作延迟，只有对象被用到的时候才被克隆。

④ 保护（Protect or Access）代理：控制对一个对象的访问，可以给不同的用户提供不同级别的权限。

⑤ 缓冲（Cache）代理：为某一个目标操作的结果提供临时的存储空间，以便多个客户端可以共享这些结果。

⑥ 防火墙（Firewall）代理：保护目标不让恶意用户接近。

⑦ 同步化（Synchronization）代理：使几个用户能够同时使用一个对象而没有冲突。

⑧ 智能引用（Smart Reference）代理：当一个对象被引用时，提供一些额外的操作，如将此对象被调用的次数记录下来等。

9.3.7 享元模式

1. 动机与定义

面向对象技术可以很好地解决一些灵活性或可扩展性问题，但在很多情况下需要在系统中增加类和对象的个数。当对象数量太多时，将导致运行代价过高、性能下降等问题。享元模式正是为解决这一类问题而诞生的。享元模式通过共享技术实现相同或相似对象的重用。

在享元模式中可以共享的相同内容称为内部状态（Intrinsic State），而那些需要外部环境来设置的不能共享的内容称为外部状态（Extrinsic State），由于区分了内部状态和外部状态，因此可以通过设置不同的外部状态使得相同的对象可以具有一些不同的特征，而相同的内部状态是可以共享的。在享元模式中通常会出现工厂模式，需要创建一个享元工厂来负责维护一个享元池（Flyweight Pool）用于存储具有相同内部状态的享元对象。

在享元模式中不能共享的外部状态需要通过环境来设置。在实际使用中，能够共享的内部状态是有限的，因此享元对象一般都设计为较小的对象，它所包含的内部状态较少，这种对象也称为细粒度对象。享元模式的目的就是使用共享技术来实现大量细粒度对象的复用。

享元模式（Flyweight Pattern）：运用共享技术有效地支持大量细粒度对象的复用。系统只使用少量的对象，而这些对象都很相似，状态变化很小，可以实现对象的多次复用。由于享元模式要求能够共享的对象必须是细粒度对象，因此它又称为轻量级模式，它是一种对象结构型模式。

2. 结构与角色

享元模式包含 5 个角色，如图 9-15 所示。

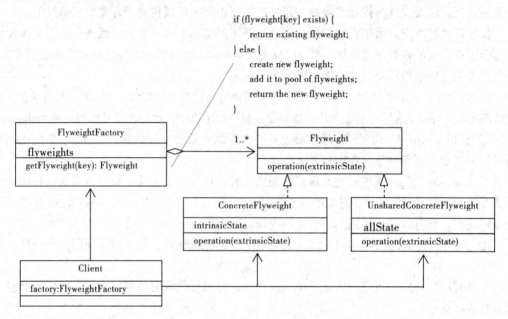

图 9-15　享元模式结构类图

① Flyweight：抽象享元。所有的具体享元类的父类型，规定这些类需要实现的公共接口。那些需要外部状态的操作可以通过调用接口方法以参数形式传入。

② ConcreteFlyweight：具体享元，实现抽象享元角色所规定的接口。负责为内部状态提供存储空间；享元对象的内部状态必须与对象所处的周围环境无关，从而使得享元对象可以在系统内共享。

③ UnsharedConcreteFlyweight：非共享具体享元，并非所有的享元子类都需要被共享。享元接口使共享成为可能，但它并不强制共享。在享元对象结构的某些层次，UnsharedConcreteFlyweight 对象通常将 ConcreteFlyweight 对象作为子结点。

④ FlyweightFactory：享元工厂，负责创建和管理享元，保证享元对象可以被系统适当地共享。当一个客户端对象调用一个享元对象时，享元工厂会检查系统中是否已经有一个复合要求的享元对象。如果已经有了，享元工厂角色就应当提供这个已有的享元对象；如果系统中没有一个适当的享元对象，享元工厂角色就应当创建一个合适的享元对象。

⑤ Client：客户。维持一个对享元的引用，计算或存储一个（多个）享元的外部状态。

3. 示意代码

```java
import java.util.Map;
import java.util.HashMap;
import java.util.Iterator;
interface Flyweight {                          // 抽象享元
    void operation(String state);              // state 是外部状态
```

```
}
class ConcreteFlyweight implements Flyweight{          // 具体享元类
    private Character intrinsicState=null;
    public ConcreteFlyweight(Character state){        // 内部状态作为参数传入
        this.intrinsicState=state;
    }
    // 外部状态作为参量传入方法中，改变方法的行为，但并不改变对象的内部状态
    public void operation(String state){              // 实现了抽象享元接口的方法
        System.out.println("An Intrinsic State="+intrinsicState+", Extrinsic
State="+state);
    }
}
class FlyweightFactory{
    private static HashMap<Character, Flyweight> flies = new HashMap<Character,
Flyweight>();
    public static Flyweight getFlyweight(Character key) {// 内部状态作为参量
        if (flies.containsKey(key)) {
            return (Flyweight) flies.get(key);
        } else {
            Flyweight fly=new ConcreteFlyweight(key);
            flies.put(key, fly);
            return fly;
        }
    }
    public static void checkFlyweight() {// 辅助方法
        int i=0;
        for (Iterator it=flies.entrySet().iterator(); it.hasNext();){
            Map.Entry e=(Map.Entry) it.next();
            System.out.println("Item"+(++i) + ": " + e.getKey());
        }
    }
}
class Client1{
    public void operation(){
        // 请求内部状态为'a'的享元对象
        Flyweight fly=FlyweightFactory.getFlyweight(new Character('a'));
        fly.operation("First Call");          // 以参量方式传入一个外部状态
        // 请求一个内部状态为'b'的享元对象
        fly=FlyweightFactory.getFlyweight(new Character('b'));
        fly.operation("Second Call");          // 以参量方式传入一个外部状态
    }
}
class Client2{
    public void operation(){
        // 再请求一个内部状态为'a'的享元对象
```

```
        Flyweight fly = FlyweightFactory.getFlyweight(new Character('a'));
        fly.operation("Third Call");          // 以参量方式传入一个外部状态
    }
}
class Test {  // 两个客户共申请了 3 个享元对象,实际创建两个,这就是共享的含义
    public static void main(String[] args){
        Client1 c1=new Client1();
        Client2 c2=new Client2();
        c1.operation();
        c2.operation();
        FlyweightFactory.checkFlyweight();          // 打印出所有的独立的享元对象
    }
}
```

程序运行结果:

```
An Intrinsic State=a, Extrinsic State=First Call
An Intrinsic State=b, Extrinsic State=Second Call
An Intrinsic State=a, Extrinsic State=Third Call
Item1: b
Item2: a
```

4. 模式分析

享元模式是一个考虑系统性能的设计模式,通过使用享元模式可以节约内存空间,提高系统的性能。享元模式的核心在于享元工厂类,享元工厂类的作用在于提供一个用于存储享元对象的享元池,用户需要对象时,首先从享元池中获取,如果享元池中不存在,则创建一个新的享元对象返回给用户,并在享元池中保存该新增对象。

享元模式以共享的方式高效地支持大量的细粒度对象,享元对象能做到共享的关键是区分内部状态(Internal State)和外部状态(External State)。

① 内部状态是存储在享元对象内部并且不会随环境改变而改变的状态,因此内部状态可以共享。

② 外部状态是随环境改变而改变的、不可以共享的状态。享元对象的外部状态必须由客户端保存,并在享元对象被创建之后,在需要使用的时候再传入到享元对象内部。一个外部状态与另一个外部状态之间是相互独立的。

享元模式的优点:可以极大减少内存中对象的数量,使得相同对象或相似对象在内存中只保存一份。享元模式的外部状态相对独立,而且不会影响其内部状态,从而使得享元对象可以在不同的环境中被共享。

享元模式的缺点:享元模式使得系统更加复杂,需要分离出内部状态和外部状态,这使得程序的逻辑复杂化。为了使对象可以共享,享元模式需要将享元对象的状态外部化,而读取外部状态使得运行时间变长。

享元模式的适用环境:一个系统有大量相同或者相似的对象,由于这类对象的大量使用,造成内存的大量耗费。对象的大部分状态都可以外部化,可以将这些外部状态传入对象中。使用享元模式需要维护一个存储享元对象的享元池,而这需要耗费资源,因此,应当在多次重复使用享元对象时才值得使用享元模式。

9.4 行为型模式

行为型模式（Behavioral Pattern）是对在不同的对象之间划分责任和算法的抽象化。行为型模式不仅仅关注类和对象的结构，而且重点关注它们之间的相互作用。通过行为型模式，可以更加清晰地划分类与对象的职责，并研究系统在运行时实例对象之间的交互。在系统运行时，对象并不是孤立的，它们可以通过相互通信与协作完成某些复杂功能，一个对象在运行时也将影响到其他对象的运行。

行为型模式分为类行为型模式和对象行为型模式两种：

① 类行为型模式：使用继承关系在几个类之间分配行为，主要通过多态等方式来分配父类与子类的职责。

② 对象行为型模式：使用对象的聚合关联关系来分配行为，主要通过对象关联等方式来分配两个或多个类的职责。根据"合成复用原则"，系统中要尽量使用关联关系来取代继承关系，因此大部分行为型设计模式都属于对象行为型设计模式。

9.4.1 模板方法模式

1. 动机与定义

模板方法模式是基于继承的代码复用基本技术，模板方法模式的结构和用法也是面向对象设计的核心之一。在模板方法模式中，可以将相同的代码放在父类中，而将不同的方法实现放在不同的子类中。

在模板方法模式中，用户需要准备一个抽象类，将部分逻辑以具体方法以及具体构造函数的形式实现，然后声明一些抽象方法来让子类实现剩余的逻辑；不同的子类可以以不同的方式实现这些抽象方法，从而对剩余的逻辑有不同的实现。模板方法模式体现了面向对象的诸多重要思想，是一种使用频率较高的模式。

模板方法模式（Template Method Pattern）：定义一个操作中算法的骨架，而将一些步骤延迟到子类中，模板方法使得子类可以不改变一个算法的结构即可重定义该算法的某些特定步骤。模板方法是一种类行为型模式。

2. 结构与角色

模版方法模式包含两个角色，如图 9-16 所示。

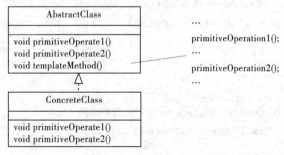

图 9-16 模版方法模式结构类图

① AbstractClass：抽象类。它的方法分为两类：① 基本方法，也叫作基本操作，是由子类

实现的方法，并且在模板方法被调用；② 模板方法，可以有一个或几个，一般是一个具体方法，也就是一个骨架，实现对基本方法的调度，完成固定的逻辑。为防止恶意的操作，一般模板方法都加上 final 关键词，不允许被覆写。

② ConcreteClass：具体类。实现父类所定义的一个或多个抽象方法，也就是父类定义的基本方法在子类中得以实现。

3. 示意代码

```java
abstract class AbstractClass{                    // 抽象模版
    public void templateMethod(){                // 模板方法，调用基本方法完成相关逻辑
        this.primitiveOperation1();
        this.primitiveOperation2();
        this.primitiveOperation3();
    }
    protected abstract void primitiveOperation1();    //基本方法-抽象方法
    protected void primitiveOperation2(){             // 基本方法-具体方法
        System.out.println("primitiveOperation2 in AbstractClass.");
    }
    protected void primitiveOperation3()              //基本方法-钩子方法
    {
    }
}
class ConcreteClass1 extends AbstractClass{        // 具体类
    protected void primitiveOperation1(){          // 实现基本方法
        System.out.println("primitiveOperation1 in ConcreteClass1.");
    }
    protected void primitiveOperation3(){
        System.out.println("primitiveOperation3 in ConcreteClass1.");
    }
}
class ConcreteClass2 extends AbstractClass{
    protected void primitiveOperation1(){          // 实现基本方法
        System.out.println("primitiveOperation1 in ConcreteClass2.");
    }
    protected void primitiveOperation2(){
        System.out.println("primitiveOperation2 in ConcreteClass2.");
    }
}
class Test {  // 测试程序
    public static void main(String[] args){
        AbstractClass class1=new ConcreteClass1();
        AbstractClass class2=new ConcreteClass2();
        // 调用模板方法
        class1.templateMethod();
        class2.templateMethod();
```

```
    }
}
```

程序运行结果:

```
primitiveOperation1 in ConcreteClass1.
primitiveOperation2 in AbstractClass.
primitiveOperation3 in ConcreteClass1.
primitiveOperation1 in ConcreteClass2.
primitiveOperation2 in ConcreteClass2.
```

4. 模式分析

模板方法模式是一种类的行为型模式,在它的结构图中只有类之间的继承关系,没有对象关联关系。在模板方法模式的使用过程中,要求开发抽象类和开发具体子类的设计师之间进行协作。一个设计师负责给出一个算法的轮廓和骨架,另一些设计师则负责给出这个算法的各个逻辑步骤。实现这些具体逻辑步骤的方法称为基本方法(Primitive Method),而将这些基本法方法汇总起来的方法称为模板方法(Template Method),模板方法模式的名字从此而来。

模板方法:一个模板方法是定义在抽象类中的、把基本操作方法组合在一起形成一个总算法或一个总行为的方法。

基本方法:基本方法是实现算法各个步骤的方法,是模板方法的组成部分。其形式可以是:抽象方法(Abstract Method)、具体方法(钩子方法、Hook Method、"挂钩"方法、空方法)。

在模板方法模式中,由于面向对象的多态性,子类对象在运行时将覆盖父类对象,子类中定义的方法也将覆盖父类中定义的方法,因此程序在运行时,具体子类的基本方法将覆盖父类中定义的基本方法,子类的钩子方法也将覆盖父类的钩子方法,从而可以通过在子类中实现的钩子方法对父类方法的执行进行约束,实现子类对父类行为的反向控制。

模板方法模式鼓励我们恰当使用继承,此模式可以用来改写一些拥有相同功能的相关类,将可复用的一般性的行为代码移到父类中,而将特殊化的行为代码移到子类中。这也进一步说明,虽然继承复用存在一些问题,但是在某些情况下还是可以给开发人员带来方便,模板方法模式就是体现继承优势的模式之一。

在模板方法模式中,子类不显式调用父类的方法,而是通过覆盖父类的方法来实现某些具体的业务逻辑,父类控制对子类的调用,这种机制被称为好莱坞原则(Hollywood Principle)。好莱坞原则的定义为:"不要给我们打电话,我们会给你打电话(Don't call us, we'll call you)"。在模板方法模式中,好莱坞原则体现在:子类不需要调用父类,而通过父类来调用子类,将某些步骤的实现写在子类中,由父类来控制整个过程。

钩子方法的引入使得子类可以控制父类的行为。最简单的钩子方法就是空方法,也可以在钩子方法中定义一个默认的实现,如果子类不覆盖钩子方法,则执行父类的默认实现代码。 比较复杂一点的钩子方法可以对其他方法进行约束,这种钩子方法通常返回一个 boolean 类型,即返回 true 或 false,用来判断是否执行某一个基本方法。

模板方法模式的优点:是一种代码复用的基本技术。在一个类中形式化地定义算法,而由它的子类实现细节的处理。模板方法模式导致一种反向的控制结构,通过一个父类调用其子类的操作,通过对子类的扩展增加新的行为,符合"开闭原则"。

模板方法模式的缺点:每个不同的实现都需要定义一个子类,这会导致类的个数增加,系统更加庞大，设计也更加抽象，但更加符合"单一职责原则"，使得类的内聚性得以提高。

模板方法模式的适用环境：一次性实现一个算法的不变的部分，并将可变的行为留给子类来实现。各子类中公共的行为应被提取出来并集中到一个公共父类中以避免代码重复。对一些复杂的算法进行分割，将其算法中固定不变的部分设计为模板方法和父类具体方法，而一些可以改变的细节由其子类来实现。通过模板方法模式还可以控制子类的扩展。

9.4.2 策略模式

1. 动机与定义

在软件系统中经常遇到实现某一个功能有多个途径，也就是有许多算法可以实现某一功能，一种常用的方法是硬编码（Hard Coding）在一个类中。例如，需要提供多种查找算法，可以将这些算法写到一个类中，在该类中提供多个方法，每一个方法对应一个具体的查找算法；当然，也可以将这些查找算法封装在一个统一的方法中，通过 if...else...等条件判断语句来进行选择。

这两种实现方法都可以称为硬编码，如果需要增加一种新的查找算法，则需要修改封装算法类的源代码；更换查找算法，也需要修改客户端调用代码。在这个算法类中封装了大量查找算法，该类代码比较复杂，维护较为困难。

为了解决这些问题，可以定义一些独立的类来封装不同的算法，每一个类封装一个具体的算法。在这里，每一个封装算法的类都可以称为策略（Strategy），为了保证这些策略的一致性，一般会用一个抽象的策略类来做算法的定义，而具体每种算法则对应于一个具体策略类。

策略模式（Strategy Pattern）：定义一系列算法，将每一个算法封装起来，并让它们可以相互替换。策略模式让算法独立于使用它的客户而变化，也称为政策模式（Policy）。策略模式是一种对象行为型模式。

2. 结构与角色

策略模式包含 3 个角色，如图 9-17 所示。

① Strategy：抽象策略，给出所有的具体策略类所需的接口，定义一个公共接口给所有支持的算法。Context 使用这个接口调用 ConcreteStrategy 定义的算法。

② ConcreteStrategy：具体策略，调用 Strategy 接口实现具体算法。

③ Context：上下文（环境），用 ConcreteStrategy 对象配置执行环境，持有一个 Strategy 类的引用，定义一个接口供 Strategy 存取其数据。

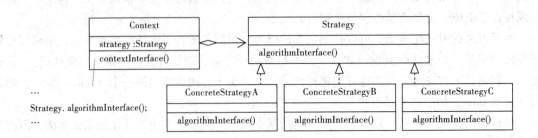

图 9-17　策略模式结构类图

3. 示意代码

```java
interface Strategy{                              // 抽象策略，规定所有具体策略类必须实现的接口
    void algorithmInterface();         // 策略方法
}
class ConcreteStrategyA implements Strategy{      // 具体策略 A
    public void algorithmInterface(){            // 策略方法
        System.out.println("algorithm in ConcreteStrategyA.");
    }
}
class ConcreteStrategyB implements Strategy{      // 具体策略 B
    public void algorithmInterface(){            // 策略方法
        System.out.println("algorithm in ConcreteStrategyB.");
    }
}
class Context{                                    // 持有一个对策略角色的引用
    private Strategy strategy;
    public Context(Strategy strategy){
        this.strategy=strategy;
    }
    public void setStrategy(Strategy strategy){
        this.strategy=strategy;
    }
    public void contextInterface(){              // 策略方法
        strategy.algorithmInterface();
    }
}
class Test {                                      // 测试程序
    public static void main(String[] args){
        Context context;
        context=new Context(new ConcreteStrategyA());
        context.contextInterface();
        context.setStrategy(new ConcreteStrategyB());
        context.contextInterface();
    }
}
```

程序运行结果：
```
algorithm in ConcreteStrategy1.
algorithm in ConcreteStrategy2.
```

4. 模式分析

策略模式是一个比较容易理解和使用的设计模式，是对算法的封装，它把算法的责任和算法本身分割开，委派给不同的对象管理。策略模式通常把一个系列的算法封装到一系列的策略类中，作为一个抽象策略类的子类。用一句话来说，就是"准备一组算法，并将每一个算法封装起来，使得它们可以互换"。

在策略模式中，应当由客户端自己决定在什么情况下使用什么具体策略角色。策略模式仅仅封装算法，提供新算法插入到已有系统中，以及老算法从系统中"退休"方便，并不决定在何时使用何种算法，算法的选择由客户端来决定。这在一定程度上提高了系统的灵活性，但是客户端需要理解所有具体策略类之间的区别，以便选择合适的算法，这也是策略模式的缺点之一，在一定程度上增加了客户端的使用难度。

策略模式的优点：策略模式提供了对"开闭原则"的完美支持，用户可以在不修改原有系统的基础上选择算法或行为，也可以灵活地增加新的算法或行为。策略模式提供了管理相关的算法族的办法，以及可以替换继承关系的办法。使用策略模式可以避免使用多重条件转移语句。

策略模式的缺点：客户端必须知道所有的策略类，并自行决定使用哪一个策略类。策略模式将造成产生很多策略类，可以通过使用享元模式在一定程度上减少对象的数量。

策略模式的适用环境：如果在一个系统中有许多类，它们之间的区别仅在于它们的行为，那么使用策略模式可以动态地让一个对象在许多行为中选择一种行为。一个系统需要动态地在几种算法中选择一种。如果一个对象有很多行为，不用恰当的模式，这些行为就只好使用多重的条件选择语句来实现。不希望客户端知道复杂的、与算法相关的数据结构，在具体策略类中封装算法和相关的数据结构，提高算法的保密性与安全性。

9.4.3 状态模式

1．动机与定义

在很多情况下，一个对象的行为取决于一个或多个动态变化的属性，这样的属性叫作状态，这样的对象叫作有状态的对象，这样的对象状态是从事先定义好的一系列值中取出的。当一个这样的对象与外部事件产生互动时，其内部状态就会改变，从而使得系统的行为也随之发生变化。在 UML 中可以使用状态图来描述对象状态的变化。

状态模式（State Pattern）允许一个对象在其内部状态改变时改变它的行为，对象看起来似乎修改了它的类。其别名为状态对象（Objects for States），状态模式是一种对象行为型模式。

2．结构与角色

状态模式包含 3 个角色，如图 9-18 所示。

① Context：上下文（环境）。定义客户应用程序有兴趣的接口，保留一个具体状态类的对象，该对象给出此情境对象的现有状态。

② State：抽象状态。定义一个接口，以封装与 Context 的一个特定状态所对应的行为。

③ ConcreteState：具体状态类。每个具体状态类实现了一个 Context 的一个状态所对应的行为。

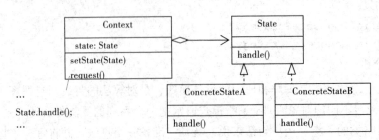

图 9-18　状态模式结构类图

3. 示意代码

```java
interface State{                                        // 抽象状态
  void handle(Context context);
}
class ConcreteState1 implements State{
  public void handle(Context context){
     System.out.println("handle in ConcreteState1");
     System.out.println("change to State2");
     context.setState(new ConcreteState2());        // 切换状态
  }
}
class ConcreteState2 implements State{
  public void handle(Context context){
     System.out.println("handle in ConcreteState2");
     System.out.println("change to State1");
     context.setState(new ConcreteState1());        // 切换状态
  }
}
class Context {// 情境类，持有一个 State 对象，并把所有的行为委派给此对象
  private State state;
  public void setState(State state){
      this.state=state;

  public void request(){                             // 请求委派给某一个具体状态类的对象
      state.handle(this);
  }
}
class Test{                                           //模拟两个状态的切换
  public static void main(String[] args){
     Context context=new Context();
     context.setState(new ConcreteState1());
     context.request();
     context.request();
     context.request();
     context.request();
  }
}
```

程序运行结果：

```
handle in ConcreteState1
change to State2
handle in ConcreteState2
change to State1
handle in ConcreteState1
change to State2
```

```
handle in ConcreteState2
change to State1
```

4．模式分析

状态模式描述了对象状态的变化以及对象如何在每一种状态下表现出不同的行为。状态模式的关键是引入了一个抽象类来专门表示对象的状态，这个类叫作抽象状态类，而对象的每一种具体状态类都继承了该类，并在不同具体状态类中实现了不同状态的行为，包括各种状态之间的转换。

在状态模式结构中需要理解环境类与抽象状态类的作用：

环境类实际上就是拥有状态的对象，环境类有时可以充当状态管理器（State Manager）的角色，可以在环境类中对状态进行切换操作。

抽象状态类可以是抽象类，也可以是接口，不同状态类就是继承这个父类的不同子类，状态类的产生是由于环境类存在多个状态，同时还满足两个条件：这些状态经常需要切换，在不同的状态下对象的行为不同。因此，可以将不同对象下的行为单独提取出来封装在具体的状态类中，使得环境类对象在其内部状态改变时可以改变它的行为，对象看起来似乎修改了它的类，而实际上是由于切换到不同的具体状态类实现的。由于环境类可以设置为任一具体状态类，因此它针对抽象状态类进行程序设计，在程序运行时可以将任一具体状态类的对象设置到环境类中，从而使得环境类可以改变内部状态，并且改变行为。

状态模式的优点：封装了转换规则。枚举可能的状态，在枚举状态之前需要确定状态种类。将所有与某个状态有关的行为放到一个类中，并且可以方便地增加新的状态，只需要改变对象状态即可改变对象的行为。允许状态转换逻辑与状态对象合成一体，而不是某一个巨大的条件语句块。可以让多个环境对象共享一个状态对象，从而减少系统中对象的个数。

状态模式的缺点：状态模式的使用必然会增加系统类和对象的个数。状态模式的结构与实现都较为复杂，如果使用不当将导致程序结构和代码混乱。状态模式对"开闭原则"的支持并不太好，对于可以切换状态的状态模式，增加新的状态类需要修改那些负责状态转换的源代码，否则无法切换到新增状态；而且，修改某个状态类的行为也需要修改对应类的源代码。

状态模式的适用环境：对象的行为依赖于它的状态（属性）并且可以根据它的状态改变而改变它的相关行为。代码中包含大量与对象状态有关的条件语句，这些条件语句的出现，会导致代码的可维护性和灵活性变差，不能方便地增加和删除状态，使客户类与类库之间的耦合增强。在这些条件语句中包含了对象的行为，而且这些条件对应于对象的各种状态。

9.4.4 责任链模式

1．动机与定义

责任链（又称职责键）可以是一条直线、一个环或者一个树形结构，最常见的责任链是直线型，即沿着一条单向的链来传递请求。

链上的每一个对象都是请求处理者，责任链模式可以将请求的处理者组织成一条链，并使请求沿着链传递，由链上的处理者对请求进行相应的处理，客户端无须关心请求的处理细节以及请求的传递，只需将请求发送到链上即可，将请求的发送者和请求的处理者解耦。这就是责任链模式的模式动机。

责任链模式：避免请求发送者与接收者耦合在一起，让多个对象都有可能接收请求，将这些对象连接成一条链，并且沿着这条链传递请求，直到有对象处理它为止。责任链模式是一种对象行为型模式。

2. 结构与角色

责任链模式包含 3 个角色，如图 9-19 所示。

① Handler：抽象处理者。定义一个处理请求的接口，实现链中下一个对象（可选）。

② ConcreteHandler：具体处理者（具体传递者）。接到请求后，可以选择将请求处理掉，或者将请求传给后继者。持有对后继者的引用，可以访问后继者。

③ Client：客户。向链上的具体处理者对象提交请求。

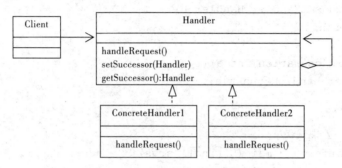

图 9-19 责任链模式结构类图

3. 示意代码

```java
abstract class Handler{                               // 抽象处理者
  protected Handler successor;
  public abstract void handleRequest(int arg);        // 处理请求方法
  public void setSuccessor(Handler successor){        //设置后继者
      this.successor=successor;
  }
  public Handler getSuccessor(){                      // 取后继者方法
      return successor;
  }
}
class ConcreteHandler1 extends Handler{               // 具体处理者1
  public void handleRequest(int arg){                 // 处理请求方法
    if (arg>100 && getSuccessor()!=null){
      System.out.println("The request "+arg + " is passed to "+getSuccessor());
          getSuccessor().handleRequest(arg);
    } else {
      System.out.println("The request " + arg + " is handled by " + this);
    }
  }
}
class ConcreteHandler2 extends Handler{               // 具体处理者2
  public void handleRequest(int arg){                 // 处理请求方法
```

```
                if (arg>500 && getSuccessor()!=null){
                    System.out.println("The request "+arg+" is passed to "+ getSucce
                        ssor());
                    getSuccessor().handleRequest(arg);
                } else{
                    System.out.println("The request " + arg + " is handled by " + this);
                }
            }
        }
        class Client{
            private Handler handler;
            public void setHandler(Handler h){
                handler=h;
            }
            public void operation(int a){
                handler.handleRequest(a);
            }
        }
        class Test{ // 测试程序
            public static void main(String[] args){
                Handler handler1, handler2;
                // 设置职责链
                handler1=new ConcreteHandler1();
                handler2=new ConcreteHandler2();
                handler1.setSuccessor(handler2);
                Client c=new Client();
                // 提交给 ConcreteHandler1
                c.setHandler(handler1);
                c.operation(10);
                c.operation(150);
                // 提交给 ConcreteHandler2
                c.setHandler(handler2);
                c.operation(10);
                c.operation(150);
            }
        }
```

程序运行结果：

```
The request 10 is handled by ConcreteHandler1@9e5c73
The request 150 is passed to ConcreteHandler2@c791b9
The request 150 is handled by ConcreteHandler2@c791b9
The request 10 is handled by ConcreteHandler2@c791b9
The request 150 is handled by ConcreteHandler2@c791b9
```

4. 模式分析

在责任链模式中，由每一个对象对其后继者对象的引用而连接起来形成一条链。请求在这条链上传递，直到链上的某一个对象处理此请求为止。发出这个请求的客户角色并不知道链上的哪一个对象最终处理这个请求，这使得系统可以在不影响客户端的情况下动态地重新组织链和分配责任。

一个纯的责任链模式要求一个具体处理者对象只能在两个行为中选择一个：一个是承担责任，另一个是把责任推给后继者。不允许出现某一个具体处理者对象在承担了一部分责任后又将责任向下传的情况。在一个纯的责任链模式中，一个请求必须被某一个处理者对象所接收；在一个不纯的责任链模式中，一个请求可以最终不被任何接收端对象所接收。

责任链模式的优点：降低耦合度，可简化对象的相互连接，增强给对象指派职责的灵活性，增加新的请求处理类很方便。

责任链模式的缺点：不能保证请求一定被接收。系统性能将受到一定影响，而且在进行代码调试时不太方便；可能会造成循环调用。

责任链模式的适用环境：有多个对象可以处理同一个请求，具体哪个对象处理该请求由运行时刻自动确定。在不明确指定接收者的情况下，向多个对象中的一个提交一个请求。可动态指定一组对象处理请求。

9.4.5　命令模式

1. 动机与定义

有时在设计用户接口时想拥有很大的灵活性，比如实现上下文相关的菜单项，即相同的菜单项在不同的场景执行不同的功能，也就是说菜单项需要向某些对象发送请求，但是设计时并不能确定具体的被请求的操作或请求的接收者。用户需要在程序运行时指定具体的请求接收者，此时，可以使用命令模式来进行设计，使得请求发送者与请求接收者消除彼此之间的耦合，让对象之间的调用关系更加灵活。

命令模式可以对发送者和接收者完全解耦，发送者与接收者之间没有直接引用关系，发送请求的对象只需要知道如何发送请求，而不必知道如何完成请求。这就是命令模式的模式动机。

命令模式（Command Pattern）：将一个请求封装为一个对象，从而使用户可用不同的请求对客户进行参数化；对请求排队或者记录请求日志，以及支持可撤销的操作。命令模式是一种对象行为型模式，其别名为动作（Action）模式或事务（Transaction）模式。

2. 结构与角色

命令模式包含 5 个角色，如图 9-20 所示。

① Command：抽象命令。声明了一个所有具体命令类的抽象接口，声明执行方法。

② ConcreteCommand：具体命令。将一个接收者对象绑定于一个动作，定义一个接收者和行为之间的弱耦合。实现执行方法，负责调用接收者的相应的行动方法。

③ Invoker：请求者/调用者。负责调用命令对象执行一个请求，相关的方法叫作行动方法。

④ Receiver：接收者。负责具体实施和执行一个请求。任何一个类都可以成为接收者，实施和执行请求的方法叫作行动方法。

⑤ Client：客户。创建一个具体命令类的对象，并且设置它的接收者。

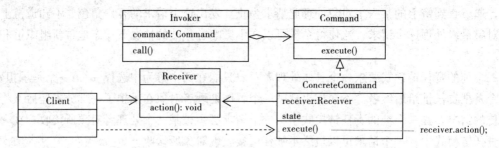

图 9-20　命令模式结构类图

3. 示意代码

```java
class Invoker{
    private Command command;
    public Invoker(Command command){
        this.command=command;
    }
    public void setCommand(Command command){
        this.command=command;
    }
    public void call(){                    // 行动方法调用 Command 对象的方法
        command.execute();
    }
}
class Receiver1{                           // 命令的接收者，在命令的控制下执行行动方法
    public void action(){                  // 行动方法
        System.out.println("Receiver1's action has been taken.");
    }
}
class Receiver2{                           // 命令的接收者，在命令的控制下执行行动方法
    public void action(){                  // 行动方法
        System.out.println("Receiver2's action has been taken.");
    }
}
abstract class Command{
    public abstract void execute();
}
class ConcreteCommand1 extends Command{        // 具体命令 1
    private Receiver1 receiver;
    public ConcreteCommand1(Receiver1 receiver){
        this.receiver=receiver;
    }
    public void execute(){                      // 执行方法
        receiver.action();
    }
}
```

```java
class ConcreteCommand2 extends Command{          // 具体命令2
    private Receiver2 receiver;
    public ConcreteCommand2(Receiver2 receiver){
        this.receiver=receiver;
    }
    public void execute(){                          // 执行方法
        receiver.action();
    }
}
class Client1{                    // 创建一个具体命令类的对象，并且设置它的接收者
    Receiver1 receiver=new Receiver1();
    public Command getCommand(){
        Command command=new ConcreteCommand1(receiver);
        return command;
    }
}
class Client2{                    // 创建一个具体命令类的对象，并且设定它的接收者
    Receiver2 receiver = new Receiver2();
    public Command getCommand(){
        Command command=new ConcreteCommand2(receiver);
        return command;
    }
}
class Test{                       // 测试同一 Invoker 对象,更换不同的 Command 对象
    public static void main(String[] args){
        Client1 client1=new Client1();
        Client2 client2=new Client2();
        Invoker invoker=new Invoker(client1.getCommand());
        invoker.call();
        invoker.setCommand(client2.getCommand());
        invoker.call();
    }
}
```

程序运行结果：

```
Receiver1's action has been taken.
Receiver2's action has been taken.
```

4. 模式分析

命令模式的本质是对命令进行封装，将发出命令的责任和执行命令的责任分割开。命令模式允许请求的一方和接收的一方独立，使得请求的一方不必知道接收请求的一方的细节。命令模式使请求本身成为一个命令对象，这个对象和其他对象一样可以被存储和传递。命令模式的关键在于引入了抽象命令接口，且发送者针对抽象命令接口程序设计，只有实现了抽象命令接口的具体命令才能与接收者相关联。

命令模式和组合模式联用可以实现宏命令（又称组合命令）。宏命令包含了对其他命令对象的

引用，在调用宏命令的 execute()方法时，将递归调用它所包含的每个成员命令的 execute()方法。一个宏命令的成员对象可以是简单命令，还可以继续是宏命令。执行一个宏命令将执行多个具体命令，从而实现对命令的批处理。

命令模式的优点：降低系统的耦合度。新的命令可以很容易地加入到系统中。可以比较容易地设计一个命令队列和宏命令（组合命令），可以方便地实现对请求的撤销（Undo）和（Redo）恢复。

命令模式的缺点：使用命令模式可能会导致某些系统有过多的具体命令类。因为针对每一个命令都需要设计一个具体命令类，因此某些系统可能需要大量具体命令类，这将影响命令模式的使用。

命令模式的适用环境：系统需要将请求调用者和请求接收者解耦，使得调用者和接收者不直接交互。系统需要在不同的时间指定请求、将请求排队和执行请求。系统需要支持命令的撤销操作和恢复操作。系统需要将一组操作组合在一起，即支持宏命令。

9.4.6 观察者模式

1. 动机与定义

建立一种对象与对象之间的依赖关系，一个对象发生改变时将自动通知其他对象，其他对象将相应做出反应。在此，发生改变的对象称为观察目标，而被通知的对象称为观察者，一个观察目标可以对应多个观察者，而且这些观察者之间没有相互联系，可以根据需要增加和删除观察者，使得系统更易于扩展，这就是观察者模式的模式动机。

观察者模式（Observer Pattern）：定义对象间的一种一对多依赖关系，使得每当一个对象状态发生改变时，其相关依赖对象皆得到通知并被自动更新。观察者模式又称发布–订阅（Publish–Subscribe）模式、模型–视图（Model–View）模式、源–监听器（Source–Listener）模式或从属者（Dependents）模式。观察者模式是一种对象行为型模式。

2. 结构与角色

观察者模式包含 4 个角色，如图 9–21 所示。

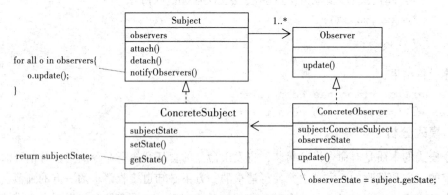

图 9–21 观察者模式结构类图

① Subject：抽象主题，被观察对象。把所有对观察者对象的引用保存在一个聚集（如 Vector 对象）里，每个主题都可以有任何数量的观察者。抽象主题提供一个接口，可以增加和删除观察

者对象。

② ConcreteSubject：具体主题，具体被观察对象。将有关状态存入具体观察者对象，在具体主题的内部状态改变时，给所有登记过的观察者发出通知。

③ Observer：抽象观察者。为所有的具体观察者定义一个接口，接口中包含更新方法，在得到主题的通知被观察对象改变时更新自己。

④ ConcreteObserver：具体观察者。实现抽象观察者角色所要求的更新接口，以保持其状态与 ConcreteSubject 对象一致。

3．示意代码

```java
import java.util.ArrayList;
abstract class Subject{                       // 抽象主题
  private ArrayList<Observer> observers=new ArrayList<Observer>();
  public void attach(Observer observer){    // 登记一个新的观察者对象
      observers.add(observer);
  }
  public void detach(Observer observer) {   // 删除一个已经登记过的观察者对象
       observers.remove(observer);
  }
  public void notifyObservers(){            // 通知所有登记过的观察者对象
      for (Observer observer : observers){
          observer.update(this);
      }
  }
}
class ConcreteSubject extends Subject{        // 具体主题
  private String subjectState;
  public String getState(){
      return subjectState;
  }
  public void setState(String subjectState){  // 设置主题状态
      this.subjectState=subjectState;
      System.out.println("set Subject " + subjectState);
      this.notifyObservers();                 // 状态改变后通知观察者
  }
}
interface Observer{                           // 抽象观察者
  void update(Subject subject);               // 更新的接口
}
class ConcreteObserver1 implements Observer{  // 具体观察者 1
  private String observerState;
  public void update(Subject subject){        // 更新的实现,拉取状态
      observerState=((ConcreteSubject) subject).getState();
      System.out.println("notified Observer1 "+observerState);
  }
```

```
    }
class ConcreteObserver2 implements Observer{        // 具体观察者2
    private String observerState;
    public void update(Subject subject){            // 更新的实现,拉取状态
        observerState=((ConcreteSubject) subject).getState();
        System.out.println("notified Observer2 " + observerState);
    }
}
class Test{                                         // 测试程序
    public static void main(String[] args){
        Observer o1=new ConcreteObserver1();
        Observer o2=new ConcreteObserver2();
        ConcreteSubject s=new ConcreteSubject();
        s.attach(o1);                               // 登记一个新的观察者对象 o1
        s.attach(o2);
        s.setState("State1");                       // 更改状态会通知所有观察者
        s.setState("State2");
    }
}
```

程序运行结果:
```
set Subject State1
notified Observer1 State1
notified Observer2 State1
set Subject State2
notified Observer1 State2
notified Observer2 State2
```

4. 模式分析

观察者模式的关键对象是观察目标和观察者,一个目标可以有任意数目的与之相依赖的观察者,一旦目标的状态发生改变,所有的观察者都将得到通知。作为对这个通知的响应,每个观察者都将实时更新自己的状态,以与目标状态同步,这种交互也称为发布–订阅。

Java 语言在 JDK 的 java.util 包中,提供了 Observable 类以及 Observer 接口,它们构成了 Java 语言对观察者模式的支持。

观察者模式的优点:可以实现表示层和数据逻辑层的分离,并定义了稳定的消息更新传递机制,抽象了更新接口,使得可以有各种各样不同的表示层作为具体观察者角色;观察者模式在观察目标和观察者之间建立一个抽象的耦合,支持广播通信,符合"开闭原则"的要求。

观察者模式的缺点:如果一个观察目标对象有很多直接和间接的观察者,将所有的观察者都通知到会花费很多时间;如果在观察者和观察目标之间有循环依赖,观察目标会触发它们之间进行循环调用,可能导致系统崩溃;观察者模式没有相应的机制让观察者知道所观察的目标对象是怎么发生变化的,而仅仅只是知道观察目标发生了变化。

观察者模式的适用环境:一个抽象模型有两个方面,其中一个方面依赖于另一个方面。将这些方面封装在独立的对象中使它们可以各自独立地改变和复用。一个对象的改变将导致其他一个

或多个对象也发生改变，可以降低对象之间的耦合度。一个对象必须通知其他对象，但并不知道这些对象是谁。需要在系统中创建一个触发链，A 对象的行为将影响 B 对象，B 对象的行为将影响 C 对象……可以使用观察者模式创建一种链式触发机制。

9.4.7 中介者模式

1．动机与定义

在面向对象的软件设计与开发过程中，根据"单一职责原则"，我们应该尽量将对象细化，使其只负责或呈现单一的职责，即将行为分布到各个对象中。对于一个模块或者系统，可能由很多对象构成，而且这些对象之间可能存在相互的引用，在最坏的情况下，每一个对象都知道其他所有的对象，这无疑复杂化了对象之间的联系。虽然将一个系统分割成许多对象通常可以增强可复用性，但是对象间相互连接的激增又会降低其可复用性。大量的相互连接使得一个对象似乎不太可能在没有其他对象的支持下工作，系统表现为一个不可分割的整体，而且对系统的行为进行任何较大的改动都会十分困难。结果是不得不定义大量的子类以定制系统的行为。因此，为了减少对象两两之间复杂的引用关系，使之成为一个松耦合的系统，需要使用中介者模式，这就是中介者模式的模式动机，如图 9-22 所示。

中介者模式（Mediator Pattern）定义：用一个中介对象来封装一系列的对象交互，中介者使各对象不需要显式地相互引用，从而使其耦合松散，而且可以独立地改变它们之间的交互。中介者模式又称为调停者模式，它是一种对象行为型模式。

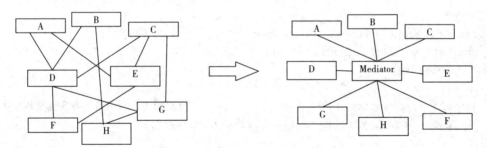

图 9-22　中介者模式动机示意图

2．结构与角色

中介者模式包含 4 个角色，如图 9-23 所示。

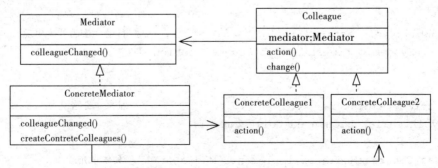

图 9-23　中介者模式结构类图

① Mediator：抽象中介者。定义一个接口用于与各同事对象（Colleague）之间通信。

② ConcreteMediator：具体中介者。实现了抽象中介者所声明的事件方法，协调各个同事对象实现协作的行为，掌握并且维护它的各个对象引用。

③ Colleague：抽象同事。定义出中介者到同事对象的接口，同事对象只知道中介者而不知道其余的同事对象。

④ Concrete Colleague：具体同事。所有的具体同事类均从抽象同事类继承而来，每一个具体同事类都很清楚它自己在小范围内的行为，而不知道它在大范围内的目的。

3. 示意代码

```java
abstract class Colleague{                        // 抽象同事
    private Mediator mediator;
    public Colleague(Mediator m){
        mediator=m;
    }
    public Mediator getMediator(){               // 取值方法，提供中介者对象
        return mediator;
    }
    public abstract void action();               // 中介者调用的行动方法，由子类实现
    public void change(){                        // 示意性的系统方法，改变后通知中介者
        mediator.colleagueChanged(this);
    }
}
class Colleague1 extends Colleague{              // 具体同事
    public Colleague1(Mediator m){//
        super(m);
    }
    public void action(){                        // 由中介者调用，与系统逻辑有关
        System.out.println("Colleague1 action 回应");
    }
}
class Colleague2 extends Colleague{
    public Colleague2(Mediator m){
        super(m);
    }
    public void action(){                        // 行动方法的具体实现
        System.out.println("Colleague2 action 回应");
    }
}
interface Mediator{                              // 抽象中介者
    void colleagueChanged(Colleague c);
}
class ConcreteMediator implements Mediator {// 具体中介者
    private Colleague1 colleague1;
    private Colleague2 colleague2;
```

```
    public void colleagueChanged(Colleague c){      // 事件方法的具体实现
        if (c==colleague1){
            System.out.println("colleague1 发生改变");
            this.colleague2.action();
        } else if (c==colleague2) {
            System.out.println("colleague2 发生改变");
            this.colleague1.action();
        }
    }
    public void createConcreteColleagues(){
        colleague1=new Colleague1(this);            // 创建同事对象
        colleague2=new Colleague2(this);
    }
    public Colleague1 getColleague1(){              // 取值方法，提供同事对象
        return colleague1;
    }
    public Colleague2 getColleague2(){              // 取值方法，提供同事对象
        return colleague2;
    }
}
class Test{                                         // 测试程序
    public static void main(String args[]){
        ConcreteMediator mediator=new ConcreteMediator();
        mediator.createConcreteColleagues();
        Colleague c1=mediator.getColleague1();
        Colleague c2=mediator.getColleague2();
        c1.change();
        c2.change();
    }
}
```

程序运行结果：

```
colleague1 发生改变
Colleague2 action 回应
colleague2 发生改变
Colleague1 action 回应
```

4．模式分析

　　中介者承担了两方面的职责：首先是通过中介者提供的中转作用，各个同事对象就不再需要显式引用其他同事，当需要和其他同事进行通信时，通过中介者即可。该中转作用属于中介者在结构上的支持。中介者可以更进一步地对同事之间的关系进行封装，同事可以一致地和中介者进行交互，而不需要指明中介者需要具体怎么做；中介者根据封装在自身内部的协调逻辑，对同事的请求进行进一步处理，将同事成员之间的关系行为进行分离和封装。该协调作用属于中介者在行为上的支持。

　　在中介者模式中，通过创造出一个中介者对象，将系统中有关的对象所引用的其他对象数目

减少到最少，使得一个对象与其同事之间的相互作用被这个对象与中介者对象之间的相互作用所取代。因此，中介者模式就是迪米特法则的一个典型应用。

中介者模式可以方便地应用于图形接口（GUI）开发中，在比较复杂的接口中可能存在多个接口组件之间的交互关系。对于这些复杂的交互关系，有时可以引入一个中介者类，将这些交互的组件作为具体的同事类，将它们之间的引用和控制关系交由中介者负责，在一定程度上简化系统的交互，这也是中介者模式的常见应用之一。

中介者模式的优点：简化了对象之间的交互，将各同事解耦，减少子类生成，可以简化各同事类的设计和实现。

中介者模式的缺点：在具体中介者类中包含了同事之间的交互细节，可能会导致具体中介者类非常复杂，使得系统难以维护。

中介者模式的适用环境：系统中对象之间存在复杂的引用关系，产生的相互依赖关系结构混乱且难以理解。一个对象由于引用了其他很多对象并且直接和这些对象通信，导致难以复用该对象。想通过一个中间类来封装多个类中的行为，而又不想生成太多的子类，可以通过引入中介者类来实现；在中介者中定义对象交互的公共行为，如果需要改变行为则可以增加新的中介者类。

9.4.8 迭代器模式

1. 动机与定义

一个聚合对象，如一个列表（List），应该提供一种方法来让别人可以访问它的元素，而又不需要暴露它的内部结构。此外，针对不同的需要，可能还要以不同的方式遍历整个聚合对象，但是我们并不希望在聚合对象的抽象层接口中充斥着各种不同遍历的操作。怎样遍历一个聚合对象，既不需要了解聚合对象的内部结构，还能够提供多种不同的遍历方式，这就是迭代器模式所要解决的问题。在迭代器模式中，提供一个外部的迭代器来对聚合对象进行访问和遍历，迭代器定义了一个访问该聚合元素的接口，并且可以跟踪当前遍历的元素，了解哪些元素已经遍历过而哪些没有遍历过。

迭代器模式（Iterator Pattern）：提供一种方法来访问聚合对象，而不用暴露这个对象的内部表示，其别名为光标（Cursor）。迭代器模式是一种对象行为型模式。

2. 结构与角色

迭代器模式包含 4 个角色，如图 9-24 所示。

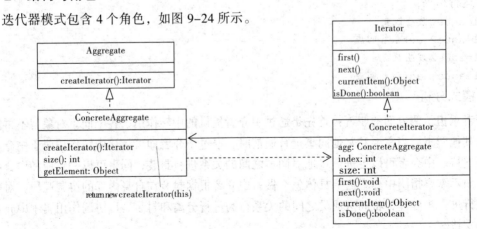

图 9-24　迭代器模式结构类图

① Iterator：抽象迭代器，迭代器定义访问和遍历元素的接口。

② ConcreteIterator：具体迭代器，实现迭代器接口，在遍历时跟踪当前聚合对象中的位置。

③ Aggregate：抽象聚合，定义一个创建迭代器对象的接口。

④ ConcreteAggregate：具体聚合，实现创建迭代器对象，返回一个具体迭代器的实例。

3. 示意代码

```java
interface Iterator{
    void first();                      //移到聚合对象的第一个位置
    void next();                       //移到聚合对象的下一个位置
    boolean isDone();                  //判断是否移到聚合对象的最后一个位置
    Object currentItem();              //获取当前元素
}
class ConcreteIterator implements Iterator{
    private ConcreteAggregate agg;
    private int index=0;
    private int size=0;
    public ConcreteIterator(ConcreteAggregate agg){
        this.agg=agg;
        size=agg.size();
        index=0;
    }
    public void first(){
        index=0;
    }
    public void next(){
        if (index<size){
            index++;
        }
    }
    public boolean isDone(){
        return (index>=size);
    }
    public Object currentItem(){
        return agg.getElement(index);
    }
}
interface Aggregate{
    Iterator createIterator();
}
class ConcreteAggregate implements Aggregate{
    private Object[] objs={ "Adapter", "Bridge", "Composite", "Decorator" };
    public Iterator createIterator(){ // 实现创建 Iterator 的工厂方法
        return new ConcreteIterator(this);
    }
    public Object getElement(int index){
```

```
            if(index<objs.length){
                return objs[index];
            } else{
                return null;
            }
        }
        public int size(){
            return objs.length;
        }
    }
class Test{ // 测试程序
    public static void main(String[] args){
        Aggregate agg=new ConcreteAggregate();
        Iterator it=agg.createIterator();
        while (!it.isDone()){
            System.out.println(it.currentItem().toString());
            it.next();
        }
    }
}
```

程序运行结果：

```
Adapter
Bridge
Composite
Decorator
```

4. 模式分析

聚合是一个管理和组织数据对象的数据结构。聚合对象主要拥有两个职责：一是存储内部数据；二是遍历内部数据。存储数据是聚合对象最基本的职责。将遍历聚合对象中数据的行为提取出来，封装到一个迭代器中，通过专门的迭代器来遍历聚合对象的内部数据，这就是迭代器模式的本质。迭代器模式是"单一职责原则"的完美体现。

在迭代器模式中应用了工厂方法模式，聚合类充当创建器，而迭代器充当产品类。由于定义了抽象层，系统的扩展性很好，在客户端可以针对抽象聚合类和抽象迭代器进行程序设计。

由于很多程序设计语言的类库都已经实现了迭代器模式，因此在实际使用中很少自定义迭代器，只需要直接使用 Java、C#等语言中已定义好的迭代器即可，迭代器已经成为人们操作聚合对象的基本工具之一。在 JDK 类库中，Collection 的 iterator()方法返回一个 Iterator 类型的对象，而其子接口 List 的 listIterator()方法返回一个 ListIterator 类型的对象，ListIterator 是 Iterator 的子类。它们构成了 Java 语言对迭代器模式的支持，Java 语言的 Iterator 接口就是迭代器模式的应用。

迭代器模式的优点：它支持以不同的方式遍历一个聚合对象，简化了聚合类。

在同一个聚合上可以有多个遍历。在迭代器模式中，增加新的聚合类和迭代器类都很方便，无须修改原有代码，满足"开闭原则"的要求。

迭代器模式的缺点：由于迭代器模式将存储数据和遍历数据的职责分离，增加新的聚合类需要对应增加新的迭代器类，类的个数成对增加，这在一定程度上增加了系统的复杂性。

迭代器模式的适用环境：访问一个聚合对象的内容而无须暴露它的内部表示。需要为聚合对象提供多种遍历方式。为遍历不同的聚合结构提供一个统一的接口。

9.4.9 访问者模式

1. 动机与定义

在实际使用时，对于系统中的某些对象集合的操作并不是唯一的，对相同的元素对象可能存在多种不同的操作方式。而且这些操作方式并不稳定，可能还需要增加新的操作，以满足新的业务需求。此时，访问者模式就是一个值得考虑的解决方案。

访问者模式的目的是封装一些施加于某对象集合中的各元素之上的操作，一旦这些操作需要修改，接受这个操作的对象数据结构可以保持不变。为不同需求提供多种访问操作方式，且可以在不修改原有系统的情况下增加新的操作方式，这就是访问者模式的模式动机。

访问者模式（Visitor Pattern）：表示一个作用于某对象结构中的各元素的操作，它使人们可以在不改变各元素的类的前提下定义作用于这些元素的新操作。访问者模式是一种对象行为型模式。

2. 结构与角色

访问者模式包含 5 个角色，如图 9-25 所示。

① Visitor：抽象访问者，为对象结构类中的每一个 ConcreteElement 的类声明一个访问操作，形成所有的具体元素角色必须实现的接口。

② ConcreteVisitor：具体访问者，实现由 Visitor 声明的各个访问操作。

③ Element：抽象元素，声明一个接受操作，它以一个访问者为参数。

④ ConcreteElement：具体元素，实现抽象元素所规定的接受操作，它以一个访问者为参数

⑤ ObjectStructure：对象结构类，能枚举它的元素，可以提供一个高层接口以允许访问者访问它的元素。

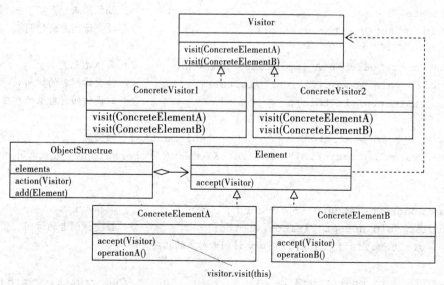

图 9-25 访问者模式结构类图

3. 示意代码

```java
import java.util.Vector;
import java.util.Enumeration;
interface Visitor{ // 抽象访问者
    void visit(ConcreteElementA element); // 对应 ConcreteElementA 的访问操作
    void visit(ConcreteElementB element); // 对应于 ConcreteElementB 的访问操作
}
class ConcreteVisitor1 implements Visitor{          // 具体访问者 1
    public void visit(ConcreteElementA element){
        System.out.println(" ConcreteVisitor1 访问 ConcreteElementA 时的操作");
        element.operationA(); // 可能需要访问元素已有的功能
    }
    public void visit(ConcreteElementB element){
        System.out.println(" ConcreteVisitor1 访问 ConcreteElementB 时的操作");
        element.operationB();// 可能需要访问元素已有的功能
    }
}
class ConcreteVisitor2 implements Visitor{          // 具体访问者 2
    public void visit(ConcreteElementA element) {
        System.out.println(" ConcreteVisitor2 访问 ConcreteElementA 时的操作");
        element.operationA(); // 可能需要访问元素已有的功能
    }
    public void visit(ConcreteElementB element){
        System.out.println(" ConcreteVisitor2 访问 ConcreteElementB 时的操作");
        element.operationB();// 可能需要访问元素已有的功能
    }
}
interface Element{                                  // 抽象结点，声明了一个接受操作
    void accept(Visitor visitor);                   // 接受访问者的访问
}
class ConcreteElementA implements Element{          // 具体元素 A
    public void accept(Visitor visitor){            // 接受访问者的访问
        visitor.visit(this);                        // 回调访问者对象的相应方法
    }
    public void operationA(){// ConcreteElementA 特有的功能
        System.out.println(" ConcreteElementA 的 operationA 功能被调用.");
    }
}
class ConcreteElementB implements Element{          // 具体元素 B
    public void accept(Visitor visitor){            // 接受访问者的访问
        visitor.visit(this);// 回调访问者对象的相应方法
    }
    public void operationB(){                              // ConcreteElementB 特有的功能
        System.out.println(" ConcreteElementB 的 operationB 功能被调用.");
```

```
    }
}
// 拥有一个聚集,通常在这里对元素对象进行遍历,让访问者能访问到所有的元素
class ObjectStructure{
    private Vector<Element> velement;
    private Element element;
    public ObjectStructure(){
        velement=new Vector<Element>();
    }
    public void action(Visitor visitor) {               // 执行访问操作
        System.out.println(visitor+"开始访问");
        for (Enumeration e=velement.elements(); e.hasMoreElements();){
            element=(Element) e.nextElement();
            element.accept(visitor);
        }
    }
    public void add(Element element){ //对聚集的管理操作,加一个新的元素
        velement.addElement(element);
    }
}
class Test{ // 测试程序
    public static void main(String[] args){
        ObjectStructure aObjects;
        Visitor visitor1, visitor2;
        aObjects=new ObjectStructure();                 // 创建一个结构对象
        aObjects.add(new ConcreteElementA());           // 给结构增加一个元素
        aObjects.add(new ConcreteElementB());           // 给结构增加一个元素
        visitor1=new ConcreteVisitor1();                // 创建一个新的访问者 1
        aObjects.action(visitor1);                      // 让访问者 1 访问结构
        visitor2=new ConcreteVisitor2();                // 创建一个新的访问者 2
        aObjects.action(visitor2);                      // 让访问者 2 访问结构
    }
}
```

程序运行结果:

ConcreteVisitor1@958bb8 开始访问
ConcreteVisitor1 访问 ConcreteElementA 时的操作
ConcreteElementA 的 operationA 功能被调用.
ConcreteVisitor1 访问 ConcreteElementB 时的操作
ConcreteElementB 的 operationB 功能被调用.
ConcreteVisitor2@5e1077 开始访问
ConcreteVisitor2 访问 ConcreteElementA 时的操作
ConcreteElementA 的 operationA 功能被调用.
ConcreteVisitor2 访问 ConcreteElementB 时的操作
ConcreteElementB 的 operationB 功能被调用.

4．模式分析

访问者模式包括两个层次结构：一个是访问者层次结构，提供了抽象访问者和具体访问者；另一个是元素层次结构，提供了抽象元素和具体元素。访问者模式中对象结构存储了不同类型的元素对象，以供不同访问者访问。

相同的访问者可以以不同的方式访问不同的元素，相同的元素可以接受不同访问者以不同访问方式访问。在访问者模式中，增加新的访问者无须修改原有系统，系统具有较好的可扩展性。但每增加一个新的元素类都意味着要在抽象访问者角色中增加一个新的抽象操作，并在每一个具体访问者类中增加相应的具体操作，违背了"开闭原则"的要求。所以，访问者模式以一种倾斜的方式支持"开闭原则"，增加新的访问者方便，但增加新的元素很困难。

由于访问者模式需要对对象结构进行操作，而对象结构本身是一个元素对象的集合，因此访问者模式经常需要与迭代器模式联用，在对象结构中使用迭代器来遍历元素对象。在访问者模式中，元素对象可能存在容器对象和叶子对象，因此可以结合组合模式来进行设计。

访问者模式的优点：使得增加新的访问操作变得很容易。将有关元素对象的访问行为集中到一个访问者对象中，而不是分散到一个个的元素类中。可以跨过类的等级结构访问属于不同等级结构的元素类。让用户能够在不修改现有类层次结构的情况下，定义该类层次结构的新操作。

访问者模式的缺点：增加新的元素类很困难，破坏封装，要求访问者对象可以访问并调用每一个元素对象的操作，这意味着元素对象有时候必须暴露一些自己的内部操作和内部状态，否则无法供访问者访问。

访问者模式的适用环境：一个对象结构包含很多类型的对象，希望对这些对象实施一些依赖其具体类型的操作。在访问者中针对每一种具体的类型都提供了一个访问操作，不同类型的对象可以有不同的访问操作。需要对一个对象结构中的对象进行很多不同的并且不相关的操作，而需要避免让这些操作"污染"这些对象的类，也不希望在增加新操作时修改这些类。访问者模式使得人们可以将相关的访问操作集中起来定义在访问者类中，对象结构可以被多个不同的访问者类所使用，将对象本身与对象的访问操作分离。对象结构中对象对应的类很少改变，但经常需要在此对象结构上定义新的操作。

9.4.10　备忘录模式

1．动机与定义

现在大多数软件都有撤销（Undo）功能，快捷键一般都是【Ctrl+Z】，对于误操作，可以方便地回到误操作前的状态，因此需要保存使用者每一次操作前系统的状态，一旦出现误操作，可以把存储的历史状态取出才可回到之前的状态。备忘录模式是一种给软件提供撤销功能的机制，通过它可以使系统恢复到某一特定的历史状态。

备忘录模式（Memento Pattern）：在不破坏封装的前提下，捕获一个对象的内部状态，并在该对象之外保存这个状态，这样可以在以后将对象恢复到原先保存的状态。它是一种对象行为型模式，其别名为 Token。

2．结构与角色

备忘录模式包含 3 个角色，如图 9-26 所示。

① Originator：原发器，创建一个备忘录，记录它的当前内部状态。可以利用一个备忘录来

恢复它的内部状态。

② Caretaker：看管者，只负责看管备忘录，不可以对备忘录的内容进行操作和检查。

③ Memento：备忘录，保存原发器的内部状态，根据原发器来决定保存哪些内部的状态。保护其内容不被原发器对象之外的对象访问。备忘录可以有效地利用两个接口：看管者只能调用功能有限的窄接口——它只能传递备忘录给其他对象；而原发器可以调用一个功能强大的宽接口，通过这个接口可以访问所有需要的数据，使原发器可以返回先前的状态。理想的情况下，只允许生成本备忘录的那个原发器访问本备忘录的内部状态。

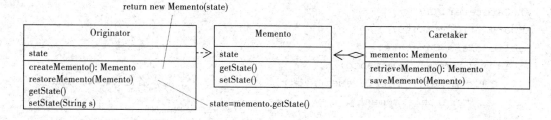

图 9-26　备忘录模式结构类图

3. 示意代码

为确保备忘录的封装性，原发器类和备忘录类放在一个包中，使它们之间满足默认的包内可见性。

```java
// Orig 目录中的 Memento.java
package Orig;
public class Memento{                    // 备忘录
  private String state;
  Memento(String state){                 // 不是public,仅包内可以访问
    this.state=state;
  }
  String getState(){                     // 不是public,仅包内可以访问
    return this.state;
  }
  void setState(String state){           // 不是public,仅包内可以访问
    this.state=state;
  }
}
// Orig 目录中的 Originator.java
package Orig;
public class Originator{                 // 原发器
  private String state;
  public Memento createMemento(){ // 返回一个新的备忘录对象
    return new Memento(state);
  }
  public void restoreMemento(Memento memento){
    // 将发起人恢复到备忘录对象所记载的状态
```

```
        this.state=memento.getState();
    }
    public String getState(){
        return this.state;
    }
    public void setState(String state){
        this.state=state;
    }
}
// Caretaker.java
import Orig.Memento;
public class Caretaker{                              // 看管者
    private Memento memento;
    public Memento retrieveMemento(){               // 备忘录的取值方法
        return this.memento;
    }
    public void saveMemento(Memento memento){       // 备忘录的保存方法
        this.memento=memento;
    }
}
// Test.java
import Orig.Memento;
import Orig.Originator;
public class Test{ // 测试程序
    public static void main(String[] args){
        Originator ori=new Originator();
        Caretaker taker=new Caretaker();
        ori.setState("On");                                 // 当前的状态
        System.out.println("Current state="+ori.getState());
        taker.saveMemento(ori.createMemento());             // 保存当前状态
        ori.setState("Off");                                // 修改状态
        System.out.println("Current state="+ori.getState());
        ori.restoreMemento(taker.retrieveMemento());    // 恢复状态
        System.out.println("Current state="+ori.getState());
    }
}
```

程序运行结果：

```
Current state=On
Current state=Off
Current state=On
```

4. 模式分析

备忘录对象通常封装了原发器的部分或所有的状态信息，而且这些状态不能被其他对象访问，也就是说不能在该对象之外保存其状态，因为暴露其内部状态将违反封装的原则，可能有损系统的可靠性和可扩展性。

为了确保备忘录的封装性，除了原发器外，其他类是不能也不应该访问备忘录类的。在实际开发中，原发器与备忘录之间的关系是非常特殊的，它们要分享信息而不让其他类知道，实现的方法因程序设计语言的不同而不同。

C++可以用 friend 关键词，使原发器类和备忘录类成为友元类，互相之间可以访问对象的一些私有的属性；在 Java 语言中可以将两个类放在一个包中，使它们之间满足默认的包内可见性，也可以将备忘录类作为原发器类的内部类，使得只有原发器才可以访问备忘录中的数据，其他对象都无法使用备忘录中的数据。

备忘录模式的优点：提供了一种状态恢复的实现机制，使得用户可以方便地回到一个特定的历史步骤，当新的状态无效或者存在问题时，可以使用先前存储起来的备忘录将状态复原。实现了信息的封装，一个备忘录对象是一种原发器对象的表示，不会被其他代码改动，这种模式简化了原发器对象。备忘录只保存原发器的状态，采用堆栈来存储备忘录对象可以实现多次撤销操作，可以通过在看管者中定义集合对象来存储多个备忘录。

备忘录模式的缺点：资源消耗过大，如果类的成员变量太多，就不可避免地占用大量的内存，而且每保存一次对象的状态都需要消耗内存资源。如果知道这一点，大家就容易理解为什么一些提供了撤销功能的软件在运行时所需的内存和硬盘空间比较大了。

备忘录模式的适用环境：保存一个对象在某一时刻的状态或部分状态，这样以后需要时它能够恢复到先前的状态。如果用一个接口来让其他对象得到这些状态，将会暴露对象的实现细节并破坏对象的封装性，一个对象不希望外界直接访问其内部状态。

9.4.11 解释器模式

1. 动机与定义

如果在系统中某一特定类型的问题发生的频率很高，此时可以考虑将这些问题的实例表述为一个语言中的句子，因此可以构建一个解释器，该解释器通过解释这些句子来解决这些问题。解释器模式描述了如何为简单的语言定义一个文法，如何在该语言中表示一个句子，以及如何解释这些句子。

考虑以下正则表达式文法定义：
```
expression::=literal | alternation |sequence |repetition |'(' expression ')'
alternation::= expression '|' expression
sequence::= expression '&' expression
repetition::= expression '*'
literal::= 'a' | 'b' | 'c' | ... |   { 'a' | 'b' | 'c' | ... }*
```
在文法规则定义中可以使用一些符号来表示不同的含义，如使用"|"表示或，使用"{"和"}"表示组合，使用"*"表示出现 0 次或多次等。expression 是开始符号，literal 是定义简单字符的终结符。在解释器模式中，每一种终结符和非终结符都有一个具体类与之对应。正因为使用类来表示每一个语法规则，使得系统具有较好的扩展性和灵活性，如图 9-27 所示。

除了使用文法规则来定义一个语言，在解释器模式中还可以通过一种称为抽象语法树（Abstract Syntax Tree，AST）的图形方式来直观地表示语言的构成，每一棵抽象语法树对应一个语言实例。正则表达式：
```
raining & (dogs | cats)*
```

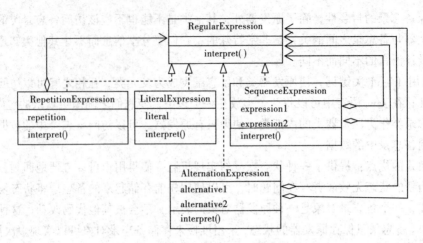

图 9-27　正则表达式文法的解释器模式结构类图

用解释器模式类的实例构成的抽象语法树，如图 9-28 所示。

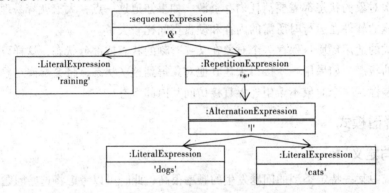

图 9-28　正则表达式文法解释器模式抽象语法树

解释器模式（Interpreter Pattern）：定义语言的文法，并且建立一个解释器来解释该语言中的句子，这里的"语言"意思是使用规定格式和语法的代码，它是一种类行为型模式。

2．结构与角色

解释器模式包含 5 个角色，如图 9-29 所示。

① AbstractExepression：抽象表达式，声明一个抽象的解释操作，是所有具体表达式角色（抽象语法树中的结点）都要实现的。

② TerminalExpression：终结符具体表达式，实现与文法中的终结符相关联的解释操作，而且句子中的每个终结符需要该类的一个实例与之对应。

③ NonTerminalExpression：非终结符具体表达式，文法中的每条规则 $R::=R_1R_2...R_n$ 都需要一个非终结符表达式角色；对于从 R_1 到 R_n 的每个符号都维护一个抽象表达式角色的实例变量；为文法中的非终结符实现解释操作，一般要递归地调用表示从 R_1 到 R_n 的那些对象的解释操作。

④ Context：上下文（环境），包含解释器之外的一些全局信息。

⑤ Client：客户，构建（或者被给定）表示该文法定义的语言中的一个特定的句子的抽象语法树，文法树由终结符表达式或者非终结符表达式的实例装配而成；调用文法树中的表达式实例的解释操作。

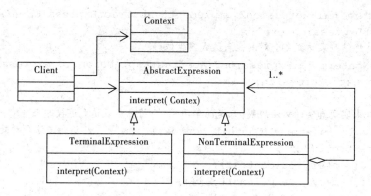

图 9-29　解释器模式结构类图

3. 示意代码

```
interface AbstractExpression {          // 抽象表达式
    // 每个表达式必须有一个解析任务
    void interpret(Context context);
}
// 终结符表达式比较简单，主要是处理场景元素和数据的转换
// 通常终结符表达式只有一个，但是有多个对象
class TerminalExpression implements AbstractExpression{        // 终结符表达式
    String exp;
    public TerminalExpression(String expression){
        this.exp=expression;
    }
    public void interpret(Context context){
        System.out.print(exp);
    }
}
// 每个非终结符表达式都代表了一个文法规则，exp:=( exp&exp )
class NonterminalExpression1 implements AbstractExpression{
    AbstractExpression exp[];
    // 每个非终结符表达式都会对其他表达式产生依赖
    public NonterminalExpression1(AbstractExpression... expression){
        this.exp=expression;
    }
    // 此处并未实现真实的文法规则，只是简单用&将多个表达式连接起来并输出
    public void interpret(Context context) {// 进行文法解释处理
        context.out("(");
        exp[0].interpret(context);
        for (int i=1; i<exp.length; i++){
            context.out(" & ");
            exp[i].interpret(context);
        }
        context.out(")");
    }
}
// 每个非终结符表达式都代表了一个文法规则，exp:=( exp|exp )
```

```java
class NonterminalExpression2 implements AbstractExpression {// 非终结符表达式
    AbstractExpression exp[];
    // 每个非终结符表达式都会对其他表达式产生依赖
    public NonterminalExpression2(AbstractExpression... expression){
        this.exp=expression;
    }
    // 此处并未实现真实的文法规则,只是简单用"|"将多个表达式连接起来并输出
    public void interpret(Context context){        // 进行文法解释处理
        context.out("(");
        exp[0].interpret(context);
        for(int i=1; i<exp.length; i++){
            context.out(" | ");
            exp[i].interpret(context);
        }
        context.out(")");
    }
}
// 包含解释器之外的一些全局信息。此处演示性地提供了解释器公共的输出功能
class Context{
    public void out(String output){
        System.out.print(output);
    }
}
// 客户角色进行语法树构建,以及调用解释操作
class Client{
    private AbstractExpression expression;
    private Context context=new Context();
    // 构建(或者被给定)表示该文法定义的语言中的一个特定的句子的抽象语法树
    / 此处构键了"((原形&单例)|(装饰 & 外观 & 桥接))"的语法树
    public void build(){
        AbstractExpression exp1, exp2, exp3, exp4, exp5, exp6, exp7;
        exp1=new TerminalExpression("原形");
        exp2=new TerminalExpression("单例");
        exp3=new TerminalExpression("装饰");
        exp4=new TerminalExpression("外观");
        exp5=new TerminalExpression("桥接");
        exp6=new NonterminalExpression1(exp1, exp2);
        exp7=new NonterminalExpression1(exp3, exp4, exp5);
        expression = new NonterminalExpression2(exp6, exp7);
    }
    // 调用解释操作
    public void compute(){
        expression.interpret(context);
        return;
    }
}
class Test { // 测试程序
    public static void main(String[] args){
```

```
        Client c=new Client();
        c.build();
        c.compute();
    }
}
```

程序运行结果:

((原形 & 单例) | (装饰 & 外观 & 桥接))

4. 模式分析

解释器模式的优点: 易于改变和扩展文法, 易于实现文法, 增加了新的解释表达式的方式。

解释器模式的缺点: 对于复杂文法难以维护, 执行效率较低, 应用场景很有限。

解释器模式的适用环境: 可以将一个需要解释执行的语言中的句子表示为一个抽象语法树。一些重复出现的问题可以用一种简单的语言来进行表达, 文法较为简单, 效率不是关键问题。

习　　题

1. 设计一个程序来播放多种不同类型的音频格式, 针对每一种音频格式都设计一个音频播放器 (AudioPlayer), 例如, MP3 音频播放器 (MP3Player) 用于播放 MP3 格式的音频, WAV 音频播放器 (WAVPlayer) 用于播放 WAV 格式的音频。音频播放器对象通过音频播放器工厂 AudioPlayerFactory 来创建, AudioPlayerFactory 是一个抽象类, 用于定义创建音频播放器的工厂方法, 其子类 MP3PlayerFactory 和 WAVPlayerFactory 用于创建具体的音频播放器对象。使用工厂方法模式实现该程序的设计。

2. Windows 程序界面的菜单是一个树形结构, 使用组合模式来进行设计。

3. 某游戏公司现欲开发一款面向儿童的模拟游戏, 该游戏主要模拟现实世界中各种鸭子的发声特征、飞行特征和外观特征。游戏需要模拟的鸭子种类及其特征如表 9-2 所示。

表 9-2　需要模拟的鸭子种类及其特征

鸭 子 种 类	发 声 特 征	飞 行 特 征	外 观 特 征
灰鸭 (MallardDuck)	发出"嘎嘎"声 (Quack)	用翅膀飞行 (FlyWithWings)	灰色羽毛
红头鸭 (RedHeadDuck)	发出"嘎嘎"声 (Quack)	用翅膀飞行 (FlyWithWings)	灰色羽毛 头部红色
棉花鸭 (CottonDuck)	不发声 (QuackNoWay)	不能飞行 (FlyNoWay)	白色
橡皮鸭 (RubberDuck)	发出橡皮与空气摩擦的声音 (Squeak)	不能飞行 (FlyNoWay)	黑白橡皮颜色

为支持将来能够模拟更多种类鸭子的特征, 选择一种合适的设计模式设计该模拟游戏, 提供相应的解决方案。

4. 某公司欲开发一套智能消防系统, 如果传感器检测到有火灾发生, 将信号传递给响应设备, 如警示灯将闪烁、报警器将发出警报、安全逃生门将自动开启、隔热门将自动关闭等, 每一种响应设备的行为由专门的程序来控制。为支持将来引入新类型的响应设备, 采用观察者模式设计该系统。

5. 利用设计模式，设计并实现一个计算器，设计时需要考虑系统的可扩展性。

6. 电视机遥控器的设计原理中蕴含了哪两种设计模式？绘制这两种设计模式的类图并简单论述其适用场景。

7. 列举几个 Java API 或 C# API 中使用的 GoF 设计模式。

8. 在面向对象编程中往往提倡尽量不使用 case（和 if）语句。选择一种设计模式，有助于避免使用 case 语句，并解释它是如何避免的。

9. 谈谈软件体系结构、框架与设计模式的区别。

参 考 文 献

[1] 郑人杰，马素霞，殷人昆. 软件工程概论[M]. 北京：机械工业出版社，2010.

[2] [美]BRAUDE，软件设计：从程序设计到体系结构[M]. 李仁发，等译. 北京：电子工业出版社，2007.

[3] 张友生. 软件体系结构[M]. 2 版. 北京：清华大学出版社，2006.

[4] 张友生，李雄. 软件体系结构原理、方法与实践[M]. 北京：清华大学出版社，2009.

[5] 覃征，邢剑宽，董金春，等. 软件体系结构[M]. 2 版. 北京：清华大学出版社，2008.

[6] 李千目，徐满武，等. 软件体系结构设计[M]. 北京：清华大学出版社，2008.

[7] 马冲，江贺，冯静芳. 软件体系结构理论与实践[M]. 北京：人民邮电出版社，2004.

[8] 余雪丽. 软件体系结构及实例分析[M]. 北京：科学出版社，2004.

[9] 万建成. 软件体系结构的原理、组成与应用[M]. 北京：科学出版社出版，2002.

[10] 孙昌爱，金茂忠，刘超. 软件体系结构研究综述[J]. 软件学报，2002, 13(7): 1228–1237.

[11] 肖媛元. 管道/过滤器式的软件体系结构的应用研究[J]. 大众科技，2010(11).

[12] 邵维忠，杨芙清. 面向对象的系统分析[M]. 2 版. 北京：清华大学出版社，2006.

[13] 邵维忠，杨芙清. 面向对象的系统设计[M]. 2 版. 北京：清华大学出版社，2007.

[14] 麻志毅，邵维忠. 面向对象方法基础教程[M]. 北京：高等教育出版社，2004.

[15] 麻志毅. 面向对象分析与设计[M]. 北京：机械工业出版社，2008.

[16] [美]伽玛. 设计模式：可复用面向对象软件的基础（英文版）[M]. 北京：机械工业出版社，2003.

[17] [美]伽玛，设计模式：可复用面向对象软件的基础[M]. 李英军，等译. 北京：机械工业出版社，2005.

[18] 阎宏. Java 与模式[M]. 北京：电子工业出版社，2002.

[19] 莫勇腾. 深入浅出设计模式[M]. 北京：清华大学出版社，2006.

[20] 程杰. 大话设计模式[M]. 北京：清华大学出版社，2007.

[21] 结城浩. 设计模式：Java 语言中的应用[M]. 博硕文化，译. 北京：中国铁道出版社，2005.

[22] 孙玉山. 软件设计模式与体系结构[M]. 北京：高等教育出版社，2013.

[23] 刘伟. 设计模式实训教程[M]. 北京：清华大学出版社，2012.